职业教育"十三五"创新规划教材

数控技术应用专业教学用书

机械 AutoCAD 二维绘图
任务型教程

沈 敬 主 编

王伟敏 副主编

科学出版社

北 京

内 容 简 介

本书基于目前计算机辅助绘图领域应用广泛的AutoCAD 2010版软件编写而成。项目1～项目3以生活中常见而有意义的图形为例，由浅入深、层层递进，引导读者熟练掌握AutoCAD的基本操作及基本绘图命令和编辑命令。项目4～项目6遵循规范的AutoCAD绘图流程，介绍图形的绘制过程与标注方法，直到学会绘制典型的机械零件图。项目7是综合应用，使读者学会零件图的测绘及装配图的绘制。项目8是拓展内容，使读者了解轴测图的画法及三维造型。附录则介绍常用的快捷键和命令的简化。

本书既适用于中等职业学校机械类相关专业的课堂教学，也适用于企业职工培训，还可以作为AutoCAD爱好者的自学用书。

图书在版编目（CIP）数据

机械AutoCAD二维绘图任务型教程/沈敬主编. —北京：科学出版社，2017

ISBN 978-7-03-053562-7

Ⅰ. ①机… Ⅱ. ①沈… Ⅲ. ①机械设计－计算机辅助设计－AutoCAD软件－职业教育－教材 Ⅳ. ①TH122

中国版本图书馆CIP数据核字（2017）第140396号

责任编辑：赵文婕 / 责任校对：王万红
责任印制：吕春珉 / 封面设计：曹 来

科学出版社出版

北京东黄城根北街16号
邮政编码：100717
http://www.sciencep.com

三河市铭浩彩色印装有限公司印刷
科学出版社发行 各地新华书店经销

*

2017年6月第 一 版 开本：787×1092 1/16
2018年6月第二次印刷 印张：15 1/4
字数：360 000

定价：39.00元

（如有印装质量问题，我社负责调换〈骏杰〉）

销售部电话 010-62136230 编辑部电话 010-62135763-2050

前　言

随着计算机技术的飞速发展，计算机绘图技术已广泛应用于工程界的各个领域，该技术是工程从业人员必备的技能之一。在众多的计算机辅助设计软件中，美国 AutoDesk 公司研制的 AutoCAD 软件应用广泛，该软件不仅具有很强的二维绘图编辑功能，而且具有较强的三维绘图及实体造型功能，因此广泛应用于机械、建筑、电子、服装、广告、交通、电力、工业造型设计、图案设计、地理等行业。为适应市场需求，AutoCAD 软件不断推出新的版本，其功能在逐步增强和完善。为考虑兼容性本书基于 AutoCAD 经典界面组织编写。

本书的特色是遵循"一课一任务"的原则，确保每学时都有任务可做，便于组织课堂教学。本书的各个任务是由编者精心设计的，教学内容经过周密编排，具有由浅入深、系统性强、重点突出、任务典型等特点。书中配备了较多的课堂"小练习"，每个项目的"思考与练习"又提供了大量的练习图形和典型题目，能满足多个层次、不同能力学生的学习需求。

本书倡导生本教育理念，强调以学生的能力培养为本位，注意培养学生的探究能力和创新精神。为增强学生对命令行的理解和人机交互能力，本书没有给出详细的命令行内容，只对操作步骤做关键性提示。任何一个任务的作图方法与步骤都非常多，为了不局限学生的作图思维，鼓励自我探究及个性化作图，本书尽量不提供详细的绘图步骤，只在任务操作中介绍相关的操作方法，仅给出一些典型的操作步骤，这也给授课教师留出了广阔的教学空间。

本书由沈敬担任主编，王伟敏担任副主编，参与编写的人员有王伟红、唐昊、汪安娜、陶宁凯、王霞艳、陈晓鸿。

编者在编写本书的过程中，得到了很多同仁的大力支持，也听取了来自课堂一线教师的许多建议，在此表示衷心感谢！

由于编写时间仓促，加之编者水平有限，书中难免存在疏漏及不妥之处，恳请广大读者批评指正。

编　者

目　　录

绪　　论

学习目标

1）知道计算机实训课的 7S 管理规范及相关要求。

2）理解以学生为本的机房互助型分组方式和探究型学习方法。

3）了解计算机 CAD 绘图的优势。

一、计算机实训 7S 规范

1. 7S 的含义

7S 管理是现代企业的一种精细化管理模式，在职业学校实训管理中推行 7S 管理有助于促使学生形成良好的习惯，提高学生的职业素养。实训 7S 的具体含义如表 0-1 所示。

表 0-1　实训 7S 的具体含义

内容	行动	目标
整理（Seiri）	要与不要，一留一弃	腾出更大的工作空间
整顿（Seiton）	合理布局，省时省力	提高工作效率
清扫（Seiso）	清除垃圾，美化环境	将不用的东西清扫干净
清洁（Seiketsu）	形成制度，贯彻到底	保持美观干净的工作环境
素养（Shitsuke）	养成习惯，文明作业	塑造人的品质，建立管理根基
安全（Security）	规范操作，安全第一	清除隐患，排除险患，预防事故
节约（Saving）	物尽所用，提高效益	合理利用资源，发挥最大效能

2. 实训学生 7S 管理要求

1）学期初，各实训班级必须先组织实训 7S 管理制度及安全常识学习。

2）各班级应组建实训管理小组，管理实训考勤纪律、设备整顿、卫生清洁等。

3）实训学生必须提前到实训楼指定位置排队，经考勤、着装检查后，有序地进入实训室。严禁将零食、饮料及其他与实训无关的物品带入实训室。

4）实训学生务必在指定的岗位上实训，不得擅自换岗，更不得随便进入其他实训室。

5）实训学生到岗后，首先检查上一岗的设备使用情况，发现有缺损或不正常现象的，及时做好记录，并请实训指导教师核实，否则后续损坏责任自负。擅自挪移设备者，承担全部损坏责任。

6）实训学生必须遵守 7S 操作规范，提升专业技能和职业素养，绝不允许擅自离岗或在外逗留。

7）实训结束后，学生整理设备并清扫各自岗位，经检查合格后方可离开。

不遵守 7S 要求管理制度的班级将暂停实训，再次组织学习 7S 制度。违规学生须自学 7S 手册，考查合格后方可参加实训；个别情节严重的，进行德育扣分甚至校纪处分。

3. 计算机设备的 7S 摆放要求

实训课结束后，按 7S 管理要求对计算机全套设备进行整理与摆放，如图 0-1 所示。

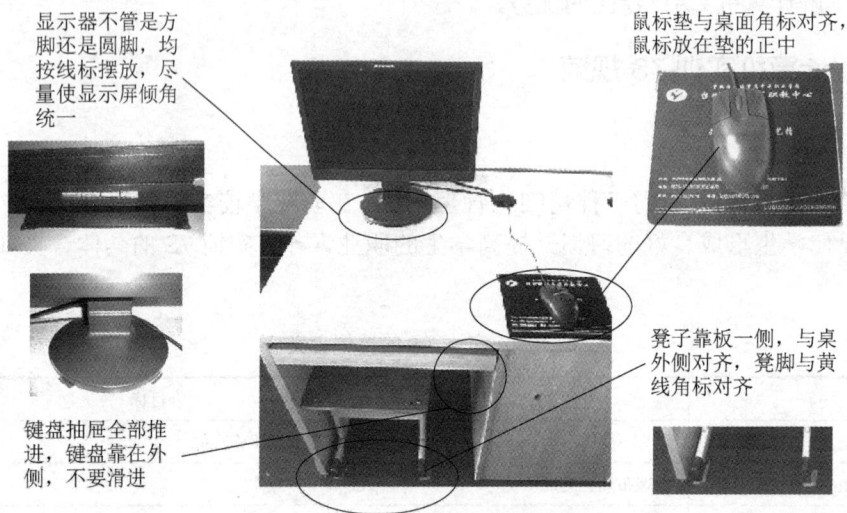

显示器不管是方脚还是圆脚，均按线标摆放，尽量使显示屏倾角统一

鼠标垫与桌面角标对齐，鼠标放在垫的正中

凳子靠板一侧，与桌外侧对齐，凳脚与黄线角标对齐

键盘抽屉全部推进，键盘靠在外侧，不要滑进

图 0-1 计算机全套设备的整理与摆放

二、计算机实训课教学探讨

学生的头脑不是一个需要填充的容器，而是一个等待点燃的火把，本书倡导以学生为本的教学理念，结合学校机房的实际布局，推荐 CAD 实训课采用互助型分组方式和探究型学习方法，供师生们参考与讨论。

1. 互助型分组方式

互助型分组方式提示是学生本着自愿的原则四人组成一组，再按识图能力从强到弱分别编为组长、副组长、成员 1、成员 2，然后按图 0-2 所示编排机房座位表。

第一阶段，教师根据完成任务的速度及质量，对班级前 2/3 学生按一定的分差进行评分，再累计算出月总分，作为调整组长、组员位置的参考依据。第二阶段仍根据学生完成任务的情况进行分级评分，学期累计总分作为评定本课程成绩的主要依据。

讲台

A 列	B 列	C 列	D 列	教师巡回的主要通道	E 列	F 列	G 列	H 列
成员 1	副组长	组长	成员 2		成员 2	组长	副组长	成员 1
…	…	…	…		…	…	…	…

图 0-2　机房座位表

这种分组方式便于组长与副组长先讨论、探究、完成任务，再就近指导旁边同学。教师布置任务后，主要在中间通道巡回解决组长提问、给成员 2 定制任务。当然，还可以分片设置大组组长，让其快速完成任务后协助教师巡回指导。有了组长的指导和组内的互助，所有学生都能完成基本的任务图形，教师的教学任务也会轻松很多。

2. 探究型学习方法

根据软件教学的不同类型的课堂，以下几种教学方法供教师参考。

（1）理论讲授型课堂

对于 CAD 基本命令及对话框选项设置等，建议教师简单精讲，布置针对性的任务讲解，点到为止，给学生练习留出更多的探究空间。在学生练习之后，对学生的作品进行分析、点评，再补充操作示范并讲解，让学生留下更加深刻的印象。

（2）练习创作型课堂

对于一些综合多个操作命令且有创意成分的任务图形，建议教师先精讲相关的知识点和技能点，但不要演示操作步骤，否则容易局限学生的作图思维；再鼓励学生小组探究交流，并选派代表展示创作方法；然后允许各组竞技，以擂台赛形式展示更多技巧。教师只负责引导、点评、小结和拓展。

（3）综合训练型课堂

对于绘制综合的零件图，建议教师先分析图样的特点和类型，提示用到的相关知识和技能，只进行简单启发和点拨，并适当地将任务分成几个层次；然后鼓励学生小组互助交流，完成相应的图形绘制；最后，教师选择一定数量的、有代表性的作品进行详细的检查、订正、分析与讲解。

三、AutoCAD 简介

AutoCAD 是计算机辅助设计最基础的软件，广泛应用于机械、建筑、服装等行业，熟练应用该软件是各行业设计人员的必备技能。AutoCAD 系列软件是美国 Autodesk 公司开发的系列图形设计软件，在机械图形设计领域应用非常广泛，也是最早进入国内市场的 CAD 软件之一，从早期的 2.0 版到以后的 R13、R14、2000……直到如今的 2017 版，AutoCAD 的产品在国内的市场上走过了几十年的历程。

AutoCAD 的主要任务是用各种命令绘制各种图样，与手工绘图相比，其功能优势非常明显，主要体现在以下几点。

（1）快捷的绘图功能

手工能绘制的图形 CAD 都能绘制，手工绘图要在绘图桌上，借助三角板、丁字尺、角度盘、圆规、曲线板、样板、擦图片等绘图工具；CAD 绘图只要在计算机屏幕前，通过鼠标操控、键盘输入即可。

（2）灵活的图形编辑功能

手工绘图时，若线条画多了、画反了，位置画错了，则需擦掉重画，既浪费时间又影响图样的整洁。而在 CAD 中，使用删除、修剪、移动等图形编辑命令进行相应操作非常方便。手工绘图时，多个相似图形只能一个一个地画，而 CAD 中利用阵列、镜像、复制等命令就能轻松完成。

（3）方便的标注功能

手工绘图在标注尺寸时，要画出两条尺寸界线、一条尺寸线和两个箭头，再标上尺寸数字。而 CAD 中标注尺寸时，只要选择标注类型，再选择对象或捕捉几个关键点，利用鼠标单击 4 次即可标出。

（4）实用的绘图辅助工具

光标坐标显示、用户坐标系、栅格捕捉、自动捕捉、正交方式、极轴追踪等 CAD 辅助工具使绘图变得更方便、简单和准确，不必像手工绘图那样绘制很多辅助线。

（5）强大的图层、颜色和线型管理功能

手工绘图时，要准备多支不同粗细的铅笔或鸭嘴笔，用来画各种粗细不同的线型。而 CAD 中的图层（透明纸）功能可设置不同线宽、线型等特性，只要将图形的不同线条画在不同的图层上，修改图层设置即可批量修改本图层上对象的特性。还可以随意开关图层，减少看图干扰；也可以冻结、锁定图层，防止对象误删除、误修改。

（6）高效的图块和外部参照功能

手工绘图时，即便图形中已有相同的图素，或其他图形上有可用部分，也没法引用。而 CAD 中，只要将可用的一部分图形设置为图块，就能以不同的基点、比例、角度插入图形。

（7）简单的图形输出功能

CAD 中可以以任意比例将图形的全部或部分输出到图样或文件中，比手工绘图中复印或制蓝图要方便很多。

（8）多样的显示控制功能

CAD 中的缩放、扫视、视图控制、轴测图、透视图、多视窗控制等功能可方便、灵活地查看图形的各个方面，这是手工绘图中无法实现的。

CAD 除了以上优势外，还提供了完善的帮助功能、用户定制功能等。CAD 本身是一个通用的绘图软件，提供了多种用户化途径和工具，且允许将其定制为一个适合于某一行业、专业或领域，并满足用户个人习惯和喜好的专用绘图系统。

思考与练习

1．7S 的具体含义是什么？计算机设备 7S 摆放有哪些具体要求？

2．CAD 在机械绘图中有哪些优势？应该如何学习这门课程？

项目 1 学会 CAD 基本操作

项目目标

1）学会启动 AutoCAD 的几种方法，并熟悉软件工作界面。

2）掌握图形的显示、缩放操作，学会使用绘图辅助功能。

3）理解坐标系的相关知识，学会命令与数据的输入。

4）了解 AutoCAD 绘图过程，掌握图形文件的管理操作。

任务 1 认识 AutoCAD 界面

任务描述

启动 AutoCAD 软件，对"启动"对话框进行简单的操作或设置；熟悉 CAD 软件操作界面，根据各自需要打开或关闭一些工具栏，并放置到合适的位置。对以上操作的主要界面按 PrintScreen 键截屏，开启 Word 再粘贴，以"学号+姓名"为文件名保存并上交。

任务操作

1. 启动 AutoCAD

AutoCAD 的启动方式有以下 3 种。

1）双击 Windows 桌面上 AutoCAD 的快捷图标。

2）选择"开始"→"所有程序"命令，选择 AutoCAD 程序项。

3）在计算机中查找*.dwg 图形文件，双击文件启动 AutoCAD 并打开文件。

2. 设置"启动"对话框

AutoCAD 软件启动初始，会弹出"启动"对话框，如图 1-1 所示。

图 1-1 AutoCAD "启动"对话框

说明

若希望每次启动 AutoCAD 时，不弹出"启动"对话框，只要在命令行中输入 startup 命令，再将其值设置为 0 即可（值为 1 时，每次弹出"启动"对话框）。

"启动"对话框设置说明如下。

1）单击"打开图形"按钮，在图形文件列表中选择文件，则在预览窗口中显示图形预览；单击"浏览"按钮可查找图形文件。

2）单击"从草图开始"按钮，默认设置"英制"或"公制"单位。若选择"公制"单位，1 个绘图单位对应 1mm；若选择"英制"单位，1 个绘图单位对应 1in（25.4mm）。

3）单击"使用样板"按钮，直接打开合适的图形样板。

4）单击"使用向导"按钮，可选择"快速设置"或"高级设置"向导。"快速设置"向导只能指定绘图单位和绘图区域；"高级设置"向导在此基础上还可设置角度的测量方式、起始方向，以及绘图窗口中标题栏的显示方式和图形布局等。

在"启动"对话框中单击"确定"按钮，进入相应的工作界面或设置界面；单击"取消"按钮则直接进入 AutoCAD 工作界面，例如 AutoCAD 2010 工作界面如图 1-2 所示。

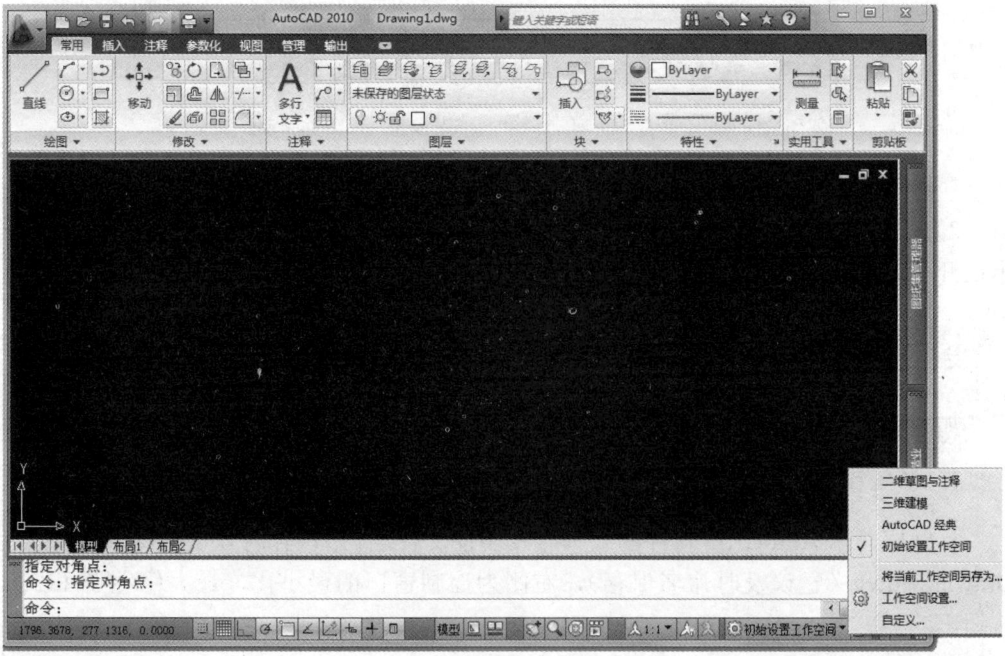

图 1-2　AutoCAD 2010 的工作界面

3．切换 AutoCAD 工作界面

AutoCAD 2010 版后软件都以面板形式提供命令按钮。单击右下角的"初始设置工作空间"按钮，便可切换到"AutoCAD 经典"工作界面，如图 1-3 所示。

4．工具栏操作

1）在工具栏左侧或上方按下鼠标左键，可将其拖动到合适位置，既可以悬浮在绘图区，也可以固定在窗口四周。

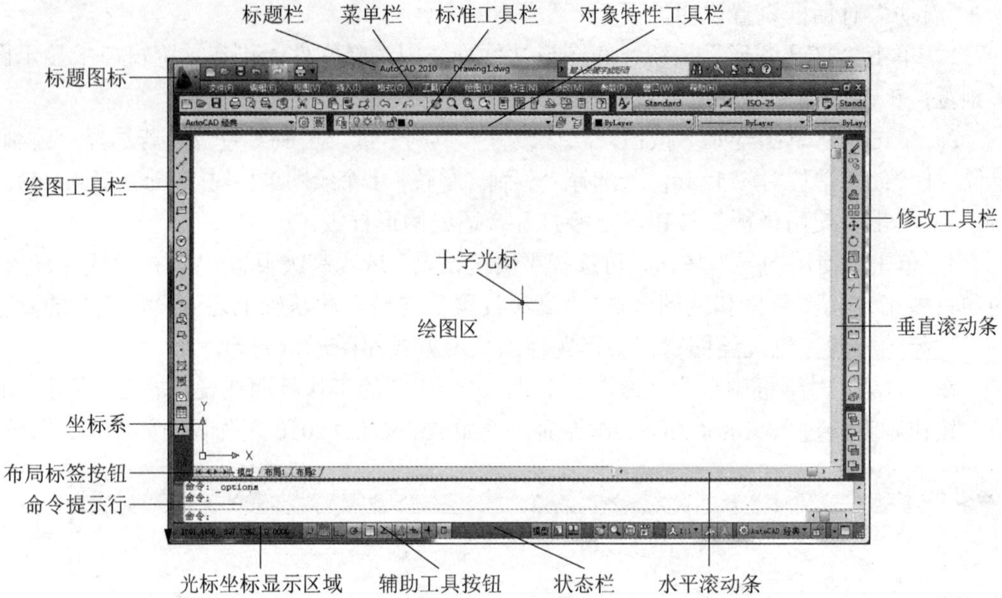

图 1-3 标注：

标题栏　菜单栏　标准工具栏　　对象特性工具栏

标题图标

绘图工具栏

十字光标

绘图区

修改工具栏

垂直滚动条

坐标系

布局标签按钮

命令提示行

光标坐标显示区域　辅助工具按钮　状态栏　水平滚动条

图 1-3　AutoCAD 经典工作界面

2）在任一工具栏上右击，在弹出的快捷菜单中，工具栏名称前面标记"√"的表示已开启，用户可随时根据需要开启或关闭工具栏。

相关知识

如图 1-3 所示，AutoCAD 工作界面各部分简要介绍如下。

1. 标题栏

标题栏显示 AutoCAD 软件的版本号及当前文件名，未保存时默认的图形文件名为 Drawing1.dwg（建议及时命名保存），右侧为控制窗口的最小化、最大化/还原和关闭按钮。

2. 菜单栏

菜单栏有文件、编辑、视图、插入、格式、工具、绘图、标注、修改、参数、窗口、帮助共 12 项菜单。建议先浏览各菜单的所有命令，并在使用中逐步熟悉。

说明

菜单命令后面若有"▶"符号，则表示有下一级菜单；若有"..."符号，则表示可打开对话框；若不带任何符号，则表示可以立即执行；若命令是灰色的，则表示当前不可用。

3. 工具栏

工具栏由一系列图标按钮构成，每个按钮形象地表示一个常用命令，单击按钮就可执行相应命令。光标在按钮上稍作停留，便会显示该按钮的名称和简要的操作提示。

4. 绘图区

绘图区是显示和绘制图形的工作区域，其中有十字光标、坐标系等。可通过在菜单栏中选择"工具"→"选项"命令打开"选项"对话框，在"显示"选项卡中单击"颜色"按钮设置绘图区颜色，通常将其设置为黑色。

5. 布局标签按钮

绘图区左下角是"模型/布局 1/布局 2"切换按钮，可方便地在模型空间与布局空间之间切换，模型空间用于设计图形，布局空间用于创建布局以打印图纸。用户默认的绘图空间是模型空间。

6. 命令行

命令行也称命令窗口或命令提示行，是人机交互的窗口，用于执行从键盘输入的命令或其缩写，并显示命令提示和选项。在绘图时，初学者应更密切地注意命令行的各种提示，熟悉各命令的相关选项，以便准确快速地绘图。

> **说明**
> 拖动命令行边界可以调整命令行的显示行数。按 F2 键可以打开命令的文本窗口，显示更多的操作记录。

7. 状态栏

状态栏位于 AutoCAD 工作界面的底部，坐标显示区域显示当前十字光标的三维坐标，单击该区域可以进行动态/静态坐标切换。状态栏中间有 10 个辅助绘图的辅助工具按钮，任一按钮凹下时表示开启状态，释放时表示关闭状态。

8. 水平/垂直滚动条

水平/垂直滚动条分别位于绘图区下方的水平边沿和右侧的垂直边沿，其功能是通过沿水平或垂直方向移动滚动条来显示绘图区域各部分。

9. 光标形状

光标移动到软件界面不同位置时，光标形状也各不相同。

1）当光标置于绘图区时，光标呈"十"状，十字交叉点就是当前光标的位置，用于绘图和选择对象。

2）当光标置于命令窗口内时，光标呈"Ⅰ"状，用于输入命令或数据。

3）当光标置于菜单栏、工具栏及其他区域时，光标呈"⌐"状，用于选择、编辑对象和选择菜单命令或工具栏按钮。

任务 2 管理图形文件

任务描述

启动 AutoCAD，首先新建一个图形文件，绘制一个有意义的创意图形，以"学号+姓名"为文件名保存文件，关闭文件。然后重新打开图形文件，为其设置密码，另存为"学号+姓名+加密"。最后退出 AutoCAD 系统，上交两个图形文件。

任务操作

1. 新建图形文件

新建图形文件的命令方式如下。
1）在菜单栏中选择"文件"→"新建"命令。
2）在标准工具栏中单击"新建"按钮☐。
3）在命令行输入：New。
4）按 Ctrl+N 组合键。

以上任何一种方式都可以弹出"选择样板"对话框，如图 1-4 所示。用户可以选择 acdc.dwt 选项打开空白样板，或选择国家标准（简称国标）Gb 图形样板。

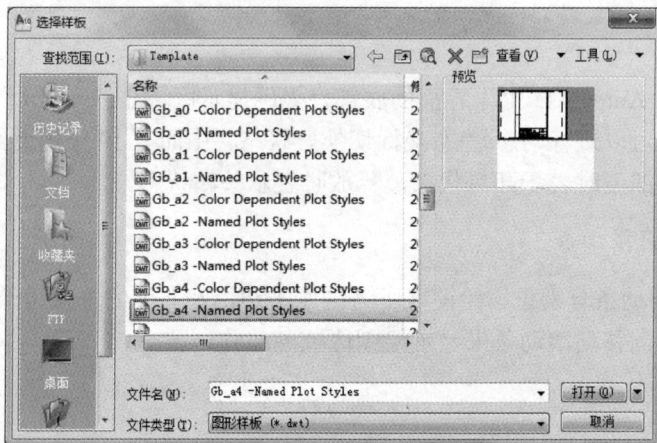

图 1-4 "选择样板"对话框

2. 保存图形文件

保存图形文件的命令方式如下。

1）在菜单栏中选择"文件"→"保存"命令。

2）在标准工具栏中单击"保存"按钮 🖫 。

3）在命令行输入：Save 或 Qsave。

4）按 Ctrl+S 组合键。

以上任何一种方式都可以弹出"图形另存为"对话框，可为文件命名并存入硬盘指定位置，扩展名为*.dwg。对已存文件则不再弹出此对话框。

3. 打开图形文件

打开图形文件的命令方式如下。

1）在菜单栏中选择"文件"→"打开"命令。

2）在标准工具栏中单击"打开"按钮 ➣ 。

3）在命令行输入：Open。

4）按 Ctrl+O 组合键。

以上任何一种方式都可弹出"选择文件"对话框，单击"浏览"按钮找到文件，然后直接双击文件或选中后单击"打开"按钮即可。

━┤说 明├──────────────────────────────

选择文件时按下 Shift 键或 Ctrl 键可选中连续或不连续的多个文件，再单击"打开"按钮可同时打开多个文件。然后，按 Ctrl+Tab 组合键或在 AutoCAD "窗口"菜单中可自由切换图形文件。

4. 关闭图形文件

关闭 AutoCAD 软件及图形文件的命令方式如下。

1）在菜单栏中选择"文件"→"退出"命令。

2）在标题栏中单击"关闭"按钮 ▨ 。

3）在命令行输入：Quit 或 Exit。

4）按 Alt+F4 组合键。

在退出 AutoCAD 的同时，将关闭打开的所有图形文件，若当前有图形没有保存，则系统弹出提示对话框，如图 1-5 所示，用户单击"是"按钮保存文件，单击"否"按钮放弃保存，单击"取消"按钮返回 AutoCAD 界面。

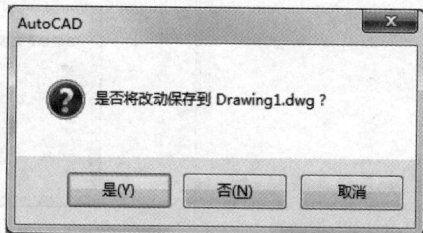

图 1-5 文件保存提示对话框

说 明

当打开多个文件时，建议将图形文件逐个保存后关闭，否则，有些图形文件连同 AutoCAD 软件一起关闭，容易导致未保存而丢失文件。

5. 图形文件加密

图形文件加密的操作步骤如下。

1）在菜单栏中选择"工具"→"选项"命令。

2）在弹出的"选项"对话框中，选择"打开和保存"选项卡，如图 1-6 所示。

3）单击"安全选项…"按钮，弹出"安全选项"对话框，如图 1-7（a）所示，输入加密的密码，单击"确定"按钮，弹出如图 1-7（b）所示的"确认密码"对话框，再次输入密码，单击"确定"按钮即可成功设置密码。

4）保存图形文件后，再次打开时，就会弹出"密码"对话框，只有输入正确的密码才能打开文件。

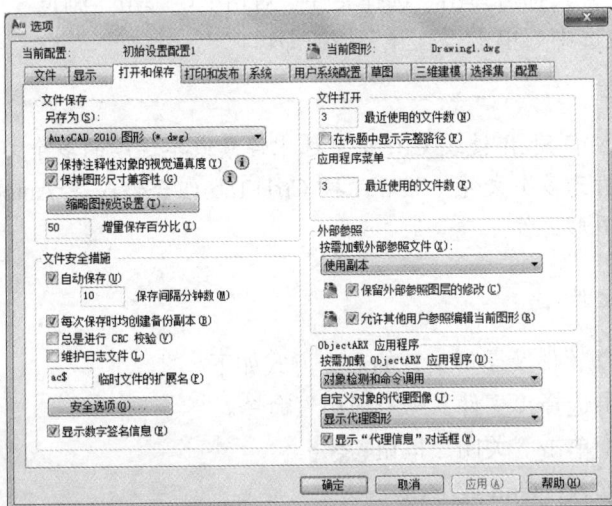

图 1-6　"打开与保存"选项卡

（a）"安全选项"对话框　　　　　　　　（b）"确认密码"对话框

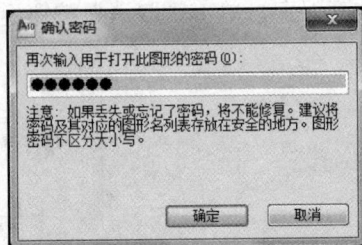

图 1-7　密码设置

任务 3 输入 CAD 命令

任务描述

启动 AutoCAD，先新建一个图形文件，熟悉直线、圆、矩形、多边形、圆弧等命令的输入、执行、重复及退出；再进行撤销操作或重做操作，为绘制下一个任务图形作准备。

任务操作

1. 输入命令

输入命令的方式如下。

1）在命令行通过键盘输入。例如，输入 Erase 即删除，大多数命令都可简化输入（见附录），不区分字母大小写。输入命令的前几个字母后，按 Tab 键可查找命令。

2）单击工具栏上的图标按钮。例如，在修改工具栏中单击"删除"按钮 ✍。

3）选择菜单中相应的命令。例如，选择"菜单"→"修改"→"删除"命令。

以上 3 种方式是等效的，用户可按个人习惯选择熟练的一种方式，通常使用左手在键盘输入简化命令最为快捷。常用的键盘操作还有按 Enter 键或 Space 键确认或重复命令，按 Esc 键退出命令，按 Delete 键删除对象等。

2. 选择命令提示项

例如，输入 C 画圆，命令行提示如下：

CIRCLE 指定圆的圆心或[三点(3P)/两点(2P)/切点、切点、半径(T)]：
　　指定圆的半径或[直径(D)] <30>：

1）"或"之前的选项为默认选项。

2）方括号内[三点(3P)/两点(2P)/切点、切点、半径(T)]为可选项，中间有"/"隔开，若要选择某个选项，则需输入圆括号中的数字和字母。

3）尖括号中的内容<30>是当前默认值，若直接按 Enter 键，则值不改变，也可输入新值再按 Enter 键。

> **说 明**
>
> 不同命令、不同阶段命令行提示也不相同。若不注意命令行提示，用户答非所问，就会引起操作失误。因此，只有理解并熟悉命令行提示信息，才能快速作答，提高绘图速度。

3. 命令的执行、重复和终止

输入命令后，按 Enter 键或 Space 键直接执行。一条命令执行后，再按 Enter 键或 Space 键可重复执行该命令。在一个命令的执行过程中，按 Ese 键可退出命令。

> **说 明**
>
> 右键快捷菜单是一种特殊形式的菜单，其中也有确认、取消、重复等命令，其命令内容取决于右击时光标所处的位置、选取的对象及执行的命令。使用快捷菜单可简化操作，提高效率。

4. 操作的放弃和重做

单击标准工具栏中的"放弃（回退）"按钮 ⟲ ▾ （或按 Ctrl+Z 组合键或输入命令 Undo），可回退一定步数的操作；单击"重做"按钮 ⟳ ▾ （或输入命令 Redo）则可重做已回退的一些操作。

任务 4　显示缩放图形

任务描述

启动 AutoCAD，快速地绘制一些简单的图形（如图 1-8 所示，两个矩形、一个五边形、一个圆、一段圆弧和两条直线组成的小屋）或其他有意义的图形，熟练掌握图形的缩放、平移等操作。

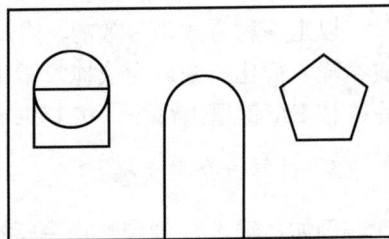

图 1-8　简单的练习图形

任务操作

1. 缩放图形

缩放图形的命令方式如下。

1）选择菜单栏中的"视图"→"缩放"命令。

2）单击常用工具栏中的按钮 🖑 🔍 🔍 🔍 。4 个按钮依次是实时平移、实时缩放、窗口缩放、缩放到上一个。

3）单击图形缩放工具栏按钮，如图 1-9 所示。各按钮从左到右依次是窗口缩放、动态缩放、比例缩放、中心缩放、缩放对象、放大、缩小、全部缩放、范围缩放。其中，"缩放对象"按钮的功能是将选中的对象最大化显示；"范围缩放"按钮的功能是将全部图形最大化显示。

图 1-9 图形缩放工具栏

4）在命令行输入 Z（Zoom 的缩写）。

命令行输入：Z

指定窗口角点，输入比例因子 (nX 或 nXP)，或[全部(A)/中心点(C)/动态(D)/范围(E)/上一个(P)/比例(S)/窗口(W)] <实时>：　　　　　//输入对应选项字母

输入 A 按 Enter 键可显示图形界限；输入 E 按 Enter 键可最大限度地显示全部图形；输入 W 按 Enter 键，可用光标拖出一个窗口框，然后只显示窗口中的图形。

2. 操控图形

图形的显示控制最常用到的操作：绘图时滚动鼠标滚轮进行实时缩放；按住滚轮并拖动进行平移；单击"窗口缩放"按钮，在需要放大的区域用光标拖出一个窗口框来显示细节；双击滚轮可回到全图显示（找不到绘制的图形时，可用此方法）。

任务 5　选择图形对象

任务描述

在任务 4 所绘制的图形（或新绘制一个有意义的图形）的基础上，对图形的全部或部分对象进行多种方式的选取操作，并比较各选取方式的特点和适用场合。

任务操作

选择图形对象有两种方式：一种是先选择对象，再执行命令；另一种是在执行命令的过程中按提示选择对象，且提示会重复出现，直到按 Enter 键或 Space 键结束选择。

1. 单选对象

当光标呈小方框时称为拾取框，在命令执行过程中直接用拾取框逐个选择对象，对象虚线显示即选中。也可在命令执行之前，用十字光标中的拾取框逐个单击对象，对象虚线显示并出现蓝色夹点表示选中（此时拖动夹点可调整其形状）。

2. 窗选对象

窗口选择简称窗选，即用光标拖出一个窗口框来选择对象。

1）左窗选（W 窗选）：指利用光标从左向右来框选对象，如图 1-10（a）所示，单击 A 处再拖到 C 处单击（或从 B 处到 D 处）。只有完全位于该窗口内的对象（矩形和圆

弧）才被选中，如图 1-10（b）所示。与命令行提示"选择对象"时，输入 W 后按 Enter 键再框选的效果相同，故又称 W 窗选。

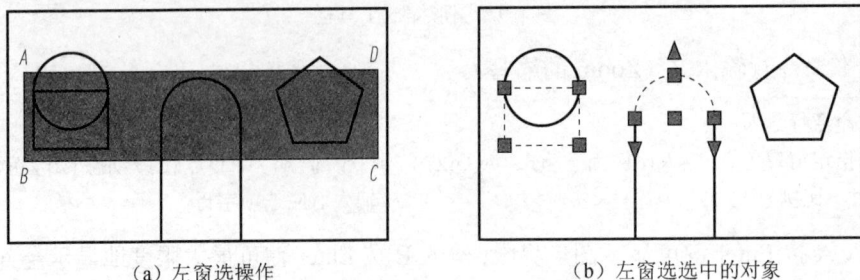

（a）左窗选操作　　　　　　　　　　　　（b）左窗选选中的对象

图 1-10　左窗选

2）右窗选（C 窗选）：指利用光标从右向左来框选对象，如图 1-11（a）所示，单击 H 处再拖到 F 处单击（或从 G 处到 E 处）。只要对象位于窗口内（矩形、圆弧）或与窗口相交（圆形、两直线、多边形）都被选中，如图 1-11（b）所示，故又称交叉窗口。与命令行提示"选择对象"时，输入 C 后按 Enter 键再框选的效果相同，故又称 C 窗选。

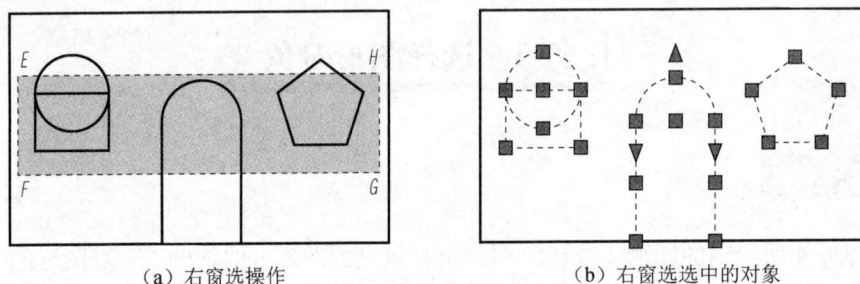

（a）右窗选操作　　　　　　　　　　　　（b）右窗选选中的对象

图 1-11　右窗选

> **说明**
>
> 按住 Shift 键，单击某个已选中对象，可将其从选择集中排除出去。

3. 全选对象

未执行命令时，按 Ctrl+A 组合键可选中绘图区全部对象，或在命令行提示"选择对象"时，输入 ALL，按 Enter 键，即能全选对象。

4. 其他方式

在命令行提示"选择对象"时，若输入"？"，还会出现其他选择方式。

选择对象：？

需要点或窗口(W)/上一个(L)/窗交(C)/框(BOX)/全部(ALL)/栏选(F)/圈围(WP)/圈交(CP)/编组(G)/添加(A)/删除(R)/多个(M)/前一个(P)/放弃(U)/自动(AU)/单个(SI)/子对象(SU)/对象(O)

其中，几种比较常用的选取方式如下。

1）栏选（F）：用鼠标画线的方法去选取，凡是与栏选线相交的对象都被选中，栏选画线可以封闭，也可以不封闭，如图 1-12（a）所示。栏线与圆形、圆弧、右边直线及五边形相交，故这些图形均被选中，如图 1-12（b）所示。

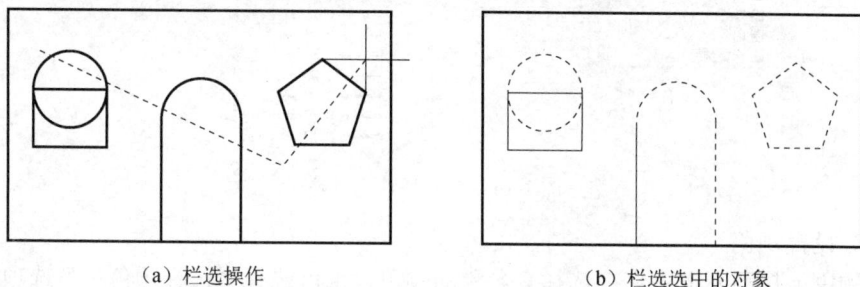

（a）栏选操作　　　　　　　　　　　　　　　（b）栏选选中的对象

图 1-12 栏选

2）圈围（WP）：用光标画多边形选取，凡位于多边形中的对象才能被选中。该多边形任何时候都是封闭的，且为任何形状。

3）圈交（CP）：与圈围类似，区别是与该多边形相交的对象也能被选中。

> **说明**
>
> 任何选中对象状态，按 Esc 键即可取消对象的选择。在绘图中，若有些对象看得到但选不中，可能原因是此对象位于被锁定或冻结的图层中。

任务 6 设置对象特性

任务描述

如图 1-13 所示，先用"直线"命令绘制旗杆、旗面，用"圆环"命令绘制五个圆环；再使用对象特性工具栏设置对应的颜色、线宽（并显示线宽）；最后设置旗面线型为点画线，并将线型的比例因子大小调整合适。

任务操作

1. 设置对象特性

图 1-13 小旗

在对象特性工具栏对应的下拉列表框中，可为对象选择不同的颜色、线型、线宽，如图 1-14 所示。

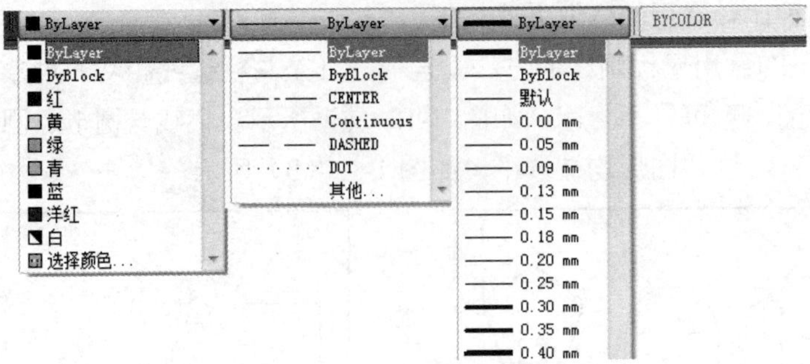

图 1-14　对象特性工具栏

（1）设置颜色

在颜色下拉列表框中直接选择有名称的颜色，也可选择"选择颜色…"选项，弹出"选择颜色"对话框，选择更多颜色。

（2）设置线型

在选择线型时，默认只有连续线型（Continuous），选择"其他…"选项，弹出"线型管理器"对话框，再单击其中的"加载"按钮，在弹出的"加载或重载线型"对话框中可选择需加载的线型。用户通常需要加载点画线（Center）、虚线（Dashed）等线型。

（3）设置线宽

设置线宽比较简单，直接按粗细数值选择。但需按下状态栏中辅助绘图工具按钮＋，才能看到线宽的设置效果。

> **说明**
>
> ByLayer（随层）是指对象在哪一个图层，就按该图层的特性显示；ByBlock（随块）是指当该对象定义到块中时，不论插入哪个图层，其颜色、线宽和线型都会继承块图形本身的定义。在学习图层后，一般都设置为 ByLayer（随层），便于管理对象。

2. 设置线型比例

若设置线型后，不连续线型的疏密不合适，可选择菜单栏中的"格式"→"线型"命令，弹出"线型管理器"对话框，单击"显示细节"按钮，再设置全局比例因子或当前对象缩放比例因子，大小合适即可。也可双击不连续线条（或选中图线后按 Ctrl+1 组合键），在弹出的"特性"面板中设置合适的线型比例。

任务 7　运用辅助功能

任务描述

如图 1-15 所示，为更好地熟悉辅助绘图工具，矩形外框两个尺寸在 100～150mm

范围内任意定，按大致比例画出即可。运用辅助绘图工具，只要保证图中已标注尺寸，画出图中所有线条，不用标注尺寸和字母（图中虚线表示对齐关系）。

具体的绘制方法和步骤提示可参考后面的"任务步骤"。

图 1-15 辅助功能任务图形

任务操作

辅助绘图工具是指状态栏上的 10 个按钮，如图 1-16 所示，从左到右依次是捕捉模式、栅格显示、正交模式、极轴追踪、对象捕捉、对象捕捉追踪、允许/禁止动态 UCS、动态输入、显示/隐藏线宽、快捷特性。它们在绘图时起着快速定位、提高绘图速度的作用。

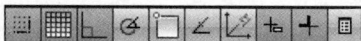

图 1-16 辅助绘图工具栏

1. 栅格操作

（1）开启栅格

按下"栅格"按钮▦（或按 F7 键开启），在图幅界限内出现栅格点，相当于坐标纸，用以显示图幅范围，也可用作绘图时尺寸的参考，如图 1-17 所示。

（2）设置栅格

右击"栅格"按钮，在弹出的快捷菜单中选择"设置"命令（或在菜单栏中选择"格式"→"草图设置"命令），打开"草图设置"对话框中的"捕捉和栅格"选项卡，如图 1-18 所示。在该选项卡中设置栅格间距值，X、Y 两个方向间距一般相同，也可以不同。

图 1-17 栅格显示图形界限

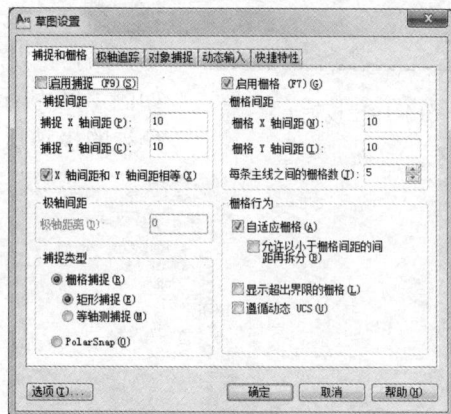

图 1-18 "捕捉和栅格"选项卡

说明

栅格点只是参考网格点，不是图形的一部分，是不会打印输出的；栅格间距不能设置太小，否则无法显示。

2. 捕捉操作

捕捉与栅格操作显示一般配合使用。在"草图设置"对话框中，勾选"启用捕捉"复选框，相当于按下"捕捉"按钮▦（或按 F9 键开启），此时光标只能在栅格点上做跳跃式移动。一般情况下，为便于光标自由移动，"捕捉"按钮是关闭的。

> **说 明**
>
> 1）若关闭栅格操作，开启捕捉操作，则光标会在绘图区跳跃移动，这不是 CAD 软件出错。
>
> 2）当栅格和捕捉的间距不一致时，光标捕捉点与栅格点不一一对应。
>
> 3）栅格点只显示在图形界限范围内，而捕捉没有图形界限的限制。

3. 正交操作

按下"正交"按钮▦（或按 F8 键开启）时，只能画水平线和垂直线，此时移动、复制对象也只能沿水平或垂直方向进行。

4. 极轴追踪

（1）开启极轴追踪

按下"极轴追踪"按钮▦（或按 F10 键开启），AutoCAD 系统将按事先设置的增量角及其倍角，引出相应的极轴追踪线，便于用户沿此角度线定位找点，如图 1-19 所示。

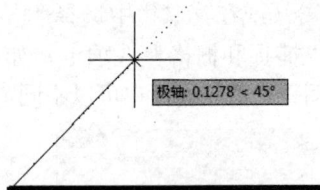
图 1-19　极轴追踪

（2）设置极轴角

右击"极轴追踪"按钮，在弹出的快捷菜单中选择"设置"命令（或在菜单栏中选择"工具"→"草图设置"命令），打开"草图设置"对话框中的"极轴追踪"选项卡，如图 1-20 所示，可进行极轴增量角、附加角（用于追踪某单独的极轴角）、对象捕捉追踪等设置。

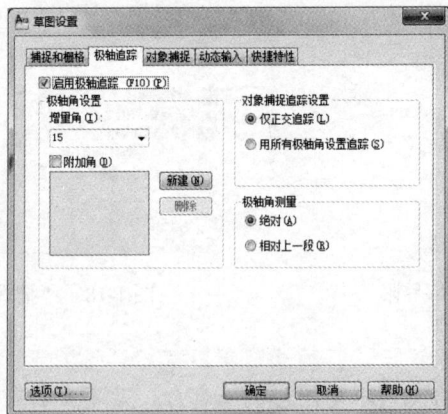
图 1-20　"极轴追踪"选项卡

通常将极轴增量角设置为 15°，就能捕捉到常用特殊角的追踪线。

5. 对象捕捉

（1）开启对象捕捉

按下"对象捕捉"按钮▢（或按 F3 键开启），将光标移动到设置的捕捉点附近时，该点出现捕捉标记，单击即可拾取该点，如图 1-21 所示。

（2）设置对象捕捉

对象捕捉有固定目标捕捉和临时目标捕捉两种方式，具体设置操作如下。

1）固定目标捕捉。右击"对象捕捉"按钮，在弹出的快捷菜单中选择"设置"命令（或在菜单栏中选择"工具"→"草图设置"命令），打开"草图设置"对话框中的"对象捕捉"选项卡，如图 1-22 所示，在该选项卡中可勾选捕捉模式。

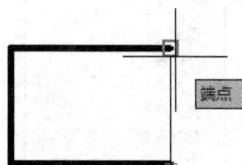

图 1-21　对象捕捉

通常只勾选常用的几种捕捉模式，如端点、中点、圆心、象限点、交点及切点等。若全选，因捕捉点过多容易产生干扰，反而影响绘图速度。

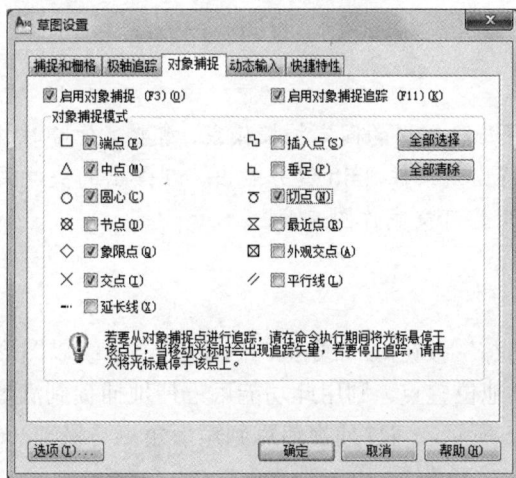

图 1-22　"对象捕捉"选项卡

2）临时目标捕捉。临时目标捕捉是临时性的，暂时屏蔽固定目标捕捉，选取一次命令只能完成一次捕捉。临时目标捕捉的 3 种启动方式如下：

① 按住 Shift 键，在绘图区单击鼠标右键（右击），在弹出的快捷菜单中选择临时捕捉模式，如图 1-23 所示。

② 开启对象捕捉工具栏，选择临时捕捉模式，如图 1-24 所示。

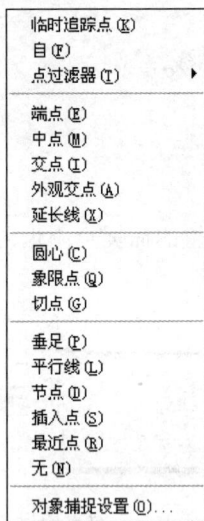

图 1-23　临时捕捉模式　　　　　　　　　图 1-24　对象捕捉工具栏

其中,"临时追踪点"功能一般用于画第一点时的追踪,临时建立一个暂时的捕捉点,作为后续绘图的参考点。"捕捉自"功能一般用于画第二点时,单击"捕捉自"按钮,再利用光标拾取基点并导向,在命令行输入相对于基点的坐标增量,按 Enter 键即可。

③ 执行绘图命令时,在命令行中输入对象捕捉的简化命令。如输入 mid 则捕捉中心,输入 end 则捕捉端点,输入 cen 则捕捉圆心……

说明

绘图时,一般设置几种常用的固定捕捉模式,需要其他临时捕捉模式时,可在"对象捕捉"工具栏中选择,或按住 Shift 键并右击,在弹出的快捷菜单中选择捕捉模式。两种捕捉方式穿插使用,可提高作图速度。

6. 对象捕捉追踪

按下"对象捕捉追踪"按钮∠(或按 F11 开启),系统以图形上某特征点作为参照点,追踪其延长线上其他位置点。利用此功能可方便地捕捉到满足图形中"长对正、高平齐"的点。如图 1-25 所示,对象捕捉追踪到矩形角点与极轴-60°的交点。

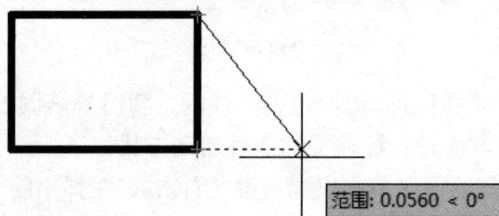

范围: 0.0560 < 0°

图 1-25　对象捕捉追踪

> **说　明**
>
> 　　对象捕捉追踪必须与固定对象捕捉及极轴追踪配合使用。若知道要追踪的方向（角度），则使用极轴追踪；若知道与其他对象的某种关系（如相交），则使用对象捕捉追踪。

7. 允许/禁止动态 UCS

右击"允许/禁止动态 UCS"按钮，在弹出的快捷菜单中可设置显示的内容。

8. 开启/关闭动态输入

按下"动态输入"按钮（或按 F12 键开启），在光标附近将显示一个命令界面，显示动态信息，且该信息会随着光标移动而更新。动态输入不会取代命令窗口，但可以隐藏命令行以增加绘图区域。

9. 显示/隐藏线宽

按下"显示/隐藏线宽"按钮，可开启线宽显示效果。右击该按钮，在弹出的快捷菜单中选择"设置"命令（或在菜单栏中选择"格式"→"线宽"命令），弹出"线宽设置"对话框，如图 1-26 所示，一般将粗实线线宽设置为 0.5～2mm。

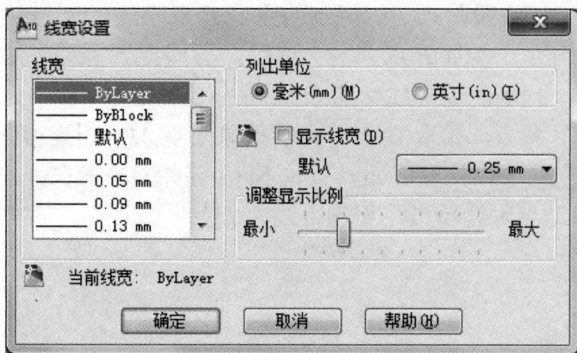

图 1-26　"线宽设置"对话框

> **说　明**
>
> 　　绘图时建议显示线宽，便于及时检查绘制线条是否符合国家标准要求；否则，图形线条越画越多，突然显示出来，很难发现错误。

10. 显示/隐藏快捷特性

按下"快捷特性"按钮，开启快捷特性后，选中对象旁边会出现特性选项板，显示对象的颜色、图层、线型及其他参数等。

熟练运用捕捉功能、对象追踪、极轴追踪等绘图辅助工具，就能实现快速作图与精确作图，这也是 AutoCAD 软件的一个优点。

小技巧

绘图时，可用十字光标捕捉到某对象特殊点，然后沿某极轴追踪线移动导向，并在命令行输入距离值，即能找到相对位置点，这种追踪导向法很常用。

任务步骤

1）用"矩形"命令或"直线"命令按大致比例，绘制一个矩形 *ABCD*（边长在 100～150mm 范围内任意定）。

2）开启对象捕捉及对象捕捉追踪，选择"直线"命令，捕捉 *A* 点向上追踪导向，输入 40 找到 *H* 点；再捕捉 *B* 点向左追踪导向，输入 40 找到 *E* 点，绘制出线段 *HE*；用同样的办法找到 *F* 点、*G* 点，绘制线段 *EF*、*FG*，连接 *GH*。

说明

若出现追踪导向找点不正确，则单击工具栏中的"捕捉自"按钮或按下 Shift 键并在绘图区右击，在弹出的快捷菜单中选择"自"命令，先选取基点再输入距离即可。

3）选择"直线"命令，拾取 *G* 点，按下 Shift 键并右击，在弹出的快捷菜单中选择"垂足"命令，移到 *HE* 线段附近与捕捉到的垂足 *P* 点相连。

4）选择"圆"命令，捕捉 *E* 点并向上追踪，再捕捉 *F* 点向左追踪（此时保证 *E* 点追踪标志不要消失），找到两追踪线交点 *O* 后画圆，半径为 10。

5）选择"直线"命令，拾取 *G* 点，再捕捉象限点 *M*，相连得线段 *GM*。

6）选择"直线"命令，拾取 *E* 点，按住 Shift 键并右击，在弹出的快捷菜单中选择"切点"命令，再在 *N* 点附近单击，相连得线段 *EN*。

相关知识

1. 对象捕捉的名称及功能

对象捕捉的名称及功能如表 1-1 所示。

表 1-1　对象捕捉的名称及功能

对象捕捉名称	功能
临时追踪点	临时建立一个暂时的捕捉点
捕捉自	设置一个基准点，相对此点进行另一点定位
捕捉到端点	用于捕捉直线、弧线、多段线等各线段端点
捕捉到中点	用于捕捉直线、圆弧、多线、样条曲线等线的中点
捕捉到交点	用于捕捉直线、圆弧、多段线、样条曲线、构造线等对象的平面交点
捕捉到外观交点	用于捕捉三维空间未相交，但在二维视图中相交的两对象的交点
捕捉到延长线	用于捕捉选定对象的延长线上的一点
捕捉到圆心	用于捕捉圆、圆弧、椭圆、椭圆弧等圆心点

续表

对象捕捉名称	功能
捕捉到象限点	用于捕捉圆、圆弧、椭圆、椭圆弧等在 0° 及 90° 倍角上的点
捕捉到切点	用于选取点与所选圆、圆弧、椭圆或样条曲线上相切的切点
捕捉到垂足	用于捕捉选取对象和选取点的垂直交点
捕捉到平行线	用于捕捉以选定对象作为平行基准所显示出的一条临时平行线
捕捉到插入点	用于捕捉文字、属性、块的插入点
捕捉到节点	用于捕捉点对象、尺寸定义点、尺寸文字定义点等
捕捉到最近点	用于捕捉对象上最靠近十字光标的点
无捕捉	用于取消捕捉模式
对象捕捉设置	打开"草图设置"对话框中的"对象捕捉"选项卡进行设置

2. 点过滤器

AutoCAD 系统还提供了一种称为点过滤器的功能,提示指定点时,命令行输入".X",提示"于"时捕捉 A 点,再提示"于(需要 YZ):"时捕捉 B 点,然后系统以 (X_A, Y_B) 为指定点坐标进行绘图。

小练习

启动 AutoCAD,发挥想象力,熟练运用绘图辅助工具,绘制一个有意义的创意图形。可绘制一辆自行车,如图 1-27 所示,需保证两轮平齐,所有线段都按极轴角增量 15° 的特殊角绘制,既要保证一些线段的水平、平齐、平行,又要保证一些线段通过圆心、中点、切点、象限点等特殊点。

图 1-27 创意参考图形

任务 8 输入坐标数据

任务描述

如图 1-28 所示,合理选择数据的输入方法,尽量连贯地、快速地绘制底边平齐、形状相同、方向不同的 6 个三角形。简洁的画法可参考后面的"任务步骤"。

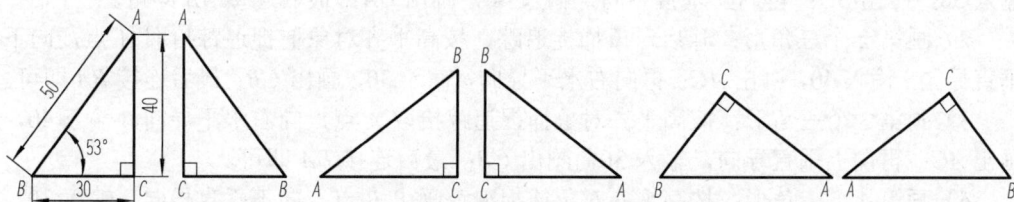

图 1-28 数据输入任务图形

任务操作

如图 1-29 所示，用 5 种不同的坐标输入方式画出斜线段 *ab*。

命令:l   //画直线

图 1-29 中的图示：$b(x+30, y+40)$、50、40、53°、$a(x,y)$、30、C

图 1-29 绘制特殊角度线

1）用绝对坐标输入：

LINE 指定第一点:x,y   //x,y预设某特殊值
指定下一点或 [放弃(U)]:x+30,y+40 //注意输入计算结果

2）用相对坐标输入：

LINE 指定第一点：   //任意拾取一点
指定下一点或 [放弃(U)]:@30,40

3）用相对极坐标输入：

LINE 指定第一点：   //任意拾取一点
指定下一点或 [放弃(U)]:@50<53

4）用极坐标法分步输入：

LINE 指定第一点   //任意拾取一点
指定下一点或 [放弃(U)]:<53
角度替代:53   //或预光设置好53°极轴附加角
指定下一点或 [放弃(U)]:50   //保证光标在53°线上再输入

5）正交追踪导向输入：

LINE 指定第一点   //任意拾取一点
指定下一点或 [放弃(U)]:30   //保证光标在水平向右追踪线上再输入
指定下一点或 [放弃(U)]:40   //保证光标在垂直向上追踪线上再输入
指定下一点或 [闭合(C)/放弃(U)]:   //捕捉第一点或输入C按Enter键

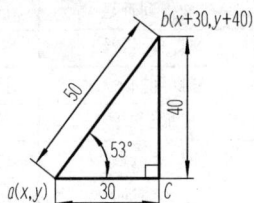

任务步骤

1）画第 1 个三角形：绘图区拾取任意点为 *B* 点，开启极轴追踪，向右水平导向，输入 30，画出 *BC*；再向上垂直导向，输入 40，画出 *CA*；最后连接 *AB* 即可。

2）画第 2 个三角形：开启对象捕捉追踪，按高平齐对象捕捉追踪拾取 *A* 点，向下垂直导向，输入 40，画出 *AC*；再向右水平导向，输入 30，画出 *CB*；最后连接 *BA* 即可。

3）画第 3 个三角形：按高平齐对象捕捉追踪拾取 *A* 点，向右水平导向，输入 40，画出 *AC*；再向上垂直导向，输入 30，画出 *CB*；最后连接 *BA* 即可。

4）画第 4 个三角形：按高平齐对象捕捉追踪画出 *B* 点，向下垂直导向，输入 30，画出 *BC*；再向右水平导向，输入 40，画出 *CA*；最后连接 *AB* 即可。

5）画第 5 个三角形：按高平齐对象捕捉追踪到右侧拾取 *A* 点，向左水平导向，输入 50，画出 *AB*；再输入@30<53，画出 *BC*（或设置极轴附加角为 53，向右上 53° 方向导向，输入 30，画出 *BC*）；最后连接 *CA* 即可。

6）画第 6 个三角形：按高平齐对象捕捉追踪到右边拾取 *B* 点，向左水平导向，输入 50，画出 *BA*；再输入@40<37，画出 *AC*（或设置极轴附加角为 37，向右上 37° 方向导向，输入 40，画出 *AC*）；最后连接 *CB* 即可。

相关知识

在 AutoCAD 中有两种坐标系：一种是世界坐标系 WCS，是固定的坐标系统；另一种是用户坐标系 UCS，由用户相对世界坐标系重新定位、定向的坐标系（在默认情况下，当前 UCS 与 WCS 重合）。WCS 中，*X* 轴是水平方向，*Y* 轴是垂直方向，*Z* 轴垂直于 *XY* 平面指向屏幕外侧，原点是左下角坐标轴交点（0，0，0）。一般二维图形都在 WCS 中绘制。

1. 动态坐标数据输入

当光标在绘图区移动时，状态栏左侧显示光标当前的坐标值，并随光标的移动而动态更新。此时，用户可在屏幕拾取点，也可以在命令行输入点坐标来确定。

当在"草图设置"对话框的"动态输入"选项卡中勾选"在十字光标附近显示命令提示和命令输入"复选框，并按下"动态输入"按钮（或按 F12 键开启），就可以在光标附近的工具栏输入坐标。

说　明

动态坐标的输入状态，系统默认第一点坐标为绝对坐标，后续点为相对坐标。若后续点要输入绝对坐标，应在坐标前输入"#"，如"#60,0"。

2. 常规坐标数据输入

当关闭动态坐标输入后，就与 AutoCAD 之前的版本一样，需要在命令行输入坐标。

（1）两种坐标系

1）直角坐标系：由一个坐标原点（0，0）和通过原点相互垂直的两条坐标轴构成，其中，*X* 坐标轴水平向右为正方向，*Y* 坐标轴垂直向上为正方向。平面上任一点的坐标 *P*（*x*，*y*）如图 1-30（a）所示。

2）极坐标系：由一个极点和极轴构成，极轴方向为水平向右。平面上任一点 *P* 由该点到极点的连线长度 *l* 和该连线与极轴的夹角 *α* 所定义，用 *l*<*α* 表示，如图 1-30（b）所示。

（2）点坐标的表示方法

1）绝对坐标：基于当前坐标系原点的坐标。若图形都要参照坐标系原点作图，则有很大的局限性，因此，作图时绝对坐标很少用。

2）相对坐标：相对于上一个输入点之间的坐标增量。根据图形标注的尺寸及角度，很容易确定图形上各点的相对坐标，因此，作图时相对坐标较常用。

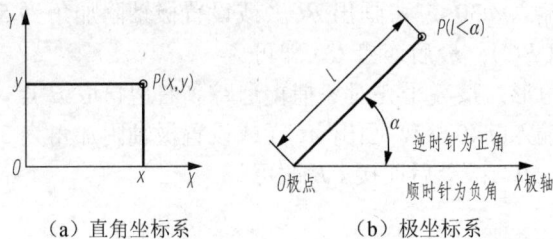

  （a）直角坐标系   （b）极坐标系

图 1-30　两种坐标形式

坐标输入方法如表 1-2 所示。

表 1-2　坐标输入方法

方式	表示方法		输入格式	说明
键盘输入	绝对坐标	直角坐标	x,y	相对于原点的两个方向坐标值
		极坐标	$l<\alpha$	与极点的连线长度 l，夹角 α
	相对坐标	直角坐标	@Δx, Δy	相对上一作图点的坐标增量
		极坐标	@$l<\alpha$	与上一作图点连线长度 l，夹角 α
鼠标输入	一般位置点		直接光标拾取	状态栏左侧有当前光标坐标提示
	特殊点、特征点		利用对象捕捉功能	要预先设置并开启对象捕捉功能

> **说明**
>
> 输入坐标时，小数点及符号等都要在英文半角状态下输入。

（3）追踪导向输入

  一般图形中出现较多的还是正交线段，此时，可开启正交模式，光标沿画线方向移动导向，命令行输入线段长度即可。

  绘制一些特殊角度线时，可在"草图设置"对话框的"极轴设置"选项卡中设置合理的增量角，并开启极轴追踪，光标沿极轴追踪线移动导向，命令行直接输入长度。

思考与练习

一、填空题

  1．若希望每次启动 AutoCAD 时，不出现"启动"对话框，只要在命令行中输入_____命令，再将其值设置为 0 即可。

  2．按_____键可进行命令的确认或重复。

  3．在对象特性工具栏对应的下拉列表框中，可为对象选择不同的_____、_____和_____。

4. 对象捕捉方式有两种：一种是_____，另一种是_____。

5. 输入坐标时，小数点及符号等都要在_____状态下输入。

二、选择题

1. 将绘制的图形保存为 CAD 图形文件的扩展名为（   ）。
   A．*.dwt   B．*.dxf   C．*.dwg   D．*.dwf

2. AutoCAD 系统中，正交方式的开关功能键是（   ）。
   A．F6   B．F7   C．F8   D．F9

3. 在工作中移动图形时，可使用（   ）方式实现。
   A．使用 Ctrl+P 组合键   B．按下鼠标右键拖动
   C．按住鼠标滚轮拖动   D．按下鼠标左键移动

4. 下面关于选取对象的说法不正确的是（   ）。
   A．直接单击所要选取的对象
   B．先单击左上角，再向右下角拖动并单击，框在选择框内的对象被选中
   C．先单击右下角，再向左上角拖动并单击，与选择框相交的对象也被选中
   D．按 Alt+A 组合键可以选中绘图区所有对象

5. 画完一幅图后，要保存该图形为模板文件时用（   ）作为扩展名。
   A．*.cfg   B．*.dwt   C．*.bmp   D．*.dwg

三、判断题

1. 在 AutoCAD 中栅格点是绘图的辅助点，会出现在打印输出的图样上。（   ）

2. 在 AutoCAD 中窗选对象时，也可以选择与窗口相交的对象。（   ）

3. 绝对坐标是以直角坐标表示的，相对坐标是以极坐标表示的。（   ）

4. 在 AutoCAD 系统中，Zoom 命令可以改变图形的实际大小。（   ）

5. 用户在绘图期间可以开启或关闭任一个工具栏。（   ）

四、问答题

1. 以圆命令为例，说明命令行各部分的具体含义。

2. 简述在绘图时对图形显示控制最常用的一些操作。

3. 简述左窗选与右窗选在具体选取操作及选取对象上的区别。

4. 对象捕捉方式有哪两种？简述绘图时如何合理使用对象捕捉功能。

5. 列表说明点坐标的几种输入方法。

五、操作题

1. 工具栏的打开、关闭与移动操作：打开标准、对象特性、绘图、修改、UCS、曲面等工具栏，并拖放到合适位置，关闭几个不常用的工具栏。

2．使用"启动"对话框的"使用向导"功能设置绘图环境：长度单位为十进制，精度为"0.00"；角度单位为十进制度数，精度为"0.0"；正北方向为基准零度方向；逆时针为角度正方向；绘图区大小为 A4 图纸 297mm×210mm。

3．在"草图设置"对话框的"捕捉和栅格"选项卡中，设置捕捉 X 轴间距为 100，捕捉 Y 轴间距为 50。设置栅格 X 轴间距为 50，栅格 Y 轴间距为 100。显示栅格并开启捕捉模式，观察光标的移动情况。

4．灵活运用点的坐标输入绘制如图 1-31 所示图形。

提示：在没有学习修剪命令的情况下，可通过选中直线，拖动夹点调整直线长度。

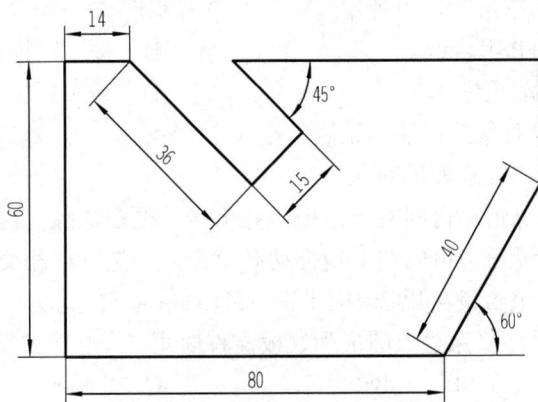

图 1-31　综合练习图形

项目 2　应用二维绘图命令

项目目标

1）掌握绘图工具栏中各绘图命令的使用方法。

2）掌握绘图菜单栏中常用绘图命令的使用方法。

3）学会常用绘图命令的命令行选项的使用。

4）学会常用绘图命令的命令行简化输入。

任务1 绘 制 锤 子

任务描述

如图 2-1 所示，先熟悉"直线"命令和"构造线"命令，再按尺寸绘制锤子。

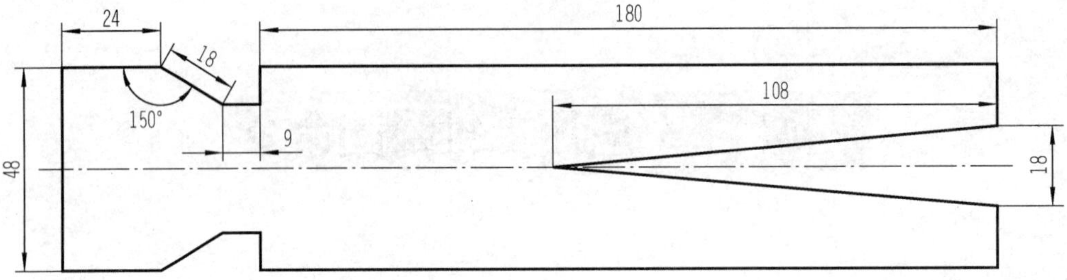

图 2-1 锤子

任务操作

1. 绘制直线

（1）命令方式

1）在菜单中选择"绘图"→"直线"命令。

2）在绘图工具栏中单击"直线"按钮╱。

3）在命令行输入：L（Line 的简化）。

> **说 明**
>
> 常用命令简化输入见附录，输入命令后按 Enter 键或 Space 键开始执行，下同。

（2）命令提示

当输入直线命令时，会出现以下提示信息：

```
LINE 指定第一点：          //可以输入坐标,也可以直接拾取或捕捉某一点.
指定下一点或 [放弃(U)]：     //可以输入坐标或拾取一点,也可以输入直线长度.
指定下一点或 [闭合(C)/放弃(U)]：
```

各项说明如下。

1）放弃（U）：放弃刚指定的一点，用于及时纠正指定错误的点。

2）闭合（C）：直接用直线与第一点相连，封闭该图形。

2. 绘制构造线

（1）命令方式

1）在菜单中选择"绘图"→"构造线"命令。

2）在绘图工具栏中单击"构造线"按钮 。

3）在命令行输入：XL（Xline 的简化）。

（2）命令提示

当输入构造线命令时，会出现以下提示信息：

XLINE 指定点或[水平(H)/垂直(V)/角度(A)/二等分(B)/偏移(O)]:

各项说明如下。

1）指定点：可以输入坐标，也可以拾取一点，系统再提示指定通过点。

2）水平（H）：画水平线。系统连续提示指定通过点，可画出一组水平线。

3）垂直（V）：画垂直线。系统连续提示指定通过点，可画出一组垂直线。

4）角度（A）：画角度线。系统提示指定角度，再连续提示指定通过点，可画出一组角度平行线。

5）二等分（B）：画角平分线。系统提示指定起点，再连续提示指定端点，可画出对应角的平分线。

6）偏移（O）：同偏移命令（见项目 3）。

构造线经常用来绘制布局三视图的参考线，或一些临时的辅助线。

任务步骤

> **注 意**
>
> 任何一个图形的作图方法与步骤都非常多，为了不局限用户的作图思维，鼓励个性化作图，本书尽量不提供详细的绘图步骤，仅作一些简单的操作提示（下同）。

锤子图形是由很多直线段构成的，按常规建议画法如下：

1）对于垂直线或水平线，建议采用正交导向法绘制，即光标沿正交画线方向移动导向，键盘输入线段长度。

2）对于标注角度的倾斜线段，一般先设置合理的极轴增量角，再用光标沿极轴追踪线方向移动导向，键盘输入线段长度；或在命令行直接输入相对极坐标画线。

3）对于标注线性尺寸的倾斜线段，一般建议使用相对直角坐标来绘制；或采用正交导向法绘制出两直角边的辅助线段，再连接斜边得到斜线。

4）按某个方向连续作图时，若出现某些线段没有直接标注尺寸的情况，则应该考虑暂时中断，可先将其他已知线段画出，最后补画这些连接线段。

5）作图时若需要添加一些辅助线，可采用构造线绘制，以便删除或修改。

小练习

1）已知一个三角形如图 2-2（a）所示，利用构造线找出其内心（角平分线交点即内切圆圆心）和外心（边的中垂线交点即外接圆圆心），要求画圆检验找到的点是否准确。

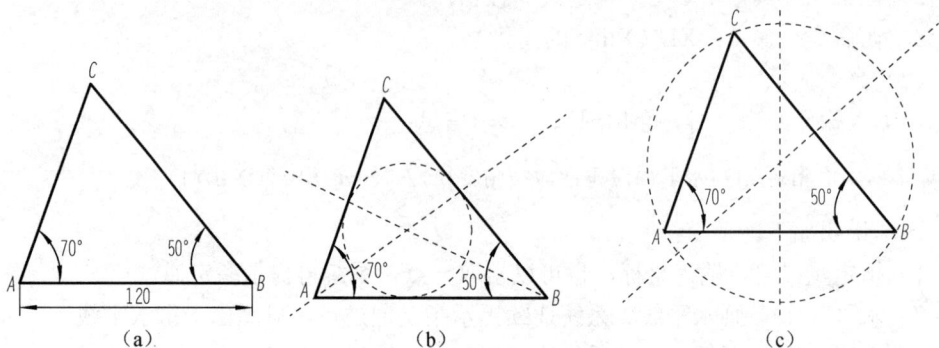

（a）　　　　　　　　（b）　　　　　　　　（c）

图 2-2　练习图形及参考结果

提示：求内心时，可运用构造线命令的"二等分"选项画出两条角平分线，求得交点，如图 2-2（b）所示；求外心时，可灵活运用构造线命令的"垂直""角度"等选项画出两条边的中垂线，求得交点，如图 2-2（c）所示。

2）用"直线"命令绘制两个练习图形，如图 2-3 所示。

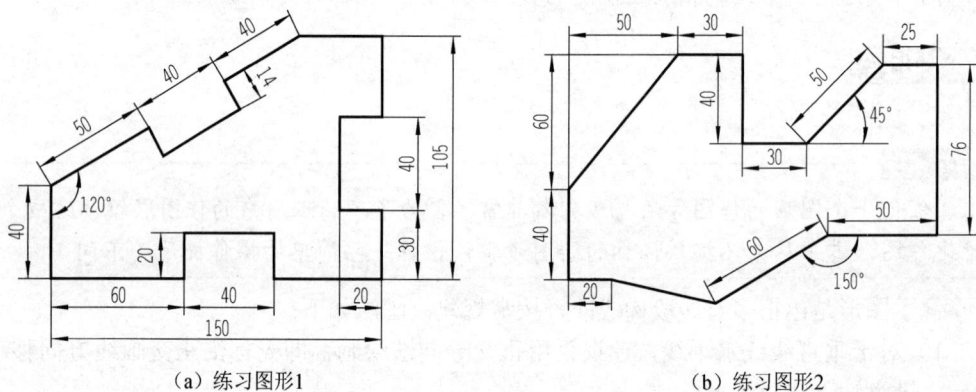

（a）练习图形1　　　　　　　　　　（b）练习图形2

图 2-3　练习图形

任务 2　绘制垫片

任务描述

通过绘制垫片图形（图 2-4），熟悉"正多边形"命令和"矩形"命令。用圆角半径为 R12 的圆角矩形绘制垫片外轮廓，在圆角的圆心位置按图上尺寸画出正六边形；用倒角为 C5 的倒角矩形绘制内轮廓（内部倒角矩形的角点坐标按图示正六边形两顶点对象捕捉追踪获取）。

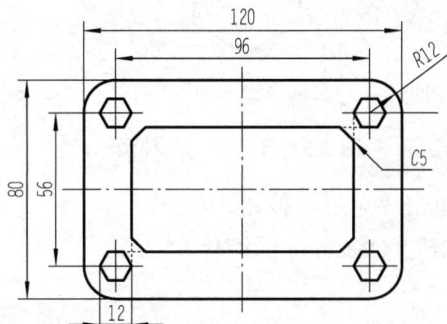

图 2-4 垫片

▌任务操作

1. 绘制正多边形

（1）命令方式

1）在菜单栏中选择"绘图"→"正多边形"命令。

2）在绘图工具栏中单击"正多边形"按钮 ⬠。

3）在命令行输入：POL（Polygon 的简化）。

（2）命令提示

当输入多边形命令时，会出现以下提示信息：

```
POLYGON 输入边的数目 <4>:          //输入边数
指定正多边形的中心点或 [边(E)]:  //默认指定中心点
                                 //输入 E 按边长画,指定边长两端点,按逆时针方向绘制.
输入选项 [内接于圆(I)/外切于圆(C)] <I>:
指定圆的半径:                    //输入圆的半径
```

各项说明如下。

1）内接于圆（I）：在假想的圆内绘制，正多边形各顶点位于假想的圆上。

2）外切于圆（C）：在假想的圆外绘制，正多边形各边与假想的圆相切。

多边形的几种画法如图 2-5 所示。

2. 绘制矩形

（1）命令方式

1）在菜单栏中选择"绘图"→"矩形"命令。

（a）多边形内接于圆　　（b）多边形外切于圆　　（c）边长法画多边形

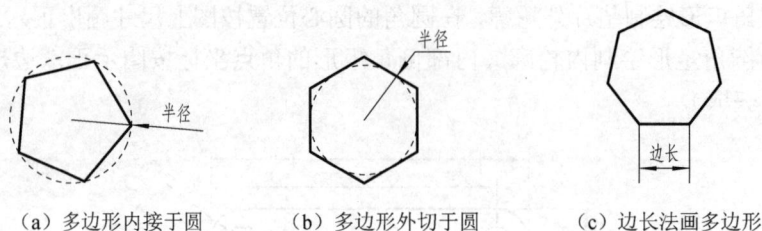

图 2-5　多边形的几种画法

2）在绘图工具栏中单击"矩形"按钮 ▭。

3）在命令行输入：REC（Rectang 的简化）。

（2）命令提示

当输入矩形命令时，会出现以下提示信息：

指定第一个角点或 [倒角(C)/标高(E)/圆角(F)/厚度(T)/宽度(W)]：

各项说明如下。

1）倒角（C）：设置矩形倒角距离的大小。

2）标高（E）：三维图形时，矩形框 Z 轴方向所在的高度。

3）圆角（F）：设置矩形圆角半径的大小。

4）厚度（T）：三维绘图时，矩形框 Z 轴方向拉伸出的厚度。

5）宽度（W）：指定线宽，画出带线宽的矩形。

提　示

　　AutoCAD 中很多绘图命令的选项设置后会持续起作用（即该选项的默认值为上次设置的结果），直到再次改变设置。

当指定第一点后，出现以下信息：

指定另一个角点或 [面积(A)/尺寸(D)/旋转(R)]：

各项说明如下。

1）面积（A）：可按提示输入面积值、长度或宽度之一。

2）尺寸（D）：可根据提示指定矩形的长度、宽度。

3）旋转（R）：可输入旋转角度或通过拾取点确定旋转角度。

3．绘制正方形

绘制正方形的两种方法如下。

1）选择"正多边形"命令的"外切于圆（C）"选项，设置圆半径为边长的一半。

2）选择"矩形"命令，沿 45° 倍角的极轴追踪线指定第二个角点。

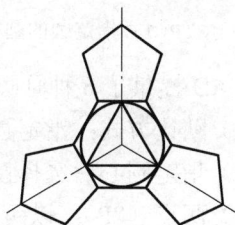

图 2-6　"正多边形"命令练习图形

小练习

1）运用"正多边形"命令绘制如图 2-6 所示的图形，圆半径自定。

2）运用"矩形"命令的各选项绘制各种矩形，如图 2-7 所示。

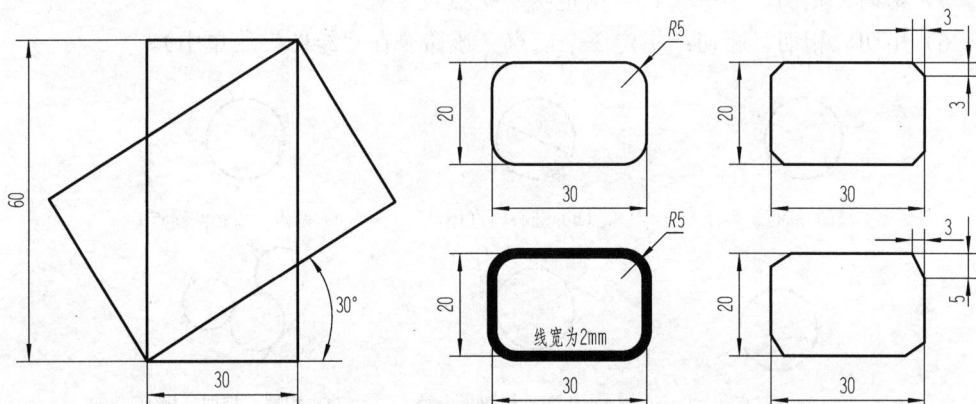

图 2-7　"矩形"命令练习图形

任务 3　绘制太极图

任务描述

运用"圆"和"圆弧"命令，按尺寸绘制"太极图"，如图 2-8 所示。

任务操作

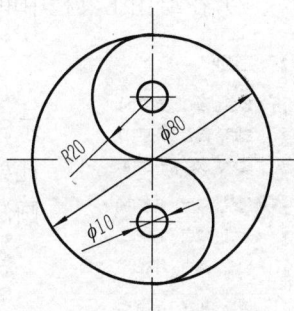

图 2-8　太极图

1. 绘制圆

（1）命令方式

1）在菜单栏中选择"绘图"→"圆"命令。

2）在绘图工具栏中单击"圆"按钮⊙。

3）在命令行输入：C（Circle 的简化）。

（2）命令提示

当输入圆命令时，会出现以下提示信息：

CIRCLE 指定圆的圆心或[三点(3P)/两点(2P)/相切、相切、半径(T)]:

CAD 提供了 6 种画圆方式，如图 2-9 所示。

1）默认方式：指定圆心和半径。

2）指定圆心后选择直径（D）：指定圆心和直径。

3）两点（2P）：以两点连线作直径，连线中点为圆心。

4）三点（3P）：指定圆上 3 点。

5）相切、相切、半径（T）：指定两个切点及半径。

6）相切、相切、相切：指定 3 个切点（该命令在"绘图"菜单中）。

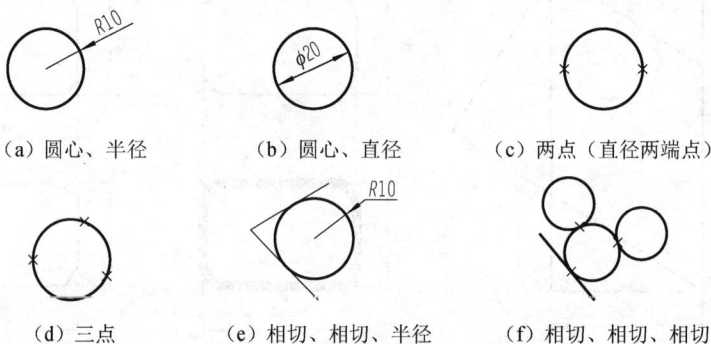

（a）圆心、半径　　　（b）圆心、直径　　　（c）两点（直径两端点）

（d）三点　　　（e）相切、相切、半径　　　（f）相切、相切、相切

图 2-9　圆的 6 种画法

2. 绘制圆弧

绘制圆弧的命令方式如下。

1）在菜单栏中选择"绘图"→"圆弧"命令。

2）在绘图工具栏中单击"圆弧"按钮 。

3）在命令行输入：A（Arc 的简化）。

AutoCAD 提供的画圆弧的基本方法有 10 种，如图 2-10 所示。每一种圆弧画法的每一步操作，命令行通常也有几个选项，此处不一一介绍，请用户在画圆弧练习中探究出几种适合自己的画法。

说　明

指定圆弧包含角时要注意，AutoCAD 默认从起始点向终点沿逆时针绘制圆弧。圆弧的凹凸由指定的两端点位置及包含角的正负决定。

图 2-10　圆弧绘制方法

绘制圆弧默认的方法是指定 3 点：起点、圆弧上一点和端点。还有以指定圆弧的角度、半径、方向和弦长等方法画弧。画圆弧时常常因选项太多，效率不高，也可以考虑先画圆，再修剪得到圆弧。

小 练 习

1）运用"圆"命令的各选项，绘制如图 2-11 所示的 5 个图形。

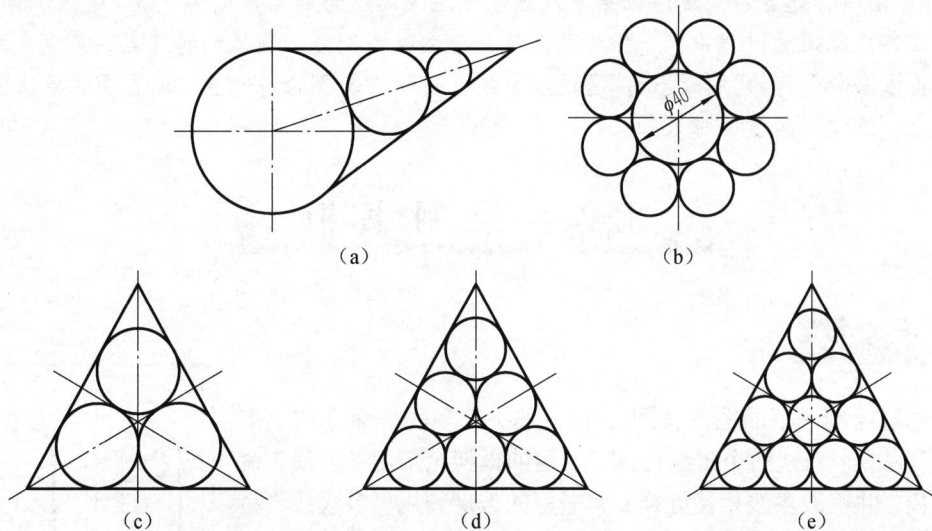

图 2-11　"圆"命令练习图形

提示： 图 2-12（a）大圆的一条切线为水平线，另一条切线为任意角度斜线；图 2-11（b）可先根据外切小圆的个数画出构造线等分圆周；图 2-11（c）～（e）画出正三角形三条边的垂线，就容易找出小圆的圆心位置。本练习大部分圆采用相切、相切、相切法画出。

2）如图 2-12 所示，直接利用栅格功能或先绘制水平与垂直间距相等的格子，再尝试用各种画圆弧的方法绘制 9 段圆弧。

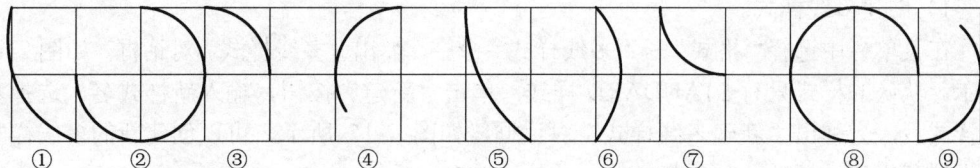

图 2-12　"圆弧"命令练习图形

提示： 画法提示如下。

① 三点法（起点、圆弧上点、端点）画第 1 段圆弧。

② 起点、圆心、端点法画第 2 段圆弧（默认逆时针画弧）。

③ 起点、圆心、角度法画第 3 段圆弧（左上端点为起点，角度为-90°）。

④ 起点、圆心、长度法画第 4 段圆弧（弦长为格子间距的 1.5 倍）。

⑤ 起点、端点、角度法画第 5 段圆弧（左上端点为起点角度为 60°）。

⑥ 起点、端点、方向法画第 6 段圆弧（上端点为起点方向指向-45°）。

⑦ 起点、端点、半径法画第 7 段圆弧（半径即格子间距）。

⑧ 圆心、起点、端点法画第 8 段圆弧（如同圆规逆时针画圆）。

⑨ 圆心、起点、角度法画第 9 段圆弧（左下端点为起点角度为 135°）。

画各段圆弧的过程中，先根据画法提示，参照图例分析圆弧的特殊点、角度、方向等。再根据命令行的操作提示，通过对象捕捉获取所需要的特殊点，设置圆弧画法中的特殊点、方向、角度、弦长等。

任务4　绘制书柜

任务描述

通过绘制书柜的图形（图 2-13）熟悉"多线"命令和"多段线"命令。新建两个多线样式，书柜的框架全部用"多线"命令画出，并修改多线相接处样式；书柜的玻璃窗用"多段线"命令画出（有粗细变化），窗内的横格挡用另一种"多线"命令画出；下面的两朵装饰小花用"圆"命令和"圆弧"命令画出，枝叶用"多段线"命令画出。

图 2-13　书柜

任务操作

1. 绘制多线

（1）设置多线

1）创建多线样式。

在菜单栏中选择"格式"→"多线样式"命令，弹出"多线样式"对话框，如图 2-14 所示。默认的样式只有 STANDARD 样式，单击"新建"按钮，输入新样式名，选择基础样式后，会弹出"新建多线样式"对话框，如图 2-15 所示，可以创建新的多线样式及设置其封口、填充、元素特性等。

2）编辑多线。

多线编辑命令是一个专用于多线对象的编辑命令，在菜单栏中选择"修改"→"对象"→"多线"命令，可弹出"多线编辑工具"对话框，如图 2-16 所示。该对话框中的各个图像工具形象地表示了多线的相接处样式。

（2）绘制多线

1）在菜单栏中选择"绘图"→"多线"命令。

2）在命令行输入：ML（Mline 的简化）。

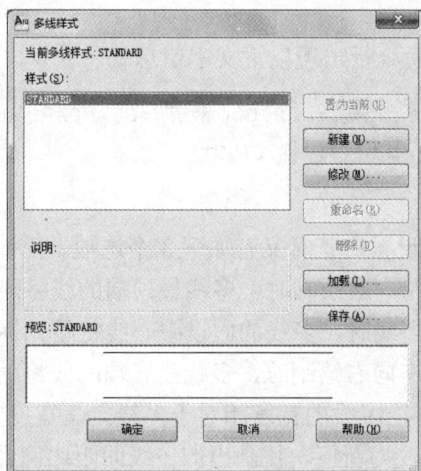

图 2-14　"多线样式"对话框

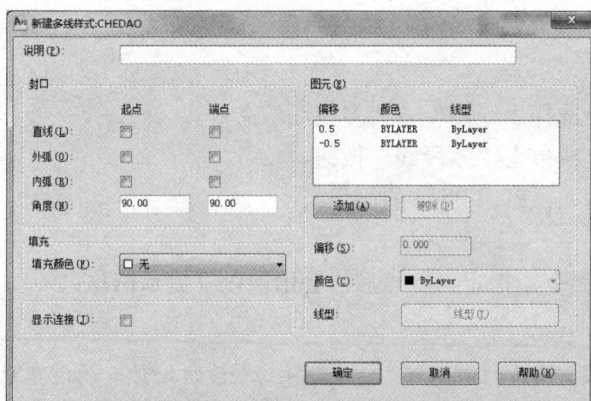

图 2-15　"新建多线样式"对话框

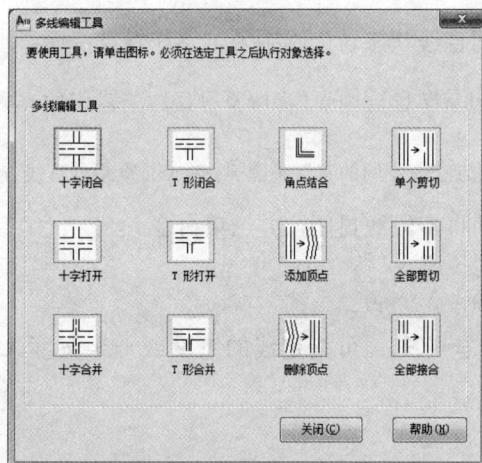

图 2-16　"多线编辑工具"对话框

（3）命令提示

当输入多线命令时，命令行出现以下文字信息：

当前设置：对正 = 上，比例 = 20.00，样式 =STANDARD
指定起点或［对正(J)／比例(S)／样式(ST)］

各项说明如下。

1）对正（J）：输入 J 设置对正时又有如下 3 个选项。

① 上（T）表示当从左向右绘制时，多线最顶端的线将随光标移动；

② 无（Z）表示绘制多线时，多线的假设中心线将随光标移动；

③ 下（B）表示当从左向右绘制时，多线最底端的线将随光标移动。

2）比例（S）：是指所绘多线的宽度相对于多线定义宽度的比例，此比例不影响线型比例。默认是 20，可修改为新值，使画出的多线间距比例合适。

3）样式（ST）：默认是 STANDARD，可输入已新建的多线样式名。

2. 绘制多段线

（1）命令方式

1）在菜单栏中选择"绘图"→"多段线"命令。

2）在绘图工具栏单击"多段线"按钮 ↵。

3）在命令行输入：PL（Pline 的简化）。

（2）命令提示

当输入多段线命令，指定第一点后，会出现以下提示信息：

当前线宽为 0.0000
指定下一点或 ［圆弧(A)／闭合(C)／半宽(H)／长度(L)／放弃(U)／宽度(W)］：

连续指定下一点，可画多条直线组成的多段线。

各选项说明如下。

1）圆弧（A）：由画直线状态转为画圆弧，系统继续提示：

指定圆弧的端点或［角度(A)／圆心(CE)／方向(D)／半宽(H)／直线(L)／半径(R)／第二个点(S)／放弃(U)／宽度(W)］：
//不同选项用不同方法或不同的宽度画圆弧,输入 L 重新画直线.

2）闭合（C）：自动将多段线封闭，并结束命令。

3）长度（L）：控制长度。

4）放弃（U）：返回上一个点。

5）宽度（W）或半宽（H）：可指定线的宽度或一半宽度。若输入 H，后续提示：

指定起点半宽 <0.0000>:
指定端点半宽 <2.0000>:
指定下一个点或 ［圆弧(A)／半宽(H)／长度(L)／放弃(U)／宽度(W)］：

说 明

1）当起点与终点宽度相同时，可画指定宽度的等宽线；当起点与终点宽度不同时，可画锥度线或宽度变化线；当宽度为零时，可画出尖点。

2）一次"多段线"命令画出的是一个对象，单击将全部选中。若用"分解"命令分解后，各段独立的线段将丢失线宽和切向信息。

3）"多段线"命令常用于绘制直线与圆弧组成的整体线条，如带箭头的剖切符号等。

小 练 习

1）创建多线样式，绘制如图 2-17 所示的公路车道。

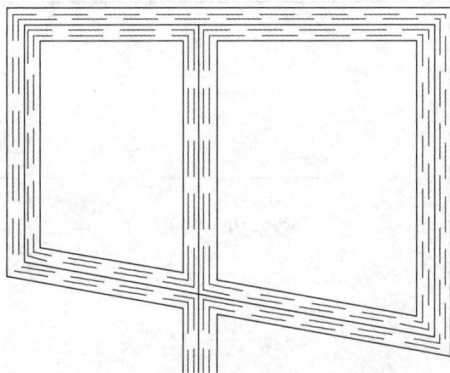

图 2-17   公路车道

提示：先按车道的颜色及线型新建多线样式，绘制公路后，再利用角点结合、T 形合并及十字合并等多线编辑工具修改多线对象。

2）利用"多段线"命令绘制如图 2-18 所示的图形，尺寸按大致比例自定。

图 2-18   "多段线"命令练习图形

任务 5   绘 制 钥 匙

任务描述

通过绘制钥匙的图形（图 2-19）熟悉"椭圆"命令与"样条曲线"命令。先设置栅格间距或画出辅助格子，绘制钥匙图形的纵横两条中心线，用轴端点法绘制大椭圆，用中心法绘制小椭圆；然后画出所有直线段，找到样条曲线的各个插值点，从左向右连接样条曲线，其起点切向为最左边斜线方向，终点切向为水平直线方向。

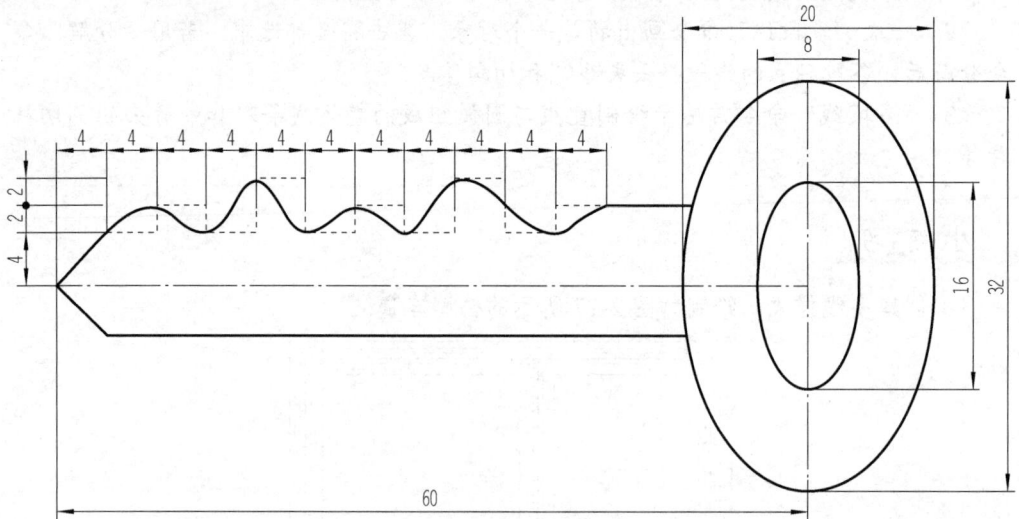

图 2-19　钥匙

任务操作

1. 绘制椭圆

（1）命令方式

1）在菜单栏中选择"绘图"→"椭圆"命令。

2）在绘图工具栏中单击"椭圆"按钮 ⬭ 。

3）在命令行输入：EL（Ellipse 的简化）。

（2）命令提示

输入椭圆命令时，会出现以下提示信息：

　　指定椭圆的轴端点或 [圆弧(A)/中心点(C)]：

1）默认按轴端点方式绘制椭圆：需要拾取 3 点，前两点为椭圆的一个轴的长度，第 3 点为另一个轴的半轴长度，如图 2-20（a）所示。

2）中心点（C）：通过指定中心和两半轴长度画椭圆。需要拾取 3 点，依次指定椭圆中心、长轴端点和另一个轴的半轴长度，如图 2-20（b）所示。

3）圆弧（A）：与"椭圆弧"命令相同，首先需要构造母体椭圆，其选项和提示同上，然后按提示行输入椭圆弧的起始角和终止角即可。

图 2-20   椭圆的两种画法

2. 绘制样条曲线

（1）命令方式

1）在菜单栏中选择"绘图"→"样条曲线"命令。

2）在绘图工具栏中单击"样条曲线"按钮∿。

3）在命令行输入：SPL（Spline 的简化）。

（2）命令提示

指定第一个点或 ［对象(O)］：   //拾取或输入第 1 点
指定下一点：   //拾取或输入第 2 点
指定下一点或 ［闭合(C)/拟合公差(F)］<起点切向>： //拾取或输入第 3 点
……
指定下一点或 ［闭合(C)/拟合公差(F)］<起点切向>： //按 Enter 键完成点的指定
指定起点切向：   //指定起点曲线方向
指定端点切向：   //指定端点曲线方向

说 明

1）"对象（O）"可将已有线段拟合成样条曲线；拟合公差是指样条曲线与指定拟合点之间的接近程度，拟合公差越小，样条曲线与拟合点越接近，拟合公差为 0，样条曲线通过拟合点；起点切向、端点切向是指曲线在两端的切线方向。

2）"样条曲线"命令通常用来绘制图样中的波浪线，为了方便绘制，最好关闭辅助绘图工具栏中的"极轴模式"功能和"极轴追踪"功能。

小 练 习

1）运用"椭圆"命令的多种画法，按图 2-21 所示的尺寸绘制图形。

2）用"多段线"命令绘制雨伞柄，用"椭圆弧"及"圆弧"命令绘制伞骨架，用"样条曲线"命令绘制伞边缘，绘制后的图形如图 2-22 所示。

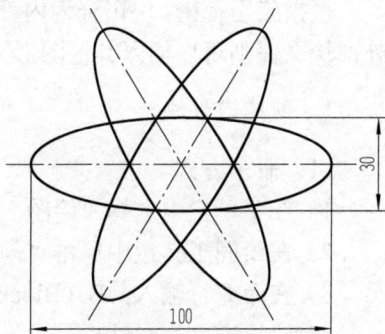

图 2-21   科技图标

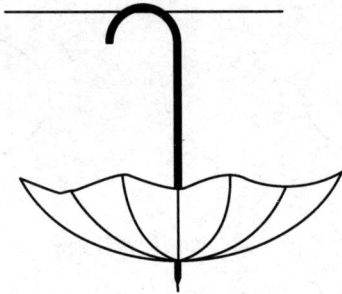

图 2-22　雨伞

任务 6　绘 制 笑 脸

任务描述

通过绘制笑脸图（图 2-23）熟悉块的创建与插入操作。创建"笑脸"图块，通过插入不同比例、不同旋转角度的块，得到各种笑脸。

图 2-23　笑脸

任务操作

根据应用范围，块可分为内部块和外部块两类。内部块只能在当前图形文件中插入，外部块文件则可以插入其他图形文件中。

1．创建内部块

（1）命令方式

1）在菜单栏中选择"绘图"→"块"→"创建"命令。

2）在绘图工具栏中单击"创建块"按钮 🔲。

3）在命令行输入：B（Block 的简化）。

（2）"块定义"对话框

当输入创建块命令时，弹出"块定义"对话框，如图 2-24 所示。

图 2-24　"块定义"对话框

该对话框中，常规设置说明如下。

1）名称：输入新块名称，不区分大小写；不能与下拉列表框中已定义的图块重名，否则原块被重新定义，被当前块替换。

2）基点：将块插入时的基准点，单击"拾取点"按钮，返回绘图区捕捉图形特殊点后，再返回对话框。

3）对象：单击"选择对象"按钮，返回绘图区选择要定义为块的图形对象，按 Enter 键确认后返回对话框。保留、转换为块、删除 3 个单选按钮是指创建为块后，原图形对象是保留、转换为块、或者删除。块可以嵌套，即把一个块作为新块对象。

设置完成后，单击"确定"按钮完成内部块的定义。

2. 创建外部块

（1）命令方式

创建外部块只能在命令行输入：W（Wblock 的简化）。

（2）"写块"对话框

当输入 W 命令时，弹出"写块"对话框，如图 2-25 所示。

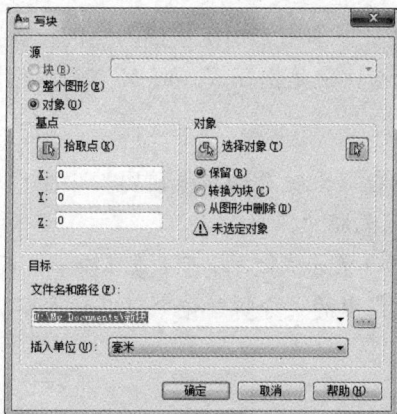

图 2-25　"写块"对话框

该对话框中，各项设置说明如下：

1）源：可以将内部图块、整个图形或选中的对象定义为外部块。

2）基点及对象：其设置与定义内部块相同。

3）文件名和路径：系统默认的存储路径及块文件名，单击"…"按钮可修改。

设置完成后，单击"确定"按钮完成外部块定义。通常将标题栏创建为外部块，方便其他图形使用。

3．插入块

（1）命令方式

1）在菜单栏中选择"插入"→"块"命令。

2）在绘图工具栏中单击"插入块"按钮 。

3）在命令行输入：I（Insert 的简化）。

（2）"插入"对话框

当输入插入块命令时，弹出"插入"对话框，如图 2-26 所示。

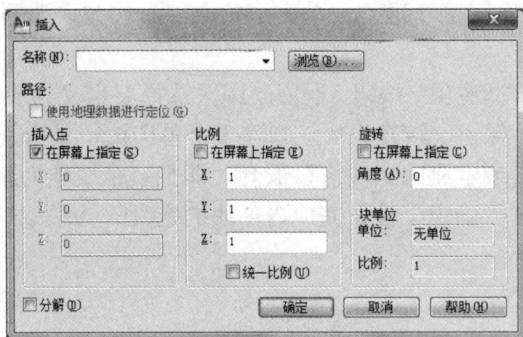

图 2-26　"插入"对话框

该对话框中，各项设置说明如下。

1）名称：直接在下拉列表框可选择内部块，单击"浏览…"按钮可选择外部块。

2）插入点、比例、旋转：分别用来指定块插入点的位置，在 X、Y、Z 方向的比例，是否旋转指定的角度等。统一比例是指在 X、Y、Z 方向以相同的比例插入。

说　明

1）当插入一个外部块后，系统自动在当前图形中生成相同名称的内部块，该名称将出现在"名称"下拉列表框中。

2）输入的比例系数大于 1 表示放大，小于 1 表示缩小，若输入负值，则得到镜像图。

3）利用菜单栏或工具栏中的"分解"命令可将块分解，并进行编辑修改。

小练习

创建 3 种颜色的花朵图块，插入大小、方向各异的多个花朵图块后，再创建为花丛图块，参照图 2-27 插入多个花丛图块形成花园。

图 2-27　花园

任务 7　创建属性块

任务描述

　　绘制正八边形，创建表面粗糙度属性块（表面粗糙度符号的画法标准可参照"知识链接"部分），如图 2-28 所示，先用 LE 命令画出引线，再插入属性块标注所有表面粗糙度。

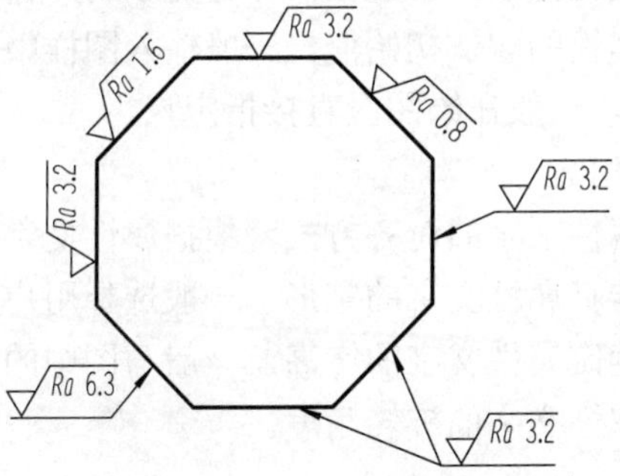

图 2-28　表面粗糙度属性块

任务操作

1. 定义属性块

（1）命令方式

1）在菜单栏中选择"绘图"→"块"→"定义属性"命令。

2）在命令行输入：ATT（Attdeft 的简化）。

（2）"属性定义"对话框

输入"定义属性"命令时，弹出"属性定义"对话框，如图 2-29 所示。

该对话框中，常规设置说明如下。

1）"模式"选项组。通常按默认状态。

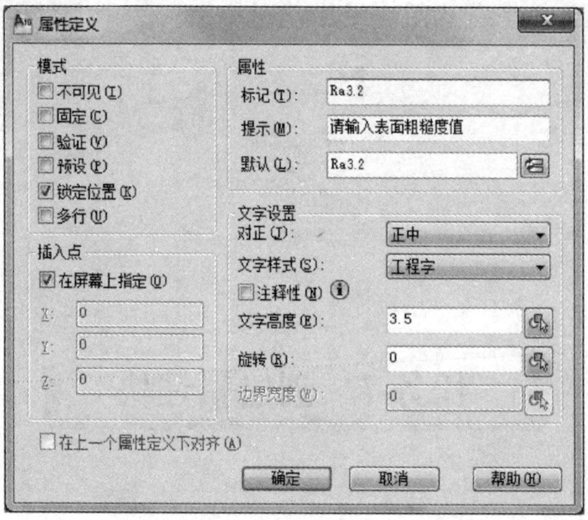

图 2-29　块 "属性定义" 对话框

2) "属性" 选项组。

① 标记：用于输入属性标记（必须设置）。

② 提示：用于输入属性提示，出现在命令行提示用户输入正确的属性值。

③ 默认：用于设置属性的默认初始值，一般输入图样中出现最多的属性值。

3) "插入点" 选项组。一般在绘图区直接指定点。

4) "文字设置" 选项组。

① 对正：用于定义属性文字的对齐方式，根据属性文字在块中的位置合理选择。

② 文字样式：用于选择属性文字的字形，一般选择用户设置的工程字。

③ 文字高度：用于确定属性文字的字高，一般与图中的尺寸文字高度相同。

④ 旋转：用于确定属性文字的旋转角度。

> **提示**
>
> 　块属性是从属于块的特殊文本信息，好比附于商品上面的标签。定义块前，要先定义该块的属性，并保证属性标记在块图形的位置合适。块的属性定义可以重复操作，也可以对块定义多个属性。

2. 插入属性块

（1）命令方式

1) 在菜单栏中选择 "插入" → "块" 命令。

2) 在绘图工具栏中单击 "插入块" 按钮 。

3) 在命令行输入：I（Insert 的简化）。

（2）命令提示

设置块的 "插入" 对话框后，还会出现以下提示信息：

　　指定插入点或 [基点 (B)/比例 (S)/X/Y/Z/旋转 (R)]：

输入属性值　　　　　　　　　　　　//以表面粗糙度属性块为例

请输入表面粗糙度值 <3.2>:　　　//输入当前插入处的表面粗糙度值,按 Enter 键.

　　插入属性块的操作与插入普通块的操作基本相同,不同之处是在命令行中会出现提示信息,引导用户输入不同的属性值,以插入不同标记的块。

　　3. 编辑属性块

　　如果对已经插入的属性块进行修改,操作非常简单。只要双击某属性文字,就可弹出"增强属性编辑器"对话框,如图 2-30 所示。

图 2-30　"增强属性编辑器"对话框

　　1）在"属性"选项卡中,可修改属性值。

　　2）在"文字选项"选项卡中,可修改文字属性,并可进行反向、倒置等,如图 2-31 所示。

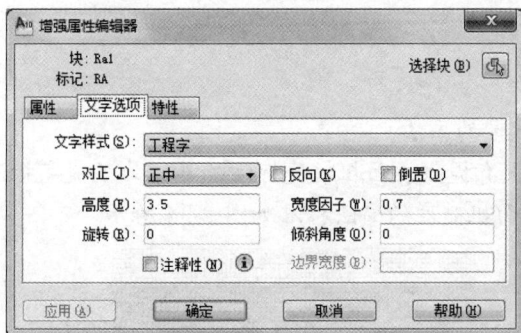

图 2-31　"文字选项"选项卡

说 明

　　若有些属性块（如基准）的符号与字头是相反的,可在标注后直接将属性文字反向并倒置,建议事先将属性文字设置为"正中"对正。

　　3）在"特性"选项卡中,可修改属性文字的图层、颜色等,如图 2-32 所示。修改完毕,单击"确定"按钮即可。

图 2-32 "特性"选项卡

小练习

绘制如图 2-33 所示的练习图形，先绘制台阶面，创建基准属性块（基准符号的画法标准参照"知识链接"部分），然后插入属性块，标注基准 A、B、C。操作熟练者，再创建一个属性块，标注基准 D、E、F（或直接标注后，对属性文字进行反向，倒置）。

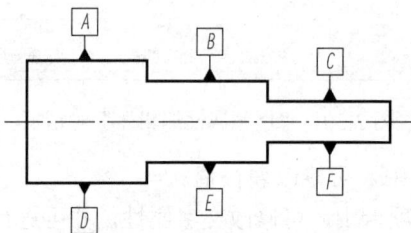

图 2-33 基准属性块练习图形

知识链接

1. 表面粗糙度代号的画法

由于 AutoCAD 没有提供表面粗糙度标注工具，为了提高标注效率，通常将其定义为带属性的块。表面粗糙度的画法标准如图 2-34 所示。

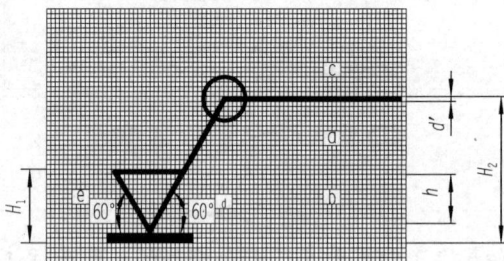

图 2-34 表面粗糙度国家标准画法

在图形符号中的 a~e 区域标注表面结构要求；在 a~e 区域中所有的字母和数字高度都均为 h；H_1 为 $1.4h$，H_2 为 $2.8h$。

字高 h 要与图形中尺寸样式中的字高一致。一般先注明属性文本，再按近似比例绘制表面粗糙度符号，符号用细实线绘制。

2. 基准符号的画法

当图形中需要标注的基准符号比较多时，为提高标注效率，也可以将基准定义为带属性的块。基准符号画法规范如图 2-35 所示，基准用大写字母标准在细实线方框内，再用细实线与一个涂黑的或空白的正三角形相连，涂黑的和空白的基准三角形含义相同，三角形与轮廓接触。

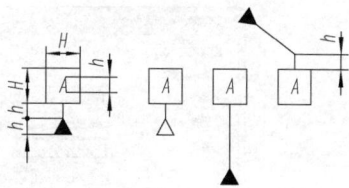

图 2-35　基准国家标准画法

当字高为 h 时，符号及字体的线宽 $b=0.1h$，$H=2h$
（GB/T 14691—1993：h=2.5、3.5、5、7、10、14、20）

任务 8　填 充 图 案

任务描述

参照图 2-36 所示，绘制小房子并设置图案的角度与比例进行合理填充。其中，屋顶瓦沟要与倾斜边缘平行，右侧墙面选择 DOLMIT 图案，门选择渐变色填充。

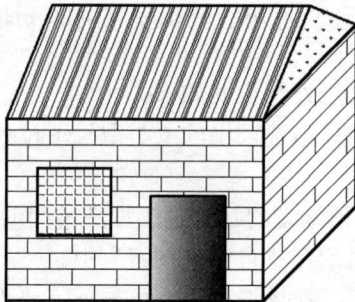

图 2-36　小房子

任务操作

1. 填充图案

（1）命令方式

1）在菜单栏中选择"绘图"→"图案填充"命令。

2）在绘图工具栏单击"图案填充"按钮。

3）在命令行输入：H 或 BH（Bhatch 的简化）。

（2）设置图案填充

输入"图案填充"命令时，会弹出"图案填充和渐变色"对话框，选中"图案填充"选项卡，如图 2-37 所示。

图 2-37   "图案填充"选项卡

说 明

对话框右下角的"更多/更少选项"按钮 ❯ ❮ 可以切换。

该选项卡中，图案填充常规设置说明如下。

1）"类型和图案"选项组。该选项组的"类型"下拉列表框有预定义、用户定义、自定义 3 个选项。

"图案"下拉列表框中有预定义的几十种工程图常用的剖面图案。所选的图案显示在"样例"中，自定义图案显示在"自定义图案"中。

2）"角度与比例"选项组。在该选项组中可根据需要改变图案的角度或比例。

① 角度：可输入填充图案与水平方向的夹角；若将角度设为 90°，则填充线反向。

② 比例：用于控制填充线的平行间距，比例越大，填充线间距越大。

3）"边界"选项组。

① 添加:拾取点：单击该按钮，返回绘图区，在某封闭的填充区域中拾取一点，按 Enter 键或 Space 键返回对话框，选好图案就可进行填充。

② 添加:选择对象：单击该按钮，返回绘图区，选择指定的对象作为填充边界。用此按钮选择的填充边界可以是封闭的，也可以是不封闭的，但系统忽略内部孤岛（可手动选择孤岛边界）。例如，在六边形中，只选 5 条边时填充效果如图 2-38（a）所示，选择 5 条边与中间圆时，填充效果如图 2-38（b）所示。

4）"选项"选项组。

① 关联：拖动关联的填充图案边界，填充图案跟着移动，否则图案位置不变。

② 创建独立的图案填充：勾选该复选框后，同时填充的图案彼此独立。

5）"孤岛"选项组。孤岛是指一个封闭图形内部的其他封闭区域。图案填充时，孤岛的控制方式有普通、外部和忽略 3 种，孤岛显示样式中的示意图很直观，如图 2-39 所示。

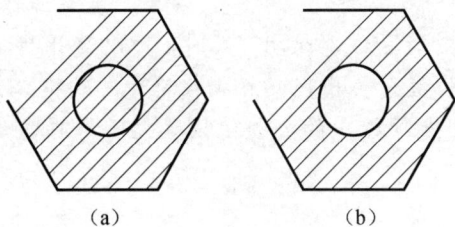

（a）　　　　　　　　　　（b）　　　　　　　　　　◉ 普通　　○ 外部　　○ 忽略(I)

图 2-38　选择边界填充　　　　　　　图 2-39　孤岛的显示样式

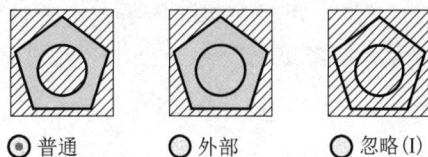

> **说　明**
>
> 　　除忽略方式以外，孤岛显示的其他两种方式在进行填充时，如果遇到文字或属性等对象，阴影线会自动断开，留出空白，以保证文字清晰。

6）"预览"按钮。该按钮用于填充图案前的预览，按 Esc 键可返回对话框修改。在不能确定填充效果是否合适时，建议先预览。

（3）设置渐变色填充

在"图案填充和渐变色"对话框中，选中"渐变色"选项卡，如图 2-40 所示，渐变色只能用于填充边界封闭的图形。

图 2-40　"渐变色"选项卡

1）"颜色"选项组。先选择"单色"或"双色"填充，再单击颜色块右侧的"…"按钮，弹出"选择颜色"对话框，用以选择所需的颜色。

2）"方向"选项组。"居中"和"角度"可控制渐变颜色的位置和角度。

小技巧

　　填充图案时，若图案填充不了，可能是图形区域不封闭。此时，可以只开启捕捉到交点，用"直线"命令去检查该相交的位置是否出现交点捕捉符号；或将"图案填充和渐变色"对话框中"允许的间隙"选项组中的公差值设置大一点再尝试填充。

　　2. 选项板拖拽法填充图案

　　打开工具选项板的方法如下：

　　1）在菜单栏中选择"工具"→"选项板"→"工具选项板"命令。

　　2）在标准工具栏中单击"工具选项板"按钮 。

　　3）按 Ctrl+3 组合键。

　　通过以上任一种方法，打开图案填充选项板，如图 2-41 所示。右击右下角 图标，勾选"所有选项板"快捷菜单项，再单击"图案填充"标签，其中预置了英制图案填充和 ISO 图案填充等。其填充方法是用户选中所需的图案，直接拖动到图形填充区域。

　　3. 编辑填充图案

　　（1）修改填充图案

　　修改填充图案的操作方法如下：

　　1）直接双击需要编辑的填充图案。

　　2）右击需要编辑的填充图案，在弹出的快捷菜单中选择"图案填充编辑…"命令。

　　3）选中填充图案，在菜单栏中选择"修改"→"对象"→"图案填充"命令。

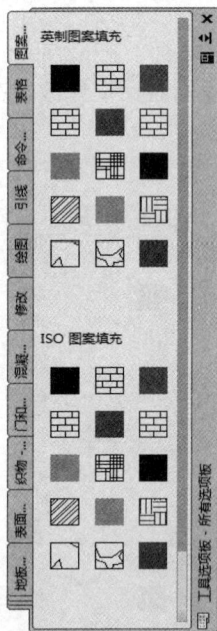

图 2-41　图案填充选项板

以上方法都能弹出"图案填充和渐变色"对话框，在该对话框中可修改填充图案类型、缩放比例、角度及填充方式等，然后单击"确定"按钮完成修改。

　　（2）分解填充图案

　　通常，同时填充的填充图案是一个整体，若要对部分图案进行删除等操作，则必须先分解，即先选中填充图案，选择"分解"命令。

　　（3）修剪剖面线

　　修剪剖面线的方法与修剪其他图形线条相同，但首先要将剖面线分解。

📖 **知识链接**

剖面线的画法如下：

1）同一零件在各个视图中的剖面线方向和间隔应一致；不同零件的剖面线应方向相反，或者间距不同。

2）对螺纹紧固件及轴、手柄、连杆、球、钩、键、销等实心零件，若剖切平面通过其对称平面或轴线，则这些零件按不剖绘制。

小练习

1）绘制环保标记并填充颜色，如图 2-42 所示。

2）按大致比例绘制螺钉并填充图案和渐变色，如图 2-43 所示。

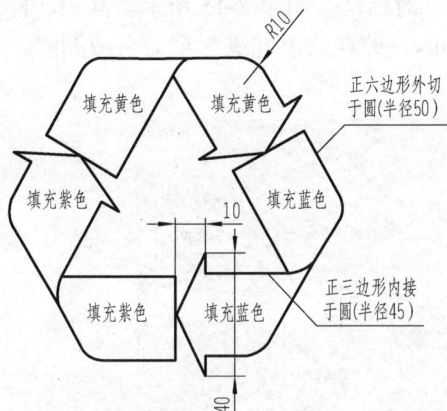

图 2-42　环保标记

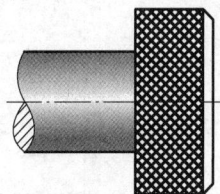

图 2-43　滚花螺钉

任务 9　注写文字

任务描述

文字注写的内容如图 2-44 所示。通过该任务熟悉文字注写的样式和方法。具体操作可参考"任务步骤"部分。

```
欢迎使用AutoCAD
∠A=30°
φ60±0.015
      φ20↧5
未注圆角R2~R3
```

图 2-44　文字注写的形式

任务操作

AutoCAD 提供了两种文字注写方式：单行文字和多行文字。一般来说，一些比较简短的文字，如剖切位置及剖视图字母、向视图字母等，常采用单行文字注写。而带有段落格式的信息，如文字技术要求等，常采用多行文字注写。将一个小于 16KB 的"*.txt"文本文件拖入图形中，AutoCAD 也会自动转换为一个多行文字对象。

1. 设置文字样式

在 AutoCAD 系统中，默认的文字样式是 Standard，用户可以通过设置文字样式来改变字体、字符宽度、倾斜角度等显示效果。输入文字时，使用不同的文字样式就会得到不同效果的文字。

（1）命令方式

1）在菜单栏中选择"格式"→"文字样式"命令。

2）在文字工具栏中单击"文字样式管理器"按钮 **A**。

3）在命令行输入：ST（Style 的简化）。

（2）"文字样式"对话框

输入文字样式命令后，弹出"文字样式"对话框，如图 2-45 所示。其中，样式列表中 Standard 是系统默认的，基本字体是 txt.shx，此样式不能进行重命名或删除。另外，当前文字样式也不能删除。

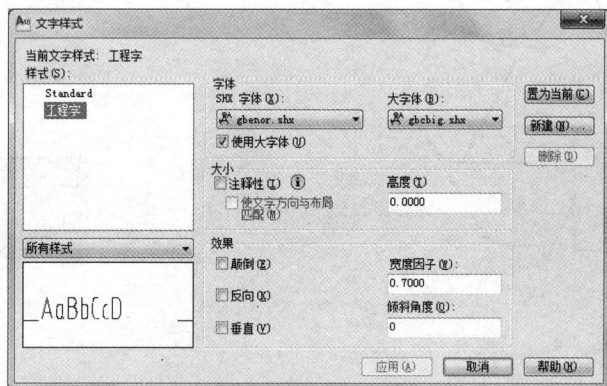

图 2-45 "文字样式"对话框

该对话框中，各项设置说明如下。

1）机械图样中的文字要求使用仿宋体，要么全部使用 Windows 系统通用的"*.ttf"字体，如"仿宋_GB2312"等；要么全部使用 AutoCAD 的"*.shx"专用字体，通常字母和数字使用 gbenor.shx 或 gbeitc.shx 两种符合国家标准的字体，汉字使用 gbcbig.shx 大字体。

2）"高度"数值框一般默认设为 0.0000，在单行文本输入时会提示输入字高，否则不会提示；在多行文字输入时，用户可以根据需要设置字高，否则字高不能设置。

3）"效果"选项组设置的文字效果如图 2-46 所示。

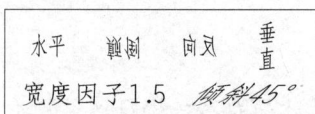

图 2-46 几种文字效果

注 意

1）机械图样一般要求使用长仿宋体，故应将"宽度因子"设置为 0.7。

2）"倾斜角度"设置为"0"时，字头垂直向上；输入正值，字头向右倾斜；输入负值，字头向左倾斜。机械图样中的字母与数字通常设置为倾斜 15°。

2. 注写单行文字

（1）命令方式

1）在菜单栏选择"绘图"→"文字"→"单行文字"命令。

2）在命令行输入：Text（或 Dtext）。

（2）命令提示

输入单行文字命令时，会出现以下提示信息：

当前文字样式："Standard" 文字高度：2.5000　注释性：否
指定文字的起点或 [对正(J)/样式(S)]：　　//指定起点，或输入 J 设置对齐方式，输入 S
　　　　　　　　　　　　　　　　　　　//改变文字样式
指定高度 <2.5000>：　　　　　　　　//直接输入文字高度或画一段直线作文字高度
指定文字的旋转角度 <0>：　　　　　//直接输入旋转角度或用光标指定角度
输入文字：　　　　　　　　　　　　//输入文字,若按 Enter 键可以输入独立的几行

其中"对正(J)"选项的后续提示为

输入选项[对齐(A)/布满(F)/居中(C)/中间(M)/右对齐(R)/左上(TL)/中上(TC)/右上
(TR)/左中(ML)/正中(MC)/右中(MR)/左下(BL)/中下(BC)/右下(BR)]：
　　　　　　　　　　　　　　　//输入选项确定文字的对齐方式及定位点位置.

文字对齐方式如图 2-47 所示。

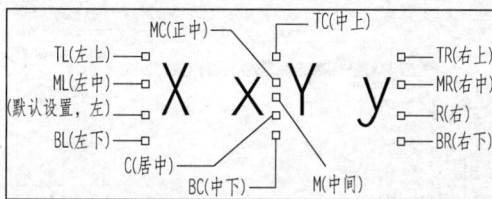

图 2-47　文字对齐方式

单行文字可在一次命令中注写字高、旋转角度相同的几行文字，按 Enter 键可以换行，但每行都是独立的对象。

3. 注写多行文字

（1）命令方式

1）在菜单栏中选择"绘图"→"文字"→"多行文字"命令。

2）在绘图工具栏中单击"多行文字"按钮 **A** 。

3）在命令行输入：T（Mtext 的简化）。

（2）命令提示

输入多行文字命令时，会出现以下提示信息：

```
MTEXT 当前文字样式:"Standard"文字高度:2.5  注释性:否
指定第一角点:                    //光标指定多行文字第一角点
指定对角点或 [高度(H)/对正(J)/行距(L)/旋转(R)/样式(S)/宽度(W)/栏(C)]:
                                //指定角点或输入选项字母可进行相应的设置
```

（3）多行文字编辑器

光标在绘图区拖出一个矩形区域，弹出"多行文字编辑器"窗口，如图 2-48 所示。

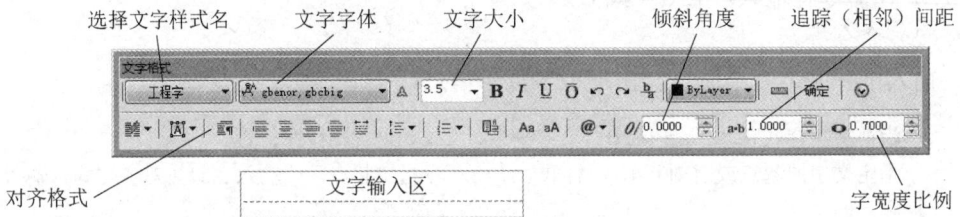

图 2-48 "多行文字编辑器"窗口

该窗口主要设置说明如下。

1）文字的输入、文字设置、段落设置等与 Word 基本相似。

2）"堆叠"的形式有 3 种：以"/"分隔创建垂直形式堆叠，以"^"分隔创建公差形式堆叠，以"#"分隔创建对角形式堆叠。

3）文字格式区工具栏"@"下拉列表中提供了常用的特殊符号，如度数°、正/负号±、直径符号ϕ及一些特殊符号等。选择"其他…"菜单命令可弹出"字符映射表"对话框，如图 2-49 所示。

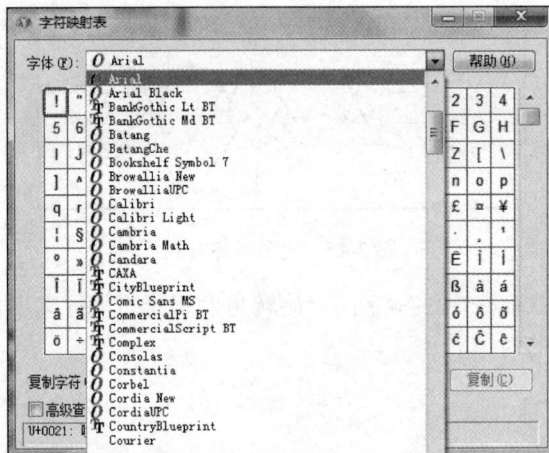

图 2-49 "字符映射表"对话框

选择字体，先找到其中要输入的符号，依次单击"选择"→"复制"按钮，关闭"字符映射表"对话框后，再选择"粘贴"命令（或按 Ctrl+V 组合键）便可将符号粘贴到文字编辑区。

（任务步骤）

1）输入"多行文字"命令，指定文字框两角点，系统弹出"多行文字编辑器"窗口，再选择文字样式为工程字，指定文字高度为3.5。

2）第 1 行输入文字"欢迎使用%%uAutoCAD"（%%u 表示下画线，或选中文字单击工具栏中"U"按钮），按 Enter 键输入下一行文字（下同）。

3）第 2 行输入"\u+2220A＝30%%d"（\u+2220 为角的符号，%%d 为度的符号；也可以直接在工具栏中"@"的下拉列表中选择）。

4）第 3 行输入"%%c60%%p0.015"（%%c 自动转变成"ϕ"，%%p 自动转变成"±"）。

5）第 4 行输入"%%c205"后，单击工具栏"@"符号按钮，在其下拉列表中选择"其他"选项，在弹出的"字符映射表"对话框中，选择"GDT"字体，如图 2-50 所示。然后，在下面列表中选择沉孔符号，依次单击"选择"→"复制"按钮，返回绘图区文本框，在行首，按 Ctrl+V 组合键粘贴沉孔符号。用同样的方法在 20 与 5 之间插入孔深符号。

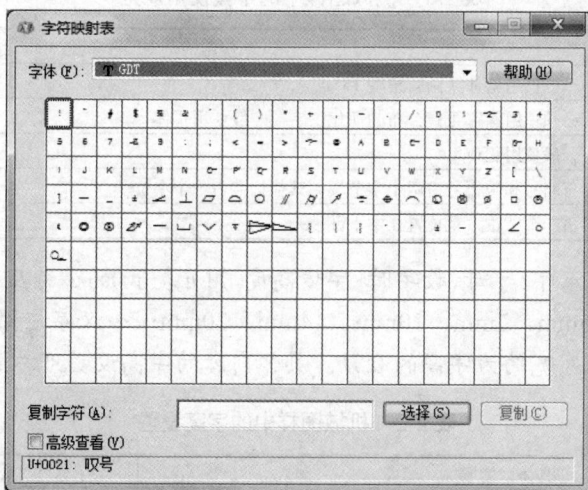

图 2-50　选择字体

6）第 5 行输入"未注圆角 R2R3"，用与上一步相同的方法，在"字符映射表"对话框"GreekC"字体中找到波浪线符号，如图 2-51 所示。选择复制并粘贴到 *R2* 与 *R3* 之间。

（说明）
除中文字外，文字输入区输入字符都要求是英文半角状态，并注意字体正确。

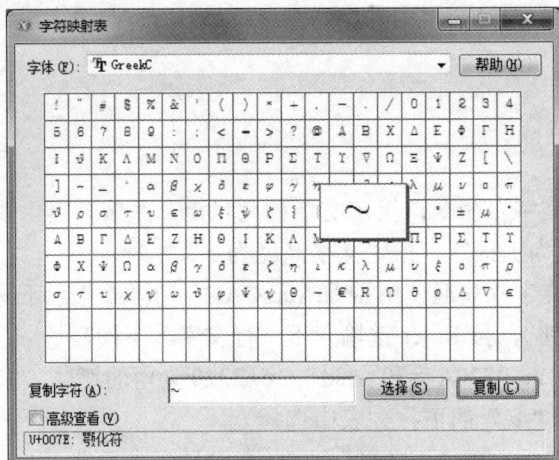

图 2-51 找到波浪纹

📖 **知识链接**

国家标准对机械图样中所使用的字体规定如表 2-1 所示。

表 2-1 机械图样中的字体使用规范

字体名称	使用规范
字母、数字	一般使用斜体（倾斜角度 15°）
汉字	必须使用国家正式公布的简化汉字，一般使用正体
混合书写	一般使用正体
标点	省略号和破折号占两个字节位，其他标点占一个字位
小数点	占一个字位，且位置在中下部

在图样中书写汉字、字母、数字时，字体高度(用 h 表示)的公称尺寸系列为 1.8mm、2.5mm、3.5mm、5mm、7mm、10mm、14mm、20mm……汉字应写成长仿宋体，高度不小于 3.5mm，字宽约为字高的 0.7h。具体内容的字高设置可参照表 2-2。

表 2-2 机械图样中的字高设置　　　　　　　　　单位：mm

具体内容		A0	A1	A2	A3	A4
标题栏	图样名称、单位名称	7		7		
	比例、材料等其他文字	5		5		
明细栏	序号、代号、名称等	3.5		3.5		
技术要求	标题	7		5		
	条款及内容（汉字、数字）	5		3.5		
标注	公称尺寸、汉字、数字	5		3.5		
公差	尺寸上、下偏差	3.5		2.5		
	形位公差	3.5		3.5		

小练习

新建一个名为"工程字 7"文字样式，采用仿宋体，固定字高 7mm，宽度比例 0.7。然后分别用单行文字（Text）命令和多行文字（T）命令输入校名、班级和姓名。最后用编辑文字命令（Ddedit）修改姓名。

任务 10　创　建　表　格

任务描述

按图 2-52 所示的尺寸绘制齿轮参数表，并编辑表格，填写文字。字体为常规的工程字，宽度因子为 0.7，字号为 3.5。

模数	4	
齿数Z	45	
压力角	20°	
精度等级	7FL	
配偶齿轮	件号	02	
	齿数	20	
15	15	15	

图 2-52　齿轮参数表

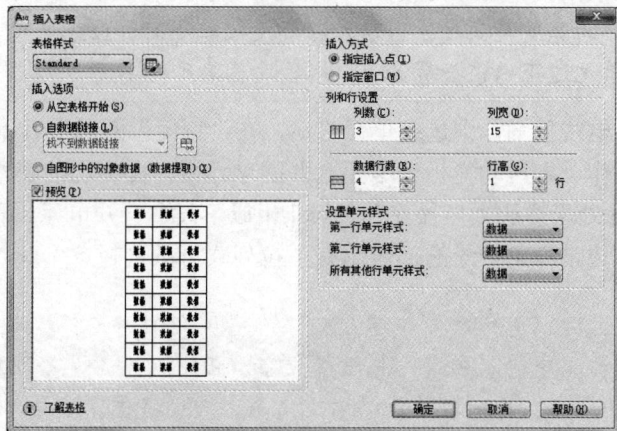

任务操作

1. 绘制表格

绘制表格的命令方式如下。

1）在菜单栏中选择"绘图"→"表格"命令。

2）在绘图工具栏单击"表格"按钮▦。

3）在命令行输入：Table。

2. 设置表格

输入"表格"命令时，弹出"插入表格"对话框，如图 2-53 所示。

图 2-53　"插入表格"对话框

该对话框中，各项设置说明如下。

1）在绘制表格时，表格样式、插入选项、插入方式可按默认方式。

2）表格行数、列数根据实际需要设置。（本例标题行与表头都改为数据行，行数减2）。

3）设置单元样式时，默认的第一行"标题"、第二行"表头"都在下拉列表框中改为"数据"。

单击"确定"按钮后，在绘图区指定表格插入点，插入表格后，会出现"多行文字编辑器"窗口，如图2-54所示。此时，可以直接设置文字格式，并在表格中填写文字。

图2-54　"多行文字编辑器"窗口

3. 编辑表格

若要对表格及单元格大小进行操作，则单击表格框线选中表格，如图 2-55 所示。通过拖动框线夹点可以改变表格及单元格大小。

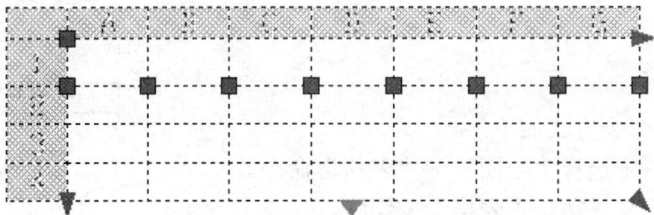

图2-55　调整表格单元格

说　明

选中单元格右击，在弹出的快捷菜单中选择"特性"命令，在弹出的"特性"面板中可设置单元格的宽度与高度。当单元格高度比较小时，应先选中单元格，将水平单元边距、垂直单元边距的值设置为0，然后设置单元格高度。

若要设置表格框线粗细，则选中单元格后，在"特性"面板中设置即可。若需对单元格进行合并等操作，则拖动光标选中要合并的单元格，在出现的表格工具栏中设置，如图2-56所示。此处表格的大多操作与 Excel 相似，其中合并单元、背景填充、对齐、单元格式等按钮右边带三角符号的，表示有下拉列表可供选择。

小技巧

1）在表格单元格中输入文字，先设置文字"正中"对齐，拾取单元格左上角点为文字输入区第一角点，再拾取单元格右下角点，即可将文字放在单元格正中间。

2）用"多段线"命令画好各单元格对角线，选择"多个"复制模式，以对角线中点为基点将复制的文字粘贴到各对角线的中点，再双击修改文字。

图 2-56 表格工具栏

小练习

试用表格命令创建简化版标题栏，如图 2-57 所示，不用标注尺寸，其中，图样名称和单位名称文字高度为 7mm，其他文字高度为 5mm。

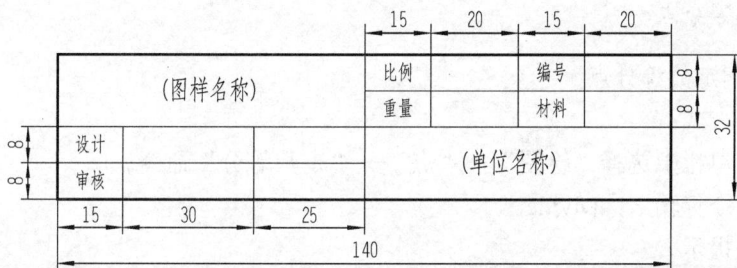

图 2-57 简化版标题栏

任务 11 使用其他命令

任务描述

绘制例图和小练习图形熟悉 CAD 其他常用的绘图命令。

任务操作

1. 绘制点

（1）设置点样式

在菜单栏中选择"格式"→"点样式"命令，弹出"点样式"对话框，如图 2-58 所

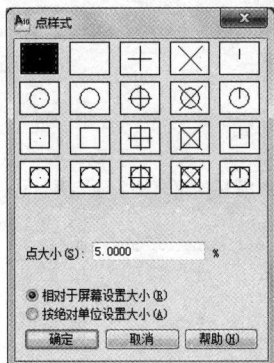

图 2-58　"点样式"对话框

示。在该对话框中可设置点样式、点大小等，单击"确定"按钮完成设置。

在同一图形中，只能有一种点样式，默认情况下，点对象仅被显示成一个小圆点，在改变点样式后，图中已绘的所有点将随之改变。

（2）绘制点

绘制点的命令方式如下：

1）在菜单栏中选择"绘图"→"点"→"单点"（或"多点"）命令。

2）在绘图工具栏中单击"点"按钮 。

3）在命令行输入：Point。

说明

"单点"命令一次只能绘制一个点；"多点"命令一次可绘制多个点，但每一个点都是独立的。

2. 绘制等分点

（1）绘制定数等分点

1）命令方式：

① 在菜单栏中选择"绘图"→"点"→"定数等分"命令。

② 在命令行输入：Divide。

2）命令提示。

输入定数等分命令时，命令行提示如下：

　　选择要定数等分的对象：　　　　　//选择直线或曲线

　　输入线段数目或[块(B)]：　　　　//输入数目，或输入 B 在等分处插入块

（2）绘制定距等分点

1）命令方式：

① 在菜单栏中选择"绘图"→"点"→"定距等分"命令。

② 在命令行输入：Measuer。

2）命令提示。

输入定距等分命令时，命令行提示如下：

　　选择要定距等分的对象：　　　　　//选择直线或曲线

　　输入线段长度或 [块(B)]：　　　　//输入长度，或输入 B 在等分处插入块

说明

绘制的单点、多点、定数等分点和定距等分点，都可用"捕捉到节点"命令来捕捉。

3. 创建面域

（1）命令方式

1）在菜单栏中选择"绘图"→"面域"命令。

2）在绘图工具栏中单击"面域"按钮 ⬚。

3）在命令行输入：Reg（Region 的简化）。

（2）命令提示

在输入面域命令时，命令提示如下：

　　选择对象：找到？个　//选择要创建面域的对象，按 Enter 键或 Space 键结束选择
　　已提取？个环。
　　已创建？个面域。　　//系统提示提取环数及创建成功的面域数

> **提 示**
>
> 自相交或端点不连接的对象不能转换为面域，系统默认以面域对象取代原对象。

对创建成功的面域，可在菜单栏中选择"修改"→"实体编辑"→"并集"/"差集"/"交集"命令进行面域的合并、相减、求相交等布尔运算，如图 2-59 所示。

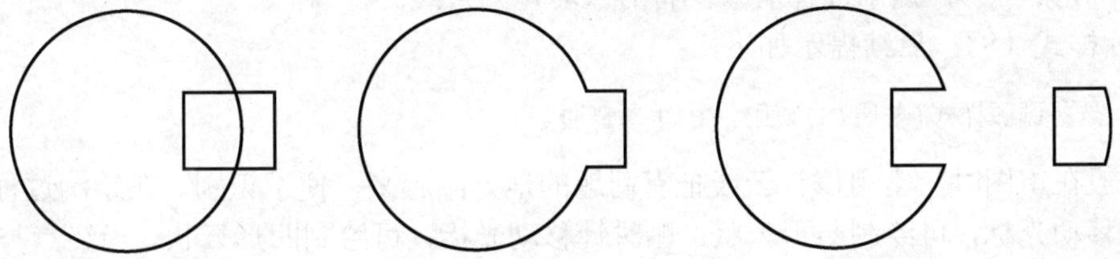

　（a）合并前两面域　　　　（b）并集　　　　（c）差集　　　　（d）交集

图 2-59　面域的布尔运算

> **说 明**
>
> 对于未相交的两个面域，求并集时表面上没变化，实际已合并成一个单独的面域；求差集时则删除被减掉的面域；求交集时删除所有选择的面域。这些操作都可通过"放弃"命令撤销。

4. 绘制圆环

（1）命令方式

1）在菜单栏中选择"绘图"→"圆环"命令。

2）在命令行输入：Donut。

（2）命令提示

在输入圆环命令时，命令行提示如下：

　　指定圆环的内径 <10.0000>：　//输入内直径
　　指定圆环的外径 <20.0000>：　//输入外直径

指定圆环的中心点或 <退出>： //指定第 1 个圆环中心

指定圆环的中心点或 <退出>： //可连续指定第 2、3…个圆环中心,直到按 Enter 键结束

若将内径值指定为 0,则可创建实体填充圆。

5. 绘制修订云线

(1) 命令方式

1) 在菜单栏中选择"绘图"→"修订云线"命令。

2) 在绘图工具栏中单击"修订云线"按钮 ∞。

3) 在命令行输入：Revcloud。

(2) 命令提示

在输入修订云线命令时,命令行提示如下：

最小弧长： 15   最大弧长： 15   样式：普通

指定起点或 [弧长(A)/对象(O)/样式(S)] <对象>：

各选项说明如下。

1) 弧长(A)：提示修改最小、最大弧长的值。

2) 对象(O)：提示选择对象,将对象转化为云线。

3) 样式(S)：后续提示如下。

选择圆弧样式[普通(N)/手绘(C)] <普通>：

一般在审图时,常用修订云线把有问题的地方圈起来,便于识别。在绘制过程中,逆时针移动光标,可绘制凸形云状；顺时针移动光标,可绘制凹形云状。当终点与起点重合时,自动结束（或按 Enter 键结束）。

> **说明**
>
> 在 AutoCAD 命令行输入 SKETCH 命令,设置记录增量,选择"画笔(P)"选项可徒手绘制任意线条。

小练习

1) 设置点样式,绘制如图 2-60 所示的定数等分点。再根据等分距离为点绝对大小,绘制图 2-61 所示的定距等分点。

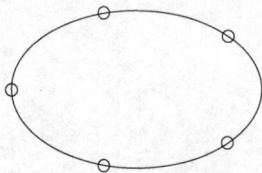

图 2-60　定数等分点

图 2-61　定距等分点

2) 运用"面域"命令及其布尔运算,绘制如图 2-62 所示的两个图形。

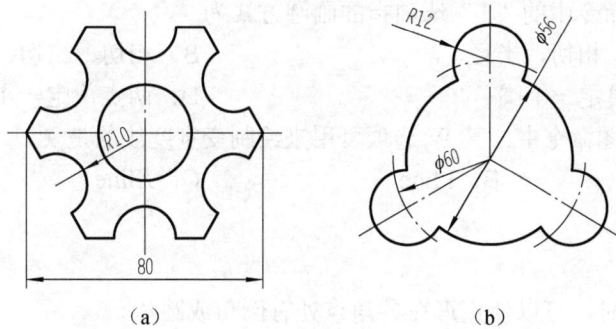

（a）　　　　　　　　　　　　　　　（b）

图 2-62　面域操作练习图形

提示：图 2-62（a）可通过六边形面域减去 6 个小圆面域获得；图 2-62（b）可通过大圆面域加上 3 个小圆面域获得。

思考与练习

一、填空题

1．绘制圆的 6 种方法是_____、_____、_____、_____、_____、和_____。

2．要绘制一个箭头"➞"可用_____命令，通过设置线段的_____来完成。

3．样条曲线通常用来绘制图样中的_____。

4．在 AutoCAD 系统中通过控制码可输入特殊字符，常用的 3 种控制码是_____、_____、_____。

5．利用 AutoCAD 界面的菜单栏及工具栏命令创建的块只能在本图形中调用，称为_____块。在插入块时，需要每次插入时输入不同的值，通常制作成_____块。

二、选择题

1．绘制直线命令的简化输入是（　　　）。

A．C　　　　　　　　B．L　　　　　　　　　　C．pan　　　　　　　　D、E

2．要创建与 3 个对象相切的圆可以（　　　）。

A．单击工具栏"圆"按钮，并在命令行输入 3P 命令选项

B．选择"绘图"→"圆"→"相切、相切、半径"命令

C．选择"绘图"→"圆"→"三点"命令

D．选择"绘图"→"圆"→"相切、相切、相切"命令

3．用 TEXT 命令输入直径符号 ϕ 时应使用（　　　）。

A．%%d　　　　　　　B．%%p　　　　　　　　C．%%c　　　　　　　　D．%%u

4. CIRCLE 命令中的"T"选项指的画圆方式为（　　）。

  A. 相切、相切、半径　　　　　　　　　B. 相切、相切、相切

  C. 三点决定一个圆　　　　　　　　　　D. 两点决定一个圆

5. 在下列绘图命令中，其 W 选项可用来绘制变宽度线的是（　　）。

  A. Line　　　　　　B. Pline　　　　　　C. Xline　　　　　　D. Ray

三、判断题

1. 绘制矩形时，可以使矩形在各角点处有倒角或圆角。（　　）

2. 用"相切、相切、半径"法画圆时，得到的圆与选择相切对象时的位置无关。（　　）

3. 构造线经常用来绘制"长对正、高平齐"的投影规律辅助线。（　　）

4. 填充图案时，被填充区域必须完全封闭。（　　）

5. 自相交或端点不连接的对象不能转换为面域。（　　）

四、操作题

参照图 2-63 所示的一字螺钉旋具（俗称螺丝刀）的绘制提示，熟悉命令行交互，根据命令提示选择选项或输入数据，并观察图形的绘制过程。

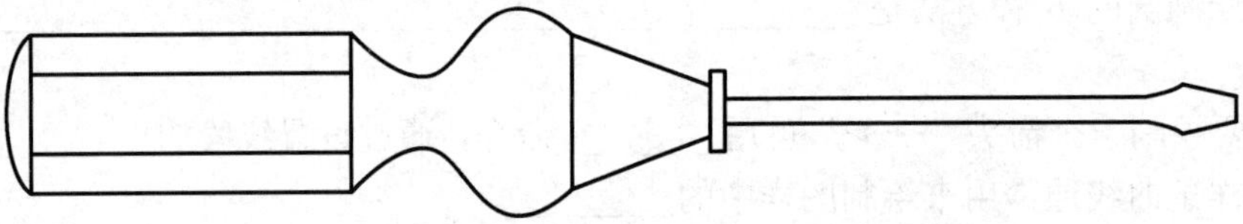

图 2-63　一字螺钉旋具

主要提示及数据如下。

1）画矩形第一个角点：（45，120），另一个角点：（170，180）。

2）画直线第一点：（45，166），下一点：@125<0，按 Enter 键。

3）画直线第一点：（45，134），下一点：@125<0，按 Enter 键。

4）画圆弧起点：（45，180），圆弧的第二点：（35，150），圆弧的端点：（45，120）。

5）画样条曲线指定第一个点：（170，180），下一点：（192，165），下一点：（225，187），下一点：（255，180），按 Enter 键，指定起点切向：（150，180），指定端点切向：（280，150），按 Enter 键。

6）画样条曲线指定第一个点：（170，120），下一点：（192，135），下一点：（225，113），下一点：（255，120），按 Enter 键，指定起点切向：（150，120），指定端点切向：（280，150），按 Enter 键。

7）画直线第一点：（255，180），下一点：（308，160），下一点：@5<90，下一点：@5<0，下一点：@30<-90，下一点：@5<-180，下一点或：@5<90，下一点：（255，120），下一点：（255，180），按 Enter 键。

8）画直线第一点：（308，160），下一点：@20<-90，按 Enter 键。

9）画多线段指定起点：（313，155），当前线宽为 0，下一点：@162<0，指定下一点输入 A 画圆弧 *A*，指定圆弧的端点：（490，160），按 Enter 键。

10）画多线段指定起点：（313，145），当前线宽为 0，下一点：@162<0，指定下一点输入 A 画圆弧 *A*，指定圆弧的端点：（490，140），指定圆弧的端点输入 L 画直线，下一点：（510，145），下一点：@10<90，下一点：（490，160），按 Enter 键。

五、绘图题

参考表 2-3 中样图，根据操作提示绘制图形（尺寸不用标注）。

表 2-3　样图及操作提示

图名	样图	操作提示
盆花		运用"圆弧"命令画花瓣，"圆"命令画花心，"圆弧"命令或"多段线"命令画花枝，"多段线"命令画叶子，"矩形"命令和"椭圆"命令画花盆
综合图形		运用"圆"命令和"多边形"命令绘制，外圆半径自定
		运用"定数等分点"命令等分直径，再合理运用各种"圆弧"命令及"节点"捕捉功能快速绘制各段圆弧
大自然		运用"修订云线"命令绘制云（白色）；用"圆"命令和"直线"命令绘制太阳，并填充图案（红色）；用"圆弧"命令绘制大雁；用"矩形"命令及"圆环"命令绘制小车；用"多段线"命令绘制旗杆，用"样条曲线"命令和"直线"命令绘制旗面，用"多边形"命令绘制五角星；用"多段线"命令绘制小草（绿色）……

续表

图名	样图	操作提示
小闹钟	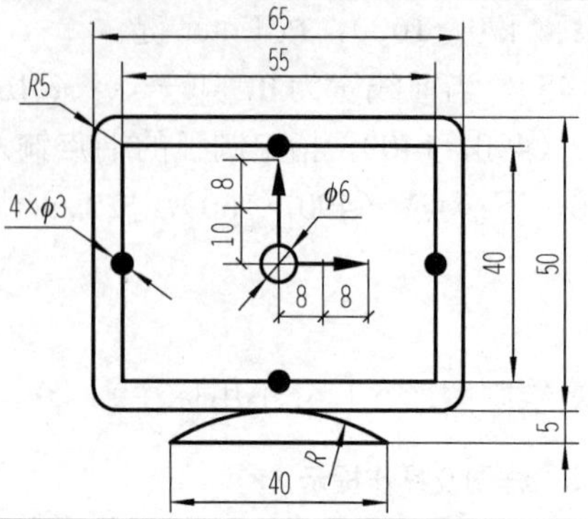	合理运用"矩形"命令、"圆环"命令、"圆"命令、"直线命令"、"圆弧"命令、"多段线"命令等绘制图示小闹钟
小昆虫	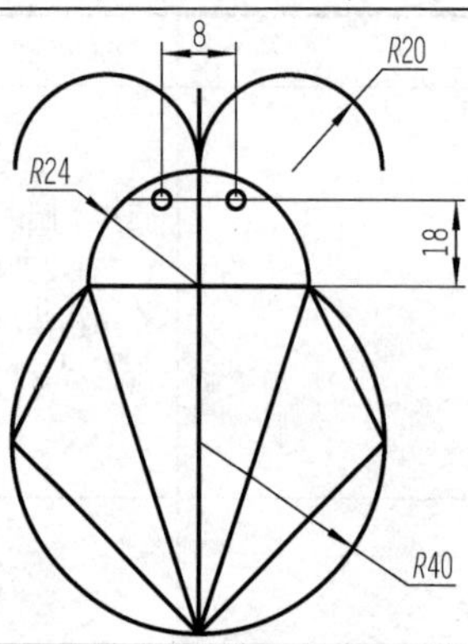	合理运用"圆"命令、"圆弧"命令、"直线"命令、"点"命令等绘制图示小昆虫
乒乓球拍	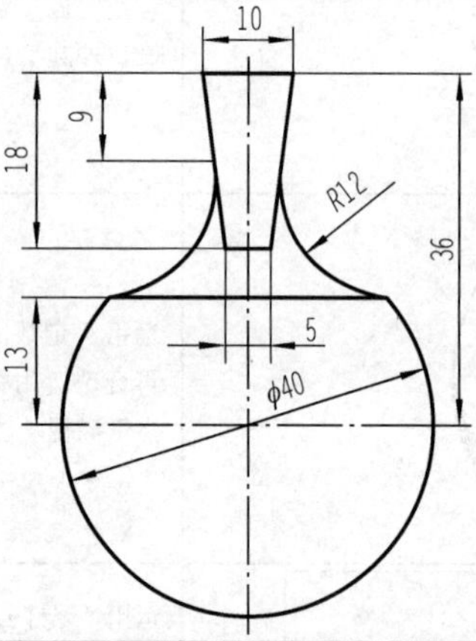	合理运用"圆"命令、"直线"命令、"圆弧"命令等绘制图示乒乓球拍

续表

图名	样图	操作提示
童衫	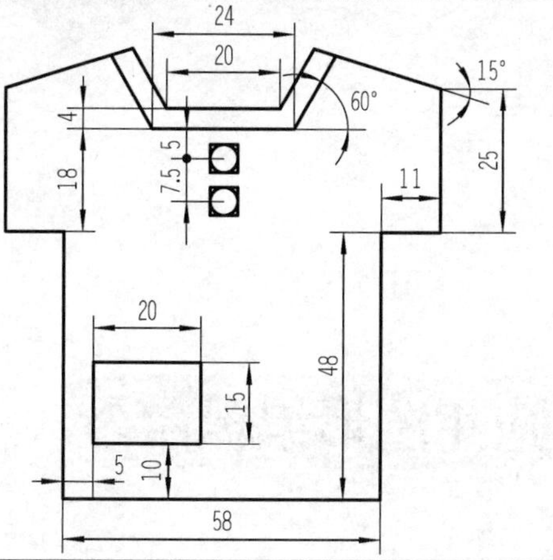	合理运用"直线"命令、"矩形"命令、"点"命令等绘制图示小童衫
混凝土水渠	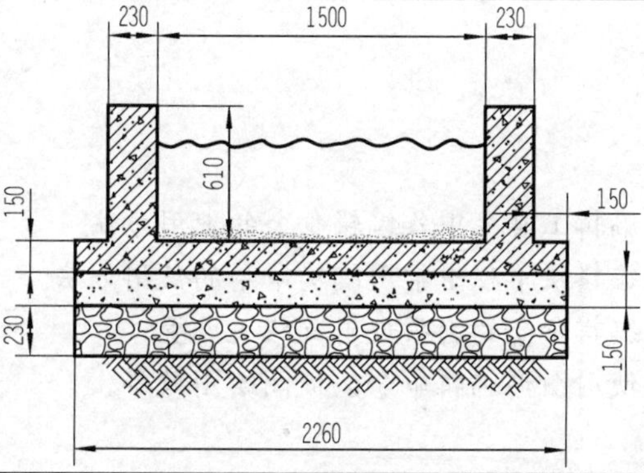	运用"直线"命令,按图示尺寸绘制水渠横断面,再用"样条曲线"命令绘制水面与沙土,然后参照样图中的图案填充断面图
多线与多段线图形	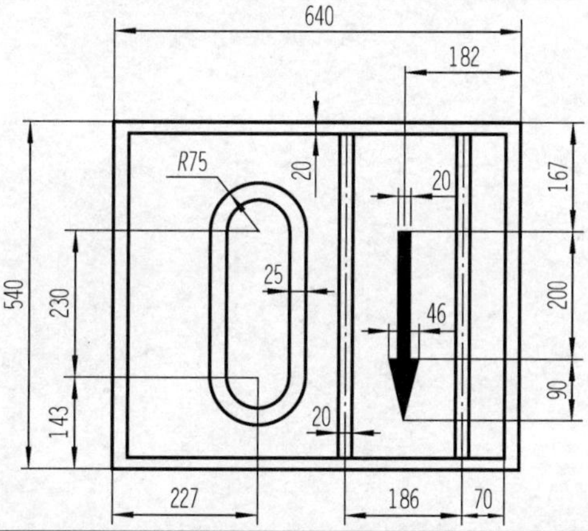	新建多线样式,设置"多线"命令的样式、对正与比例,绘制图形框线,并修改角点结合,再用"多段线"命令绘制环形跑道和箭头

项目 3 应用图形编辑命令

项目目标

1）掌握编辑工具栏中各编辑命令的使用方法。

2）掌握编辑菜单栏中常用编辑命令的使用方法。

3）学会编辑命令的选项使用及相关设置。

4）合理使用图形编辑命令，提高绘图效率。

任务 1　绘制三菱商标

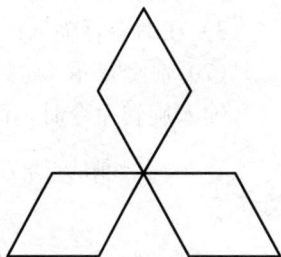

图 3-1　三菱商标

任务描述

熟悉复制、旋转、移动等图形编辑命令，选择合理的方法绘制三菱汽车商标，如图 3-1 所示。

任务操作

编辑图形有两种操作：一种是先执行编辑命令，后选择编辑对象；另一种是先选择编辑对象，再执行编辑命令（此时命令行不再提示选择对象）。这两种操作可根据个人习惯或实际情况灵活选用。

1. 复制

（1）命令方式

1）在菜单栏中选择"修改"→"复制"命令。

2）在修改工具栏单击"复制"按钮 。

3）在命令行输入：CO（Copy 的简化）。

（2）命令提示

输入复制命令时，命令行提示如下：

```
选择对象：                              //选取要复制的全部对象后,按 Enter 键
                                       //或 Space 键结束

当前设置： 复制模式 = 多个              //默认多个复制功能
指定基点或 [位移(D)/模式(O)] <位移>：    //指定图形基点,默认位移 D,输入模式 O,命
                                       //令提示复制模式选项 [单个(S)/多个(M)]

指定第二个点或 [退出(E)/放弃(U)] <退出>：//指复制到的位置点
指定第二个点或 [退出(E)/放弃(U)] <退出>：//重复复制直到按 Esc 键、Enter 键或
                                       //Space 键退出命令
```

复制后的效果如图 3-2 所示。

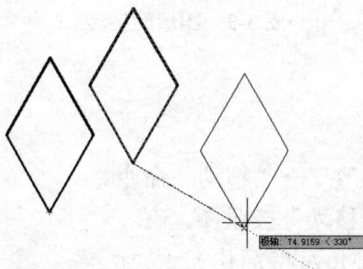

图 3-2　图形的复制

2. 旋转

（1）命令方式

1）在菜单栏中选择"修改"→"旋转"命令。

2）在修改工具栏单击"旋转"按钮 ○ 。

3）在命令行输入：RO（Rotate 的简化）。

（2）命令提示

输入旋转命令时，命令行提示如下：

UCS 当前的正角方向：ANGDIR=逆时针　ANGBASE=0
//输入旋转角为正（负）值，对象按逆（顺）
//时针旋转，默认水平向右为 0°

选择对象：//选取要旋转的全部对象后，按 Enter 键
//或 Space 键结束

指定基点：//指旋转中心，一般捕捉特殊点

指定旋转角度，或 [复制(C)/参照(R)] <0>: //默认直接输入旋转角度

各项说明如下。

1）复制（C）：旋转的同时可以复制对象。

2）参照（R）：以参照方式（相对角度）确定旋转角度，后续提示：

指定参照角 <0>:　　//输入一个参考角度值

指定新角度：　　//输入一个新角度值，与参考角度值的差值就是旋转角度

旋转后的效果如图 3-3 所示。

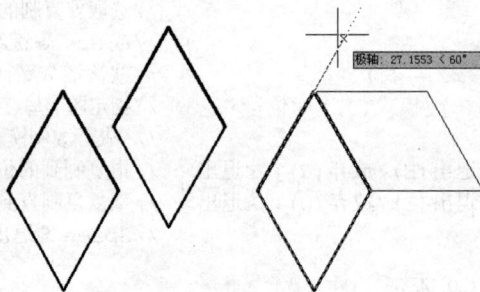

图 3-3　图形的旋转

3. 移动

（1）命令方式

1）在菜单栏中选择"修改"→"移动"命令。

2）在修改工具栏单击"移动"按钮 ✛ 。

3）在命令行输入：M（Move 的简化）。

（2）命令提示

输入移动命令时，命令行提示如下：

选择对象：　　　　　　　　　　　//选取要移动的全部对象后,按 Enter 键或

//Space 键结束

指定基点或 ［位移(D)］ <位移>：　　//指定图形基点,一般捕捉特殊点

//输入 D 后续提示指定位移 <0.0000, 0.0000,

//0.0000>：

指定第二个点或 <使用第一个点作为位移>：//选择移动到的位置点

移动后的效果如图 3-4 所示。

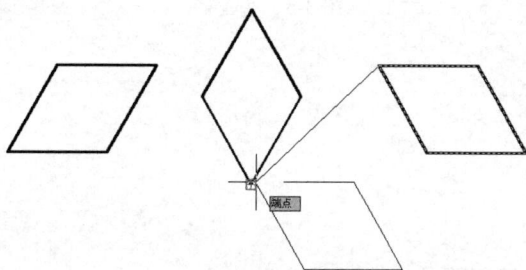

图 3-4　图形的移动

任务步骤

1）合理设置极轴增量角，熟练使用各种绘图辅助命令绘制一个菱形（菱形的四边长相等，四个内角中两个锐角为 60°、两个钝角为 120°）。

2）运用"复制"命令的多重复制功能，复制两个菱形。

3）运用"旋转"命令，将两个菱形旋转合适的角度。

4）运用"移动"命令，将旋转后的两个菱形移动到对应的端点。

说明

因为"旋转"命令也有"复制（C）"选项，所以绘制一个菱形后，直接旋转并复制将更加简单。本例为了介绍 3 个基本命令，故分步绘制，建议大家尽量熟悉每个命令选项，在作图过程中多多思考，探究作图方法，探索作图技巧，提高作图效率。

任务 2　绘制花瓷砖

任务描述

熟悉镜像、偏移、合并等图形编辑命令，参照任务步骤，绘制图 3-5 所示的花瓷砖。

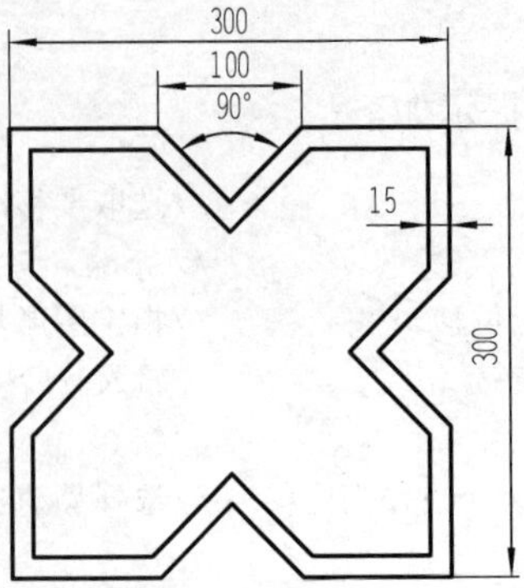

图 3-5　花瓷砖

任务操作

1. 镜像

（1）命令方式

1）在菜单栏中选择"修改"→"镜像"命令。

2）在修改工具栏中单击"镜像"按钮 ⚑。

3）在命令行输入：MI（Mirror 的简化）。

（2）命令提示

输入镜像命令时，会出现以下提示信息：

选择对象：	//选择全部镜像对象,按 Enter 键或
	//Space 键结束
指定镜像线的第一点：指定镜像线的第二点：	//指定镜像线上两点
要删除源对象吗？[是(Y)/否(N)] <N>：	//默认不删除,输入 Y 可删除源对象

然后按 Enter 键或 Space 键完成镜像。

当镜像的对象中包含文字时，文字默认不镜像。在命令行设置系统变量 Mirrtext 为 1，或者分解文字后才能镜像。

🔑 小技巧

　　1）指定镜像线上两点时，最好捕捉特殊点，防止选错镜像线。

　　2）镜像线不一定是正交方向直线，若沿极轴追踪线指定倾斜的镜像线，则能把对象按某一角度镜像。

2. 偏移

（1）命令方式

1）在菜单栏中选择"修改"→"偏移"命令。

2）在修改工具栏单击"偏移"按钮 。

3）在命令行输入：O（Offset 的简化）。

（2）命令提示

在输入偏移命令时，命令行提示如下：

> 指定偏移距离或 [通过(T)/删除(E)/图层(L)] <通过>：
> 　　　　　//输入偏移距离；或输入 T 偏移到指定点；输入 E 偏移后删除源对象；输入 L 可
> 　　　　　//选择偏移图层
> 选择要偏移的对象，或 [退出(E)/放弃(U)] <退出>：
> 　　　　　//选择偏移对象
> 指定要偏移的那一侧上的点，或 [退出(E)/多个(M)/放弃(U)] <退出>：
> 　　　　　//单击偏移侧任一点(注意对象捕捉点干扰)；输入 M 可重复偏移操作

系统会重复以上两步操作，直到按 Enter 键或 Esc 键结束。

> **说明** -
> 　　利用"偏移"命令可绘制同心圆、平行线、等距线等。对单个闭合对象进行偏移，
> 对象的形状不变，尺寸产生变化；而对线段进行偏移，线段的形状和尺寸都保持不变。

3. 合并

（1）命令方式

1）在菜单栏中选择"修改"→"合并"命令。

2）在修改工具栏单击"合并"按钮 。

3）在命令行输入：J（Join 的简化）。

（2）命令提示

输入合并命令时，命令行提示如下：

> Join 选择源对象：　　　　//选择一条直线、多段线、圆弧、椭圆弧或样条曲线等
> 选择要合并到源的对象：　　//可选择多个要合并的对象后，按 Enter 键或 Space 键结束

"合并"命令有一定的合并局限性，如合并直线要共线，合并多段线要首尾相接，合并圆弧则按逆时针方向合并等，否则系统会放弃合并。在 AutoCAD 中，常用 PE 命令将独立的多条线段合并为一条多段线，详细介绍如下。

4. 合并多段线

（1）命令方式

1）在菜单栏中选择"修改"→"对象"→"多段线"命令。

2）在命令行输入：PE（Pedit 的简化）。

（2）命令提示

输入修改多段线命令时，命令行提示如下：

> 命令：_pedit 选择多段线或 [多条(M)]：　　//选择要合并的第一条线段
> 选定的对象不是多段线

是否将其转换为多段线？<Y>   //按 Enter 键确认将第一条线段转化为

                       //多段线

输入选项 [闭合(C)/合并(J)/宽度(W)/编辑顶点(E)/拟合(F)/样条曲线(S)/非曲线化

    (D)/线型生成(L)/反转(R)/放弃(U)]:j   //输入 J 合并其他线段

选择对象：   //选择需要合并的其余所有线段

选择对象：   //选择完毕后按 Enter 键或 Space 键确

                       //认合并

多段线已增加 ? 条线段 JOIN 选择源对象：   //系统提示合并线段的条数

任务步骤

1）按照任务图示尺寸，设置合理的极轴增量角，熟练运用绘图辅助命令绘制上边 V 形四段线，如图 3-6（a）所示（用"直线"命令或"多段线"命令绘制都可以）。

2）运用"镜像"命令，将上边 V 形四段线按右端点，沿 225° 极轴追踪线镜像到右边，如图 3-6（b）所示。

3）再运用"镜像"命令，将上边及右边共 8 条线段，按左上端点沿 315° 极轴追踪线镜像到左下方，得到完整的四周轮廓。

说明

若此时直接将各条线段向内侧偏移，则得到图 3-6（d）所示的图形，此时，还需要进行延伸或修剪，比较麻烦，故不采用。

4）运用"合并多段线"命令，将四周轮廓所有线段合并成一条多段线，此时单击便可选中全部对象，如图 3-6（e）所示。

5）运用"偏移"命令，将多段线向内侧偏移合适的距离，即得到花瓷砖，如图 3-6（f）所示。

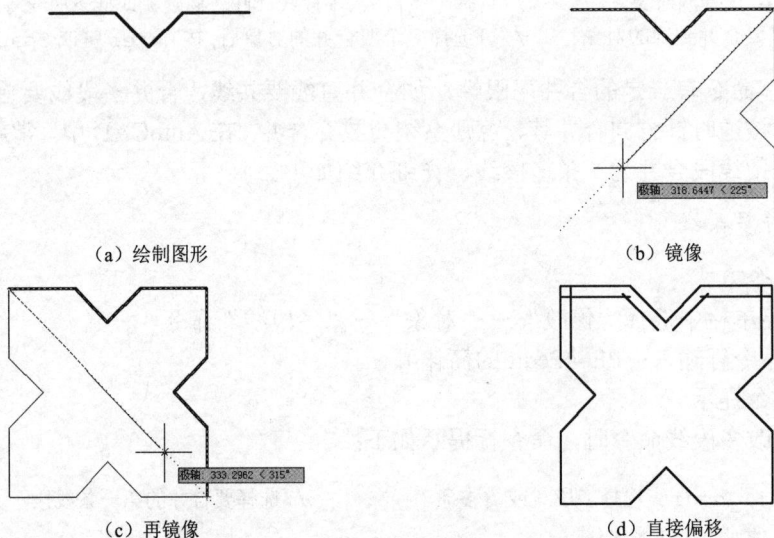

（a）绘制图形   （b）镜像

（c）再镜像   （d）直接偏移

（e）合并多段线　　　　　　　　　　　　（f）偏移多段线

图 3-6　花瓷砖的作图步骤

任务 3　绘制多孔图形

任务描述

　　通过图 3-7 所示的图形熟悉阵列、删除等图形编辑命令。参照任务步骤，合理地运用"阵列"命令绘制系列小圆孔。

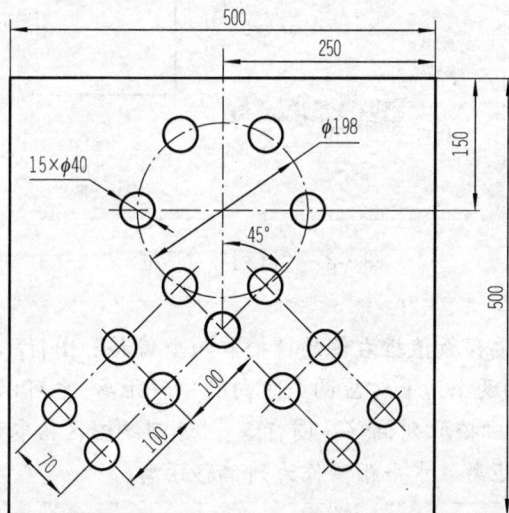

图 3-7　"阵列"命令任务图形

任务操作

　　1. 阵列

　　（1）命令方式

　　1）在菜单栏中选择"修改"→"阵列"命令。

　　2）在修改工具栏中单击"阵列"按钮。

3）在命令行输入：A（Array 的简化）。

（2）"阵列"对话框

输入阵列命令后，弹出"阵列"对话框，如图 3-8 所示，先选择"矩形阵列"或"环形阵列"单选按钮，并单击"选择对象"按钮，返回绘图区选择对象后，按 Enter 键或 Space 键返回对话框。参数设置完毕后，建议先单击"预览"按钮查看阵列结果，若需修改，则按 Esc 键返回对话框修改；设置熟练后，可不用预览直接单击"确定"按钮生成阵列。

1）矩形阵列的各项设置说明如下。

① 行数、列数：输入行数、列数。

② 行偏移：输入行之间的间距（包括对象高度），向上偏移为正，向下偏移为负。

③ 列偏移：输入列之间的间距（包括对象宽度），向右偏移为正，向左偏移为负。

④ 阵列角度：阵列行与水平线间的夹角。水平向右为 0°，逆时针为正，顺时针为负。

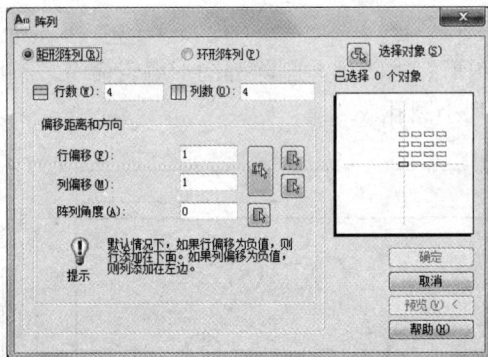

图 3-8 "阵列"对话框

说 明

直接单击行、列偏移数值框右侧的"拾取两个偏移"图标，返回绘图区拾取矩形两个角点，则矩形的两个边长对应两个方向的偏移距离。也可以分别单击右侧的"拾取行偏移"图标或"拾取列偏移"图标，返回绘图区拾取两点，则两个点间的垂直距离作为行偏移距离，水平距离作为列偏移距离。

行偏移和列偏移的正负与阵列方向的关系如表 3-1 所示。

表 3-1 行间距和列间距的正负与阵列方向的关系

行偏移	列偏移	阵列方向
正值	正值	右上角
正值	负值	左上角
负值	正值	右下角
负值	负值	左下角

如图 3-9 所示的阵列，可理解为行偏移 30，列偏移 40，阵列角度为 60°；也可以

理解为行偏移 40，列偏移-30，阵列角度为-30°。

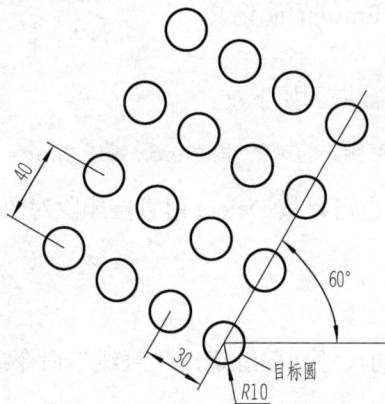

图 3-9 矩形阵列设置示例

2）环形阵列（图 3-10）的各项设置说明如下。

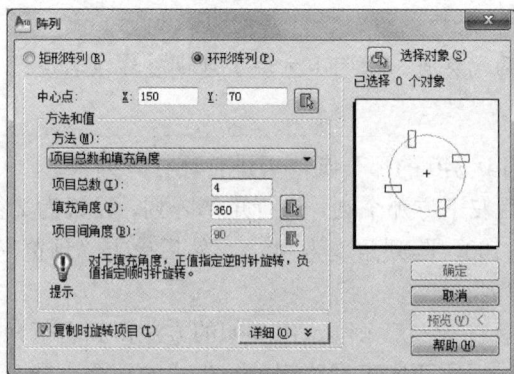

图 3-10 环形阵列设置

① 中心点：输入环形阵列中心点坐标，或单击右侧按钮，返回绘图区拾取点。

② "方法"下拉列表框：包括项目总数和填充角度、项目总数和项目间的角度和填充角度和项目间的角度 3 种，按需要选择对应的方法。

③ 项目总数：输入生成图形的总个数（包括原对象）。

④ 填充角度：默认 360°在一个圆周上均布，也可按输入的角度阵列。

⑤ 项目间角度：均布对象间的圆心角。角度为正时，逆时针方向排列；角度为负时，顺时针方向排列。

⑥ 复制时旋转项目：勾选该复选框后，阵列时将对象绕中心旋转。

2. 删除

（1）命令方式

1）在菜单栏中选择"修改"→"删除"命令。

2）在修改工具栏单击"删除"按钮 。

3）在命令行输入：E（Erasa 的简化）。

（2）命令提示

输入删除命令时，命令行提示如下：

　　选择对象：//选择需要删除的对象,按 Enter 键或 Space 键确认即可.

当然，在选取对象后，也可以按 Delete 键直接删除对象。

任务步骤

1）按照任务图形标注的尺寸，熟练运用"直线"命令或"矩形"命令绘制图形外轮廓。

2）运用对象捕捉追踪绘制ϕ198 中心圆及十字中心线，在对象特性工具栏中修改线型为 CENTER。

说明

　　选中线段，拖动两端夹点（蓝色小方块）可调整线段长度；一般中心线应超出轮廓线 2～5mm（下同）。

3）绘制图上标有 15×ϕ40 的那个圆，再进行环行阵列。

4）选择环形阵列后左下方那个圆，进行矩形阵列，设置为 2 行、3 列，行偏移距离为-70，列偏移距离为-100，阵列角度为 45°。然后单击"预览"按钮，检查正确后单击"确定"按钮完成阵列。

5）选择环形阵列后右下方那个圆，用类似的方法得到右下角的矩形阵列。

6）删除垂直中心线下方两次矩形阵列重复生成的那个小圆。

7）用"直线"命令及辅助绘图工具补画其余中心线，并修改线型。

小练习

运用已学的绘图命令及刚学的阵列命令，绘制图 3-11 所示的图形。

图 3-11　阵列练习图形

任务 4 绘 制 时 钟

任务描述

如图 3-12 所示，先运用已学的阵列等命令绘制钟表盘及刻度，然后绘制分针并复制两个，合理地运用缩放、拉伸或拉长命令得到时针及秒针。在表盘内参照图 3-12 所示时间（或当前时间）绘制辅助线段，再运用"对齐"命令将各指针摆到对应位置。

图 3-12 时钟

任务操作

1. 缩放

（1）命令方式

1）在菜单栏中选择"修改"→"缩放"命令。

2）在修改工具栏单击"缩放"按钮。

3）在命令行输入：SC（SCALE 的简化）。

（2）命令提示

输入缩放命令时，命令行提示如下：

```
选择对象：                                      //选择需要缩放的对象,按Enter键
                                               //或 Space 键结束
指定基点：                                      //指定一点,此点固定不动
指定比例因子或 [复制(C)/参照(R)] <1.0000>：      //比例因子大于1放大,小于1缩小.
```

各项说明如下。

1）复制（C）：缩放后保留原来的对象。

2）参照（R）：输入 R，命令行中出现以下提示

```
指定参照长度 <1.0000>:指定第二点：    //输入缩放前长度,或从原图拾取长度
指定新的长度或 [点(P)] <1.0000>：     //原参照长度缩放到新的长度,其他图线也进
                                    //行相应缩放.
```

2. 拉伸

（1）命令方式

1）在菜单栏中选择"修改"→"拉伸"命令。

2）在修改工具栏中单击"拉伸"按钮。

3）在命令行输入：S（Stretch 的简化）。

（2）命令提示

输入拉伸命令时，命令行提示如下：

以交叉窗口或交叉多边形选择要拉伸的对象…

选择对象： //用 C 窗口选择对象,按 Enter 键或

//Space 键结束

指定基点或［位移(D)］<位移>： //指定拉伸的起点

指定第二个点或 <使用第一个点作为位移>： //指定拉伸的终点

说 明

必须以交叉 C 窗口（右窗选）选择对象的一部分，与窗口相交的对象可拉伸或缩短（但圆、文本、块和属性等不能拉伸），而窗口内的对象将被移动。拉伸后，标注的尺寸会自动修改。

3．拉长

（1）命令方式

1）在菜单栏中选择"修改"→"拉长"命令。

2）在命令行输入：LEN（Lengthen 的简化）。

（2）命令提示

输入拉长命令时，命令行提示如下：

选择对象或［增量(DE)/百分数(P)/全部(T)/动态(DY)］： //输入选项

选择要修改的对象或［放弃(U)］： //选中要拉长的对象

指定新端点： //拉伸到所需点

各项说明如下。

1）增量（DE）：输入增量改变原长度，正值变长，负值变短。

2）百分数（P）：以总长的百分比形式改变原长度，大于 100 拉长，小于 100 缩短。

3）全部（T）：以新长度改变原长度，按输入值为全长拉长或缩短。

4）动态（DY）：光标动态地改变原长度。

拉长的效果如图 3-13 所示，将圆弧拉长到 150%，如图 3-13（a）所示；将中心线增量拉长 3mm，如图 3-13（b）所示。

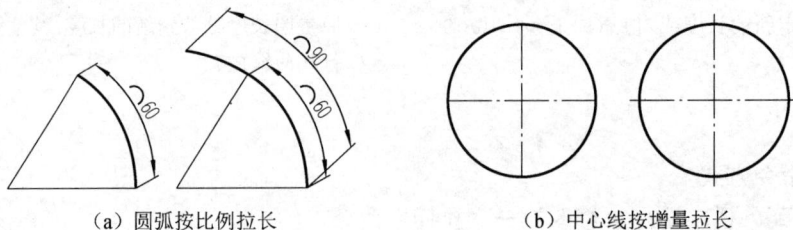

（a）圆弧按比例拉长　　　　　　　　（b）中心线按增量拉长

图 3-13　拉长的效果

说 明

当拉长命令行提示"选择要修改对象"时，单击对象的某端就指明拉长的方向。

4. 对齐

（1）命令方式

1）在菜单栏中选择"修改"→"三维操作"→"对齐"命令。

2）在命令行输入：AL（Align 的简化）。

（2）命令提示

输入对齐命令时，命令提示信息如下：

选择对象：　　　　　　　　　//选择要对齐对象，按 Enter 键或 Space 键结束

指定第一个源点：　　　　　　//选择第 1 个源点（可捕捉不在对象上的点，下同）

指定第一个目标点：　　　　　//选择第 1 个目标点（目标点可与源点重合，下同）

指定第二个源点：　　　　　　//选择第 2 个源点

指定第二个目标点：　　　　　//选择第 2 个目标点

指定第三个源点或 <继续>：　//若不再选取，直接按 Enter 键

是否基于对齐点缩放对象？［是(Y)/否(N)］<否>：　//选择是否按比例缩放对象

对齐的效果如图 3-14 所示，按 2 个点对齐，不缩放对象，如图 3-14（a）所示；按 4 个点对齐，并缩放对象，如图 3-14（b）所示；按 6 个点对齐，不缩放对象，如图 3-14（c）所示。

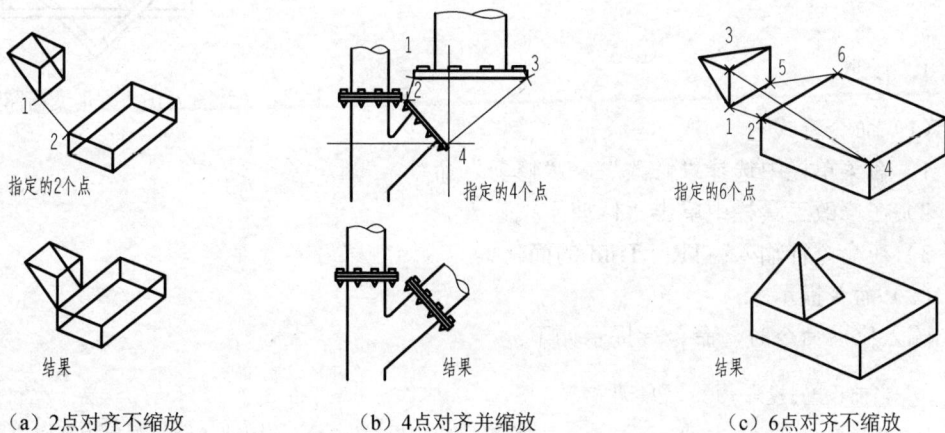

（a）2点对齐不缩放　　　　　（b）4点对齐并缩放　　　　　（c）6点对齐不缩放

图 3-14　对齐的效果

小 练 习

如图 3-15（a）所示，先将左边的凹槽、上边的圆角凹槽及右边的凸起按对称画出（对称中心线省略不画），然后参照图 3-15（b）所示尺寸，用"拉伸"命令将各部分移动到对应位置。

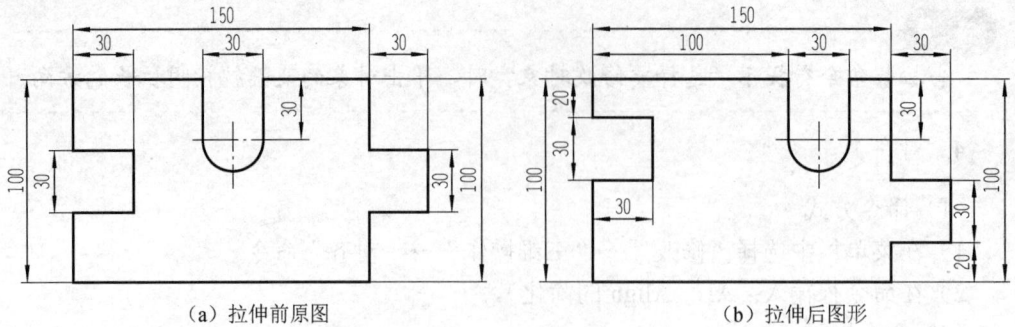

（a）拉伸前原图　　　　　　　　（b）拉伸后图形

图 3-15　拉伸前后图形

任务 5　绘制交错图形

任务描述

通过本任务熟悉修剪、延伸等图形编辑命令。先运用已学的命令绘制正方形叠交图形，再灵活运用"修剪"命令或"延伸"命令，得到两正方形交错的效果，如图 3-16 所示。

任务操作

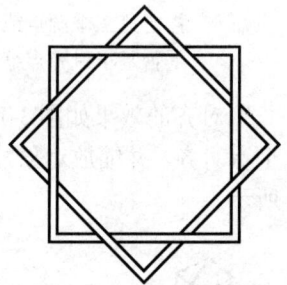

图 3-16　方形交错图形

1. 修剪

（1）命令方式

1）在菜单栏中选择"修改"→"修剪"命令。

2）在修改工具栏中单击"修剪"按钮 ⊬ 。

3）在命令行输入：TR（Trim 的简化）。

（2）命令提示

输入修剪命令时，命令行提示如下：

当前设置:投影=UCS,边=无

选择剪切边…　　　　　　　　//选择修剪边界,按 Enter 键默认全部对象相互作边界

选择对象或 <全部选择>:　　　//选择边界结束要按 Enter 键或 Space 键

选择要修剪的对象,或按住 Shift 键选择要延伸的对象,或

　[栏选(F)/窗交(C)/投影(P)/边(E)/删除(R)/放弃(U)]:

　　　　　　　　　　　　　　//选择要修剪对象的修剪段;此时按住 Shift 键选择对象

　　　　　　　　　　　　　　//即能延伸,相当于延伸命令.

说 明

当两条线相交但不穿越时是无法修剪的,只有越过边界线的对象才可修剪。

2. 延伸

(1) 命令方式

1) 在菜单栏中选择"修改"→"延伸"命令。

2) 在修改工具栏单击"延伸"按钮--/。

3) 在命令行输入:EX(Extend 的简化)。

(2) 命令提示

输入延伸命令时,命令行提示如下:

当前设置:投影=UCS,边=无

选择边界的边…   //即选择延伸边界,按 Enter 键默认全部对象相互作边界

选择对象或 <全部选择>:   //选择边界结束要按 Enter 键或 Space 键

选择要延伸的对象,或按住 Shift 键选择要修剪的对象,或

[栏选(F)/窗交(C)/投影(P)/边(E)/删除(R)/放弃(U)]:

                          //选择要延伸对象的延伸端;此时按住 Shift 键选择对象

                          //即能修剪,相当于修剪命令.

小 练 习

运用所学命令快速绘制图 3-17 所示的图形,注意在修剪时合理地选择修剪边界。

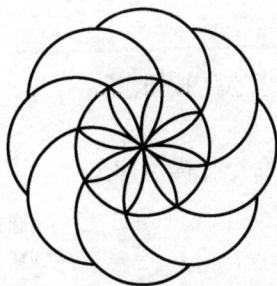

图 3-17 "修剪"命令练习图形

任务 6 打断图形线条

任务描述

通过本任务熟悉打断、打断于点、分解等图形编辑命令。先画好图 3-18(a)所示

原图，合理运用打断、打断于点命令，将线条断开或打断，再修改线型，最后效果如图 3-18（b）所示。

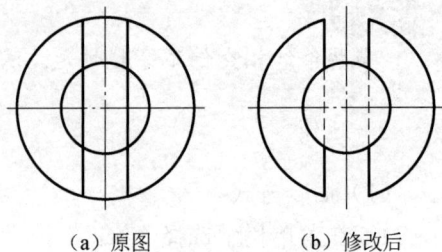

（a）原图　　　（b）修改后

图 3-18　任务图形

任务操作

1. 打断

（1）命令方式

1）在菜单栏中选择"修改"→"打断"命令。

2）在修改工具栏中单击"打断"按钮。

3）在命令行输入：Br（**Break** 的简化）。

（2）命令提示

输入打断命令时，命令行提示如下：

```
BREAK 选择对象：              //选择对象,同时拾取打断点 1
指定第二个打断点或 [第一点(F)]：  //拾取打断点 2,输入 F 重新拾取打断点 1
```

说明

拾取线上两点，将删除两点间的一段；如果一点在线内，一点在线外，可删除一段；输入"@"可用第一个断点切开对象。

2. 打断于点

（1）命令方式

在修改工具栏中单击"打断于点"按钮。

（2）命令提示

单击"打断于点"按钮后，命令行提示如下：

```
BREAK 选择对象：                   //选择对象
指定第二个打断点 或 [第一点(F)]：_f  //默认输入 F
指定第一个打断点：                 //拾取打断点 1 并切断对象
```

3. 分解

（1）命令方式

1）在菜单栏中选择"修改"→"分解"命令。

2）在修改工具栏中单击"分解"按钮。

3）在命令行输入：X（**Explode** 的简化）。

（2）命令提示

输入分解命令时，命令行提示如下：

选择对象：　　//选择需分解的对象,按 Enter 键或 Space 键确认即可.

小练习

如图 3-19 所示,先画好原图,再合理运用"打断"及"打断于点"命令断开线条,再修改相关线条的线型、线宽。

（a）原图　　　　　　　　　　（b）修改后

图 3-19　练习图形

提示:圆可按逆时针打断中间圆弧,但不能打断于某点;螺纹的 3/4 细实线圆也可以用这种方法。当尺寸数字与中心线重叠时,可用打断命令将中心线截掉一段。

任务 7　绘制电风扇

任务描述

通过绘制图 3-20 所示的电风扇图形,熟悉圆角、倒角等图形编辑命令,运用修剪或不修剪圆角、不对称倒角等命令选项绘制电风扇。

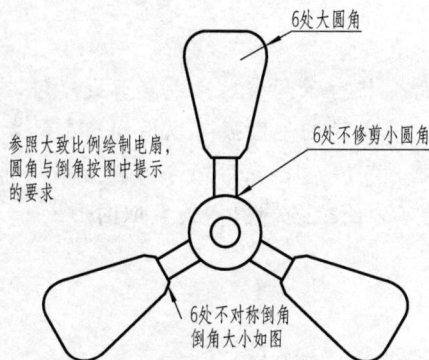

图 3-20　电风扇

任务操作

圆角是使用与对象相切且具有指定半径的圆弧连接两个对象，倒角使用成角的直线连接两个对象。

1. 圆角

（1）命令方式

1）在菜单栏中选择"修改"→"圆角"命令。

2）在修改工具栏单击"圆角"按钮 。

3）在命令行输入：F（Fillet 的简化）。

（2）命令提示

输入圆角命令时，命令行提示如下：

> 当前设置：模式 = 修剪，半径 = 0.0000
>
> 选择第一个对象或 [放弃(U)/多段线(P)/半径(R)/修剪(T)/多个(M)]:
>
>   //输入 R 可设置圆角半径
>
> 指定圆角半径 <0.0000>:   //< >中的值是默认半径,或
>
>   //按 Enter 键默认或输入新值
>
> 选择第一个对象或 [放弃(U)/多段线(P)/半径(R)/修剪(T)/多个(M)]:
>
>   //选择第 1 个对象
>
> 选择第二个对象,或按住 Shift 键选择要应用角点的对象: //选择第 2 个对象

各选项说明如下。

1）多段线（P）：对多段线所有顶点（交角）圆角，例如对矩形的四角可同时圆角。

2）半径（R）：指定圆角半径。

3）修剪（T）：选择是否修剪，默认是上一次设置。后续提示

> 输入修剪模式选项 [修剪(T)/不修剪(N)] <修剪>:   //不修剪是指保留原来线条

4）多个（M）：可对多个对象圆角，多处同半径圆角时，无须重启命令。

小技巧

1）当圆角半径为 0 时，相当于两个对象或修剪或延伸，刚好相接。

2）当用圆弧连接时，其中的凹型圆弧可以用圆角来绘制。

3）两条等长的平行线段可用"圆角"命令直接生成一个半圆连接，半圆半径是平行线间距的一半，这样可方便地绘制键槽或类似图形。

2. 倒角

（1）命令方式

1）在菜单栏中选择"修改"→"倒角"命令。

2）在修改工具栏单击"倒角"按钮▱。

3）在命令行输入：CHA（Chamfer 的简化）。

（2）命令提示

当输入圆角命令，命令行提示如下。

```
("修剪"模式) 当前倒角距离 1 = 0.0000,距离 2 = 0.0000
选择第一条直线或 [放弃(U)/多段线(P)/距离(D)/角度(A)/修剪(T)/方式(E)/多个(M)]:
                        //输入 D 可修改倒角距离
指定第一个倒角距离 <0.0000>:        //输入第一倒角距离
指定第二个倒角距离 <1.0000>:        //< >中的值是默认倒角距离,或按 Enter 键默认或
                        //输入新值
选择第一条直线或 [放弃(U)/多段线(P)/距离(D)/角度(A)/修剪(T)/方式(E)/多个(M)]:
                        //选择第 1 个对象
选择第二条直线,或按住 Shift 键选择要应用角点的直线:
                        //选择第 2 个对象
```

各项说明如下。

1）多段线（P）：对多段线所有顶点（交角）倒角，例如对矩形的四角可同时倒角。

2）距离（D）：指定两个倒角距离（两倒角距离可以不同）。

3）角度（A）：可给定一个距离值和一个角度生成倒角。

4）修剪（T）：选择是否修剪，默认是上一次设置。后续提示

```
输入修剪模式选项 [修剪(T)/不修剪(N)] <修剪>:
```

5）方式（E）：选择修剪方法，后续提示

```
输入修剪方法 [距离(D)/角度(A)] <距离>:              //两选项含义同上
```

6）多个（M）：可对多个对象倒角，多处倒角相同时，无须重启命令。

说明

在圆角或倒角过程中，根据命令提示，若按住 Shift 键再选择第 2 条直线，则将两个相交或不相交对象刚好直接连接，相当于零距离倒角。

小练习

绘制如图 3-21 所示图形，五角星五个角上有不修剪大圆角、修剪小圆角和不修剪不对称倒角，中间五边形有不修剪对称倒角。设置合适的圆角或倒角大小，编辑好一组圆角和倒角后，进行环形阵列。

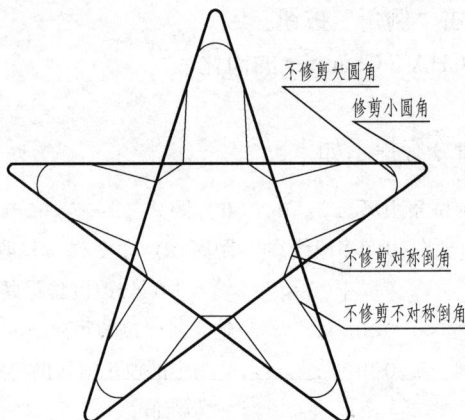

图 3-21　圆角、倒角的练习图形

任务 8　编辑几何图形

任务描述

绘制一个由直线、圆、矩形、多边形等对象组成的创意图形，先尝试对各对象夹点分别进行拉伸、移动、旋转、缩放、镜像、复制等操作；然后依次打开各对象的特性面板，修改几何图形的特性参数，并观察图形的变化情况。

任务操作

1.　通过夹点编辑几何图形

夹点的类型有以下 3 种。

1）冷夹点：未选中的夹点，默认为蓝色小方块，如图 3-22（a）所示。

2）悬停夹点：光标在其上悬停时的夹点，显示为绿色小方块，如图 3-22（b）所示。

3）热夹点：选中的夹点，显示为红色小方块，如图 3-22（c）所示。

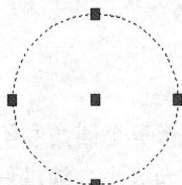

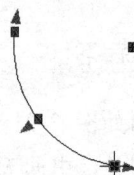

（a）冷夹点　　　　　　　（b）悬停夹点　　　　　　　（c）热夹点

图 3-22　图形的夹点类型

夹点编辑方式是一种集成的编辑模式，包含拉伸、移动、旋转、缩放和镜像 5 种编辑模式。选中某个夹点，该夹点高亮显示为红色小方块，命令行提示如下：

指定拉伸点或 [基点(B)/复制(C)/放弃(U)/退出(X)]：

在此命令行提示下，可通过下面 3 种方法切换到拉伸、移动、旋转、缩放、镜像等编辑模式。

1）按一次或多次 Enter 键，依次切换编辑模式。

2）按一次或多次 Space 键，依次切换编辑模式。

3）右击某个夹点，在弹出的快捷菜单中直接选择编辑模式。

2. 通过"特性"命令编辑几何图形

对象特性包含一般特性和几何特性，一般特性是指对象的颜色、图层、线型、比例及线宽等；几何特性是特定于某个对象的特性，如圆的半径、圆心、周长、面积等，直线的端点坐标、坐标增量、长度、角度等。通过"特性"命令可以全方位地编辑对象特性。

（1）命令方式

打开"特性"面板的命令方式如下。

1）选中对象，在标准工具栏中单击"对象特性"按钮📷。

2）双击某对象。

3）右击某对象，在弹出的快捷菜单中选择"特性"命令。

4）选中对象，按 Ctrl+1 组合键。

5）在命令行输入：Pr（Properties 的简化）。

（2）"特性"面板设置

选中的对象不同，系统在"特性"面板中显示的内容也不同。如图 3-23 所示，可直接在"特性"面板的"几何图形"选项卡中修改对象的特性参数，然后按 Enter 键确认即可改变图形的位置与大小。

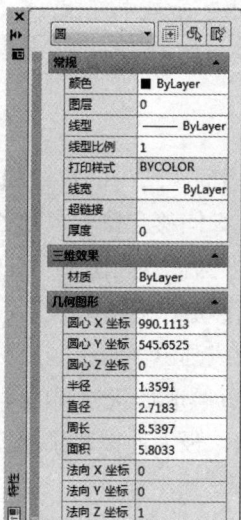

图 3-23　"特性"面板

任务 9　绘制综合图形

任务描述

在介绍了常用的绘图命令和图形编辑命令后，进入综合绘图阶段。如图 3-24 所示，保证两个给定尺寸，选择合适的方法快速地绘制图形。每个图形都有多种绘图方法，关键要探索出适合自己的方法，并在绘图中不断训练与巩固，从而提高绘图效率。

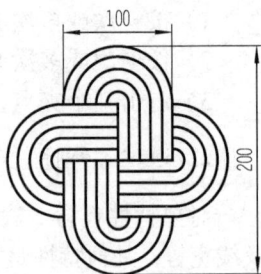

图 3-24　任务图形

注　意

在绘制综合图形时，重视一些注意事项通常也能提高绘图速度。

1）俗话说："三思而后行"，拿到一张图样后，先花几分钟时间分析图形，理清绘图的步骤与方法。对于较难的图形，先进行讨论交流也是相当有必要的。

2）合理、熟练地运用各种绘图辅助工具，尽量少画，甚至不画辅助线条。

3）不要重复地绘制相同的或对称的对象，应熟练地运用复制、镜像、阵列等编辑方法，从而节省绘图时间。

4）根据具体情况，熟练地使用 AutoCAD 软件的辅助工具按钮或功能键，以提高绘图的效率，保证绘图的准确性。

5）当图形绘制有错误时，尽量不要删除重画。尽可能运用移动、拉长、拉伸、缩放等编辑命令修改，或在"特性"面板中修改。

任务步骤

1）图形分析：图 3-24 是由很多间距均匀的直线和圆弧组成的，故考虑运用"偏移"命令。如果马上画出直线段和圆进行偏移和修剪，那修剪的工作量是相当大的。

2）尝试先用"圆弧"命令画半圆（或画圆修剪 1/2），再画出直线段进行偏移，但半圆弧和直线都是单独偏移的，偏移操作需重复很多次。此时，可考虑将半圆弧与直线段合并成多段线，或者直接用多段线画出半圆弧与直线段，然后整体偏移。

3）仔细观察，发现图 3-24 可分解成形状相同的 4 部分，因此，可先画出 1/4 图形，再采用环形阵列操作便可很快完成，极大地提高了绘图效率。

具体的步骤示意如图 3-25 所示。

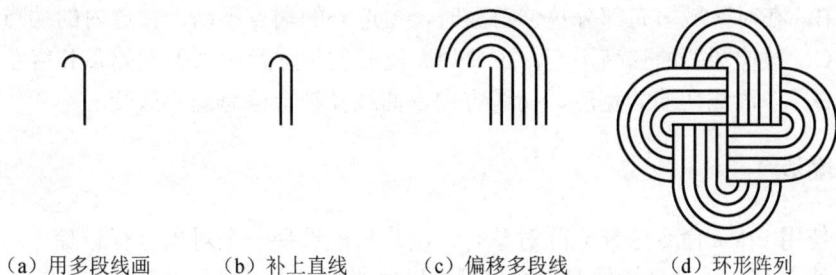

　(a) 用多段线画　　　(b) 补上直线　　　(c) 偏移多段线　　　(d) 环形阵列

图 3-25　绘制中国结的具体步骤示意

思考与练习

一、填空题

1. 阵列方式可分为_____和_____两种。

2. 在绘制对称图形时，只需画出图形的一半，另一半可使用_____命令得到。

3. 在绘图过程中，若出现错误的操作，_____命令可帮助用户取消这些操作。

4. 复制的对象与原对象的大小、方向均_____。

5. 当圆角半径设为_____时，选择"圆角"命令也能修剪两条相交直线，或将两条未相交直线刚好延长相接。

二、选择题

1. 运用"倒角"命令进行倒角时（　　　）。

　　A. 不能对多段线对象进行倒角　　　　　　B. 可以对样条曲线对象进行倒角

　　C. 不能对文字对象进行倒角　　　　　　　D. 不能进行不对称倒角

2. 要使圆的圆心移动到直线中点，选择圆心为基点并用到（　　　）命令。

　　A. 正交　　　　　　B. 对象捕捉　　　　　　C. 栅格　　　　　　D. 捕捉

3. 用"偏移"命令偏移对象时（　　　）。

　　A. 必须指定偏移距离

　　B. 不可以指定偏移通过某个特殊点

　　C. 不可以偏移开口曲线和封闭线框

　　D. 原对象的某些特征可能在偏移后消失

4. 用"复制"命令复制对象时，不可以（　　　）。

　　A. 原处复制对象　　　　　　　　　　　　B. 同时复制多个对象

　　C. 一次把对象复制到多个位置　　　　　　D. 同时旋转对象

5. 下面关于拉伸对象的说法不正确的是（　　　）。

　　A. 直线在窗选内的端点不动，在窗选外的端点移动

  B．在对区域填充部分拉伸对象时，窗选外的端点不动，窗选内的端点移动

  C．拉伸圆弧的弦高不变，主要调整圆心的位置及圆弧的起始角和终止角

  D．多段线两端的宽度、切线方向、曲线及拟合信息均不改变

三、判断题

1．使用 Erase 命令选择删除对象时，用户只能选择一个对象进行删除。 （ ）

2．使用 Mirror 命令镜像对象时，既可以保留源对象，也可以删除源对象。

                      （ ）

3．复制操作和偏移操作均可用来绘制已有直线的平行线。 （ ）

4．使用 Trim 命令修剪对象时，也可以按住 Shift 键执行延伸操作。 （ ）

5．创建倒角和圆角时，通过设置既可修剪多余的边，也可保留这些边。 （ ）

四、综合绘图练习

参考图 3-26，绘制各个图形，并探究图形的绘制与编辑技巧。

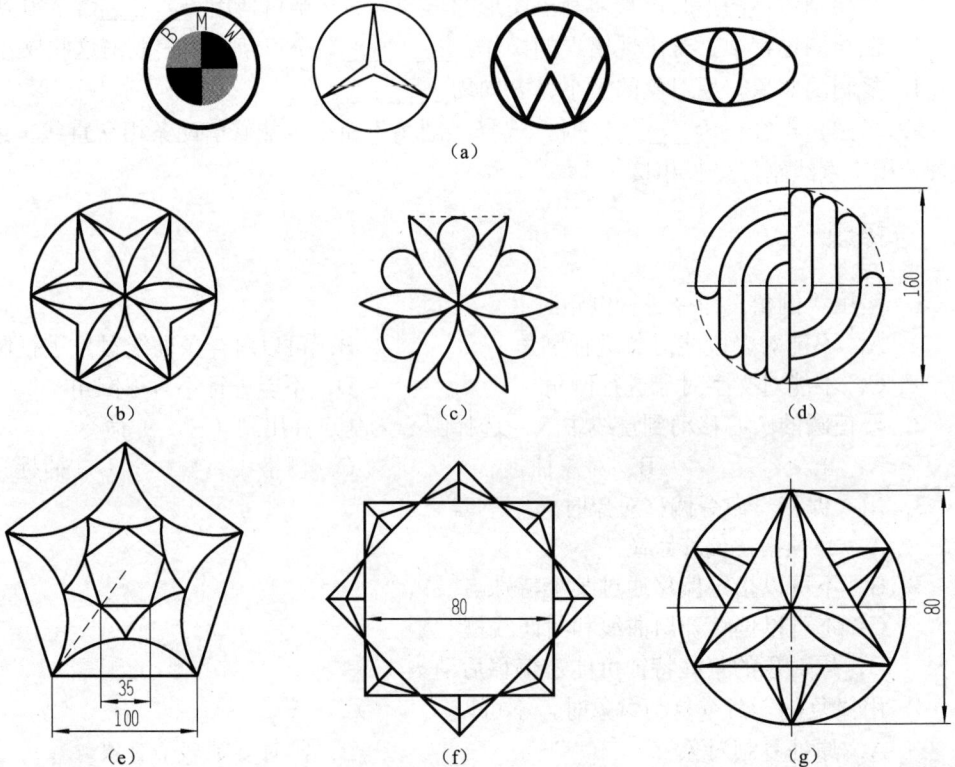

（a）

（b）   （c）   （d）

（e）   （f）   （g）

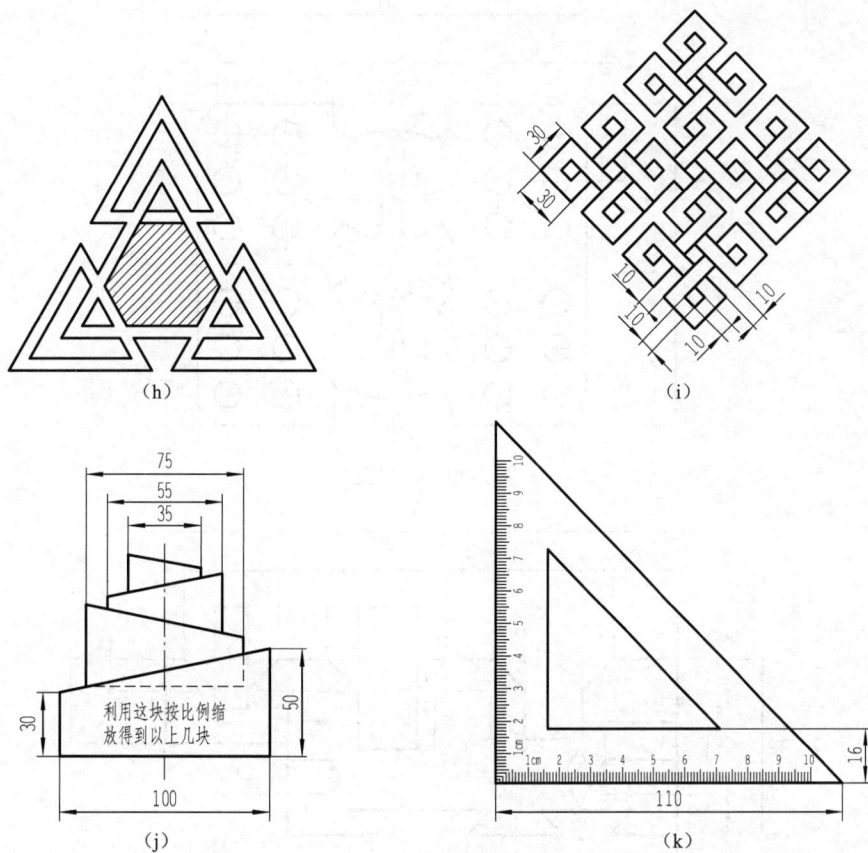

（h）

（i）

利用这块按比例缩放得到以上几块

（j）

（k）

图 3-26　练习图

五、综合绘图训练

运用已学的绘图命令和编辑命令，绘制练习图 3-27～图 3-31（尺寸不用标注）。

图 3-27　练习图 1

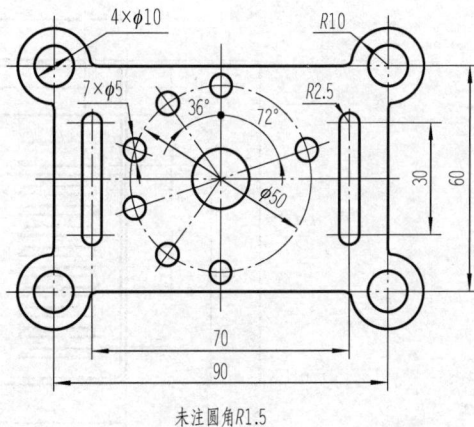

未注圆角R1.5

图 3-28　练习图 2

图 3-29　练习图 3

图 3-30　练习图 4

图 3-31　练习图 5

项目 4 配置绘图环境

项目目标

1) 学会绘图环境的参数设置。
2) 学会图幅和图框的绘制。
3) 掌握图层的常规设置。
4) 理解三视图的投影规律，学会绘制多个视图。

任务 1　设置绘图参数

任务描述

设置图形单位为毫米，格式如下：长度类型为"小数"，精度为"0.00"；角度类型为"十进制度数"，精度为"0.0"。

设置绘图区为白色背景，十字光标大小为 5，圆弧和圆的平滑度为 2000，自动保存的时间间隔为 5 分钟，捕捉标记颜色为紫色。

将设置后的对话框界面按 Alt+PrintScreen 组合键截图，开启 Word 粘贴，以"学号+姓名"为文件名保存并上交。

任务操作

1. 设置图形单位

图形中绘制的所有对象都是根据图形单位进行测量的，一张图样 1 个单位可能等于 1 毫米；而另一张图样 1 个单位可能等于 1 英寸，因此绘图前必须先设置图形单位。

（1）命令方式

设置图形单位的命令方式如下：

1）在菜单栏中选择"格式"→"单位"命令。

2）在命令行输入：Units。

（2）"图形单位"对话框

输入单位命令后，弹出"图形单位"对话框，如图 4-1 所示，在该对话框中可设置单位、长度和角度的类型及精度等。

各项设置说明如下。

1）长度类型：包括分数、工程、建筑、科学、小数。

2）角度类型：包括百分度、角/分/秒、弧度、勘测单位、十进制度数。

3）精度根据实际要求选择小数位数。

单击"方向（D）…"按钮可弹出"方向控制"对话框，如图 4-2 所示，在该对话框中可选择或输入基准角度。

2. 设置绘图选项

在菜单栏中选择"工具"→"选项"命令，弹出"选项"对话框，如图 4-3 所示，在该对话框中可设置合适的绘图环境。例如，选择绘图区背景颜色、设定圆弧显示精度、调整十字光标大小、设定图形文件自动保存的时间间隔、选择输出打印机、设置自动捕捉及其标记、调整拾取框及夹点大小等。"选项"对话框的几个常用选项卡介绍如下。

图 4-1 "图形单位"对话框

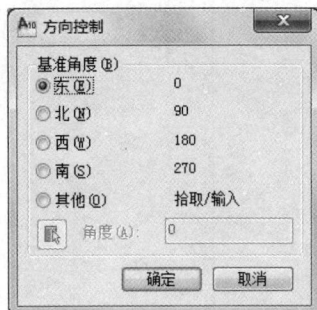

图 4-2 "方向控制"对话框

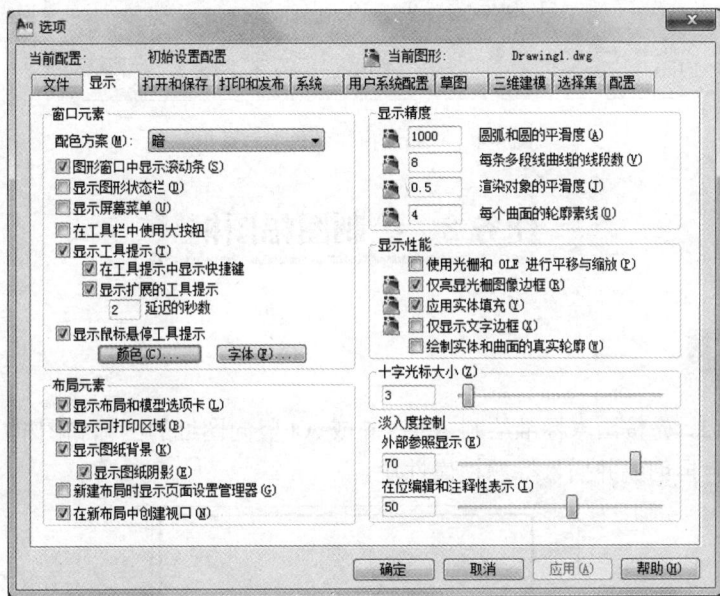

图 4-3 "选项"对话框

1）"显示"选项卡：通常用于设置窗口元素、显示精度、十字光标大小、布局元素等。单击"颜色"按钮，弹出"图形窗口颜色"对话框，如图 4-4 所示，选择背景颜色后，单击"应用并关闭"按钮即可改变背景色。

2）"打开和保存"选项卡：可设置文件的保存类型、自动保存的间隔时间及文件加密的密码等。

3）"打印和发布"选项卡：主要选择输出打印机和打印参数的设置。

4）"草图"选项卡：可设置自动捕捉标记颜色、标记大小和靶框大小等。

5）"选择集"选项卡：主要设置拾取框大小、选择集模式和夹点大小、颜色等。

"选项"对话框各选项卡中其他可设置内容请自行探究。

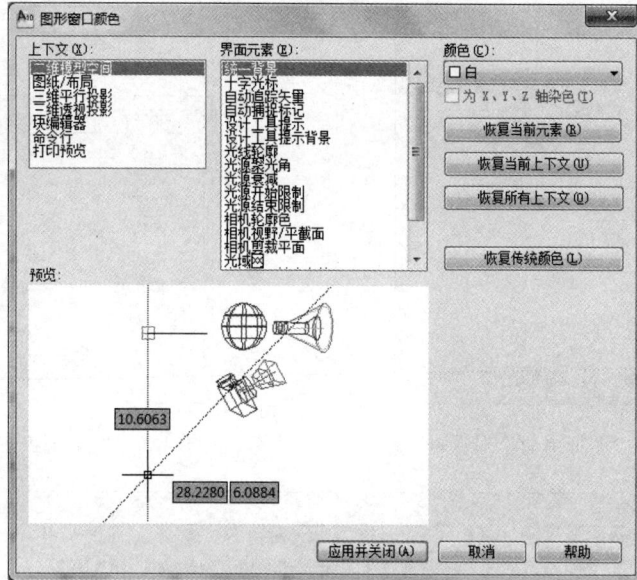

图 4-4 "图形窗口颜色"对话框

任务 2 绘制图幅图框

任务描述

参照图 4-5，先按国家标准绘制 A3 横向或 A4 竖向图纸的图幅和图框（可以按不留装订边绘制），再创建并插入标题栏属性块。

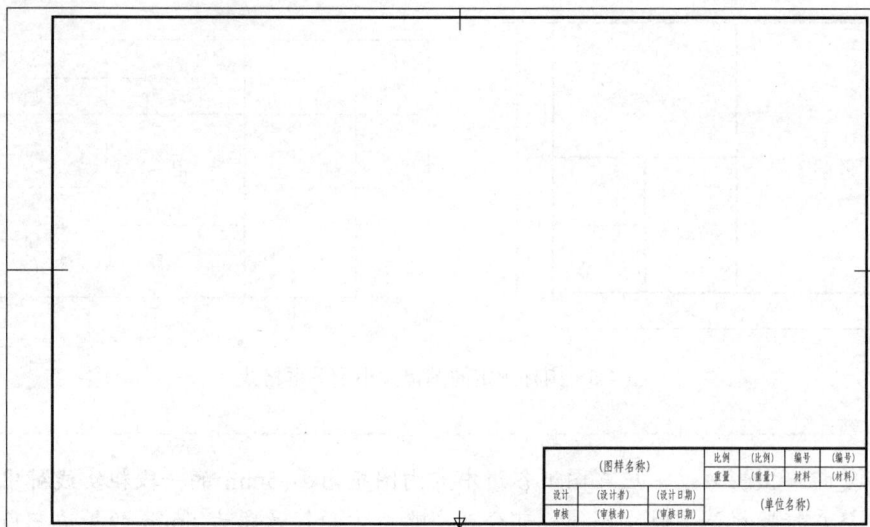

图 4-5　A3 和 A4 图幅图框

任务操作

1. 设置图形界限

（1）命令方式

1）在菜单栏中选择"格式"→"图形界限"命令。

2）命令行输入：Limits。

（2）命令提示

输入图形界限命令时，命令行提示如下：

重新设置模型空间界限：	//系统提示
指定左下角点或 [开(ON)/关(OFF)] <0.0000,0.0000>：	//按 Enter 键默认左下
	//角为原点
指定右上角点 <297.0000,210.0000>：210,297	//当前修改成A4图纸竖向

按 F7 键显示栅格，然后双击滚轮，将看到栅格显示的图形界限，能避免所绘制的图形超出边界，打印时也可直接按这个图形界限打印。

2. 绘制图幅图框

运用"直线"命令或"矩形"命令绘制图幅图框，图幅用细实线绘制，图框用粗实线绘制，图样画在图框内部。图框格式分为留装订边和不留装订边两种，同一产品的图样只能采用一种格式。

国家标准规定图幅大小及图框格式如图 4-6 所示（单位：mm）。

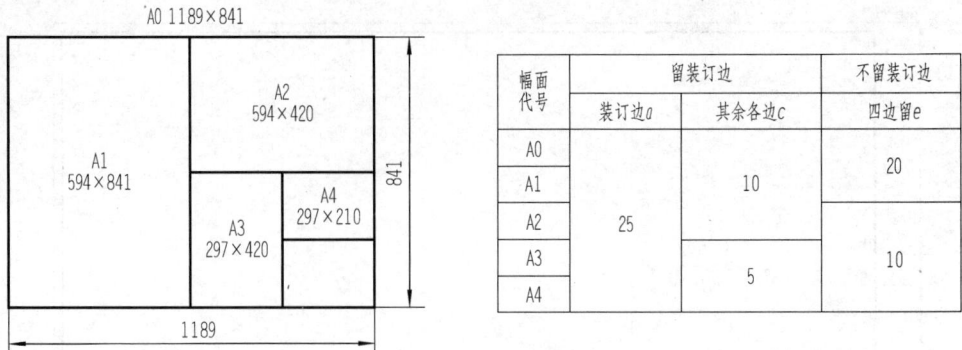

图 4-6　国标规定的图幅大小及图框格式

幅面代号	留装订边		不留装订边
	装订边 a	其余各边 c	四边留 e
A0	25	10	20
A1		10	20
A2			
A3		5	10
A4			

注　意

为复印和摄影方便，应在图纸各边中点向图框内画 5mm 的一段粗实线对中符。当对中符在标题栏范围时，则伸入部分可省略。方向符是高为 6mm 的等边三角形，图框内外高度各半。

3．制作标题栏

标题栏由名称代号区、签字区和其他区组成，其格式和尺寸国家标准也有规定，教学中一般采用简化的标题栏，如图 4-7 所示。

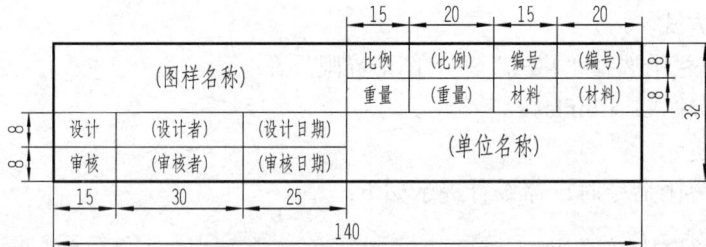

图 4-7　标题栏的尺寸与内容

通常使用"写块（W）"命令将标题栏创建为带属性的外部块文件，便于其他图形调用。创建标题栏属性块的操作步骤如下。

1）用"直线"命令、"偏移"命令、"修剪"命令或用"表格"命令，按尺寸绘制标题栏，将外框设置为粗实线。

2）在菜单栏中选择"格式"→"文字样式"命令，在弹出的"文字样式"对话框中创建文字样式，样式名为"工程字"，字母、数字采用 gbenor.shx 字体，汉字采用大字体 gbcbig.shx，宽度因子设为 0.7。

3）直接在单元格正中输入名称（指标题栏中不带括号的文字），文字样式为"工程字"，字高为 5mm。

4）在菜单栏中选择"绘图"→"块"→"定义属性"（或输入 Att）命令，弹出"属性定义"对话框，如图 4-8 所示。在该对话框中，输入属性标记、提示、默认值等内容，文字设置选择"正中"对正和"工程字"文字样式，文字高度设为 5mm（"图样名称"及"单位名称"文字高度设为 7mm），设置完成后单击"确定"按钮。

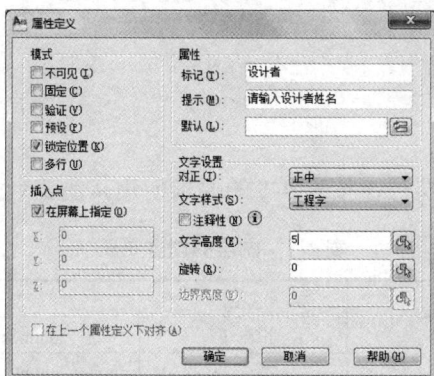

图 4-8　"属性定义"对话框

说 明

标题栏中带括号的文字都要依次定义块属性，属性标记即括号内文字，属性提示即输入时的提示信息，默认值可以不设。

5）当插入属性命令行提示"指定起点"时，利用光标拾取标题栏对应单元格正中间一点，系统将属性标记显示在相应位置。

6）重复选择"定义属性"命令，依次定义标题栏中其他属性文字。

7）在命令行输入 W 命令创建外部块，以标题栏右下角作为块的基点，选择整个标题栏对象，修改块保存路径，块文件名为 Titleblock，最后单击"确定"按钮。

小 练 习

绘制图 4-9 所示的标题栏，尺寸不用标注，然后用 W 命令创建成属性块。

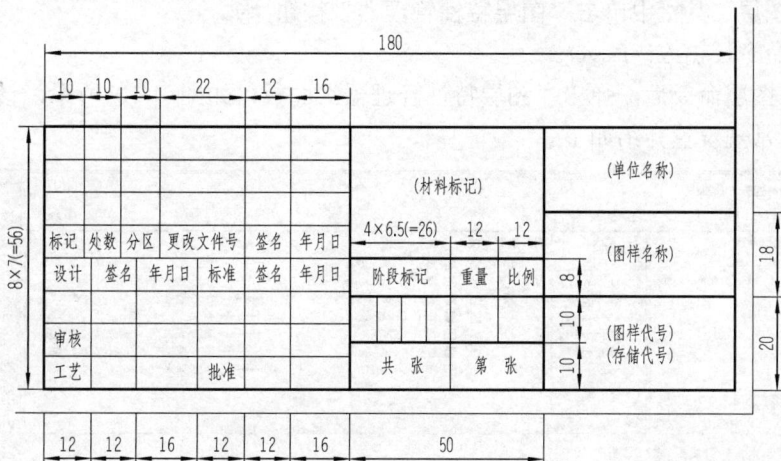

图 4-9　标题栏

任务3 设置图层

任务描述

除系统定义的两个图层外，按表 4-1 的要求创建其他 5 个图层。

表 4-1　图层的创建要求

图层用途	图层名	颜色	线型	线宽
系统定义	0	黑/白色	Continuous	默认
系统定义	Defpoints	黑/白色	Continuous	默认
粗实线	Cushixian	黑/白色	Continuous	0.5
细实线	Xishixian	红色	Continuous	0.25
中心（点画）线	Dianhuaxian	青色	Center	0.25
虚线	Xuxian	绿色	Dashed	0.25
尺寸线	Chicunxian	洋红	Continuous	0.25

任务操作

为方便复杂图形的绘制、编辑及输出，AutoCAD 允许建立不同的图层，使用不同的线型及颜色进行分层管理。

1. 创建并设置图层

打开图层特性管理器的命令方式如下：

1）在菜单栏中选择"格式"→"图层"命令。

2）在图层工具栏中单击"图层特性管理器"按钮 。

3）在命令行输入：Layer。

在输入图层命令后，弹出"图层特性管理器"面板，如图 4-10 所示，该面板中的基本操作及常规设置介绍如下。

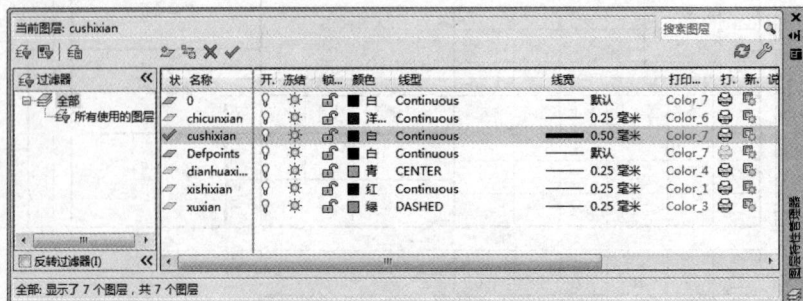

图 4-10　"图层特性管理器"面板

（1）新建图层

单击"新建图层"按钮 ，依次建立图层 1、图层 2……可在创建的同时为图层命名，图层名一般是中文汉字或拼音全拼，这样便于查看图层。

> **说 明**
>
> 图层名最多可以包括 255 个字符，中文字、字母、数字和特殊字符（如美元符号 \$、连字符-、下画线_）均可，但不能包含空格。

（2）删除图层

选中某图层后，单击"删除图层"按钮 ，可直接删除图层。

> **说 明**
>
> "0"层是 CAD 系统定义的，该图层不能删除或重命名。标注尺寸后，系统会自动生成 Defpoints 图层，该图层也不能删除，但可以重命名。还有当前图层、包含对象（如块定义中的对象）的图层及依赖外部参照的图层，都是不能删除的。

（3）设置当前图层

用户只能在当前图层上绘图，选中某图层后，单击"置为当前"按钮 即可。

（4）更改颜色

图层默认的绘图颜色为黑/白色，单击某图层的颜色块，弹出"选择颜色"对话框，如图 4-11 所示。通常选择第二调色板中既有编号又有名称的颜色。

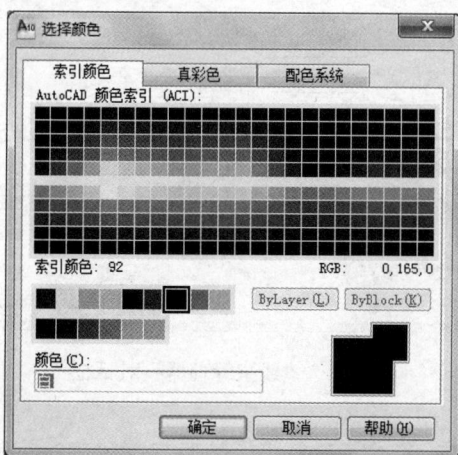

图 4-11　"选择颜色"对话框

（5）设置线型

图层默认线型为 Continuous，单击某图层中的线型名称，弹出"选择线型"对话框，如图 4-12（a）所示。该对话框列表中若没有所需的线型，则单击"加载"按钮，弹出"加载或重载线型"对话框，如图 4-12（b）所示。在该对话框中选择了需加载的线型后，单击"确定"按钮返回"选择线型"对话框，再选择对应线型，单击"确定"按钮完成线型更改。

AutoCAD 标准线型库中提供了约 45 种不同的线型,常用的线型有实线(Continuous)、虚线（Dashed）、点画线（Center）等。虚线、点画线等不连续线型都有长短、间隔不同的多种线型。在菜单栏中选择"格式"→"线型"命令,可弹出"线型管理器"对话框,如图 4-13 所示。单击"显示细节/隐藏细节"切换按钮,在显示细节界面,设置"全局比例因子"和"当前对象的缩放比例",可使不连续线型的间距大小合适。

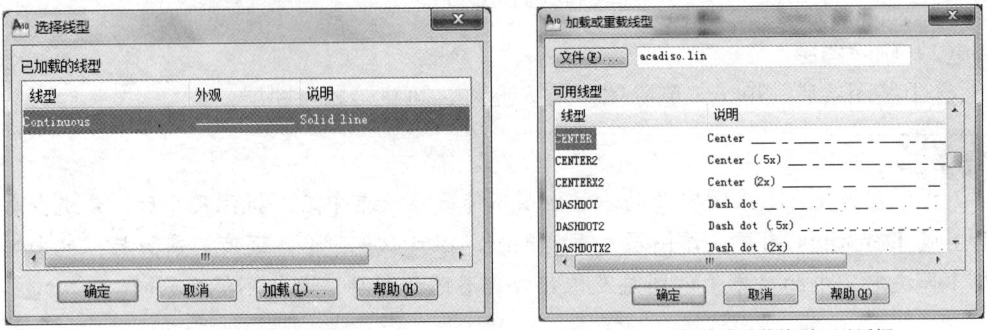

（a）"选择线型"对话框 　　　　　　　　（b）"加载或重载线型"对话框

图 4-12　线型的加载与选择

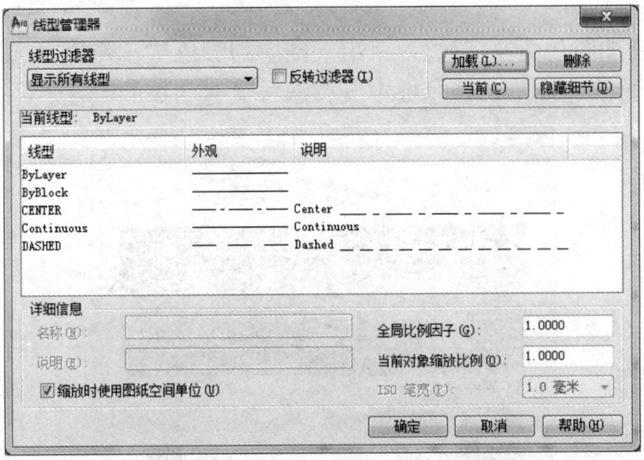

图 4-13　"线型管理器"对话框

提示

　　"全局比例因子"对图形中所有非连续线型有效,"当前对象缩放比例"可设置每个对象单独不同的比例,每个对象最终的线型比例因子=当前对象缩放比例×全局比例因子。

（6）更改线宽

新建图层默认的线宽都是"0.01in"即"0.25mm",单击某图层的线宽值,弹出"线宽"对话框,如图 4-14 所示,选择合适线宽（粗实线一般为 0.5～2mm）,单击"确定"

按钮即可更改线宽。

在菜单栏中选择"格式"→"线宽"命令，可弹出"线宽设置"对话框，如图 4-15 所示。在该对话框中，可以设置线宽的单位、线宽的默认值、线宽的显示比例等。如果兼顾显示与打印的效果，也经常设置粗实线的线宽为 0.7mm，细实线的线宽为 0.35mm，然后拖动滑块将线宽显示比例适当调小。

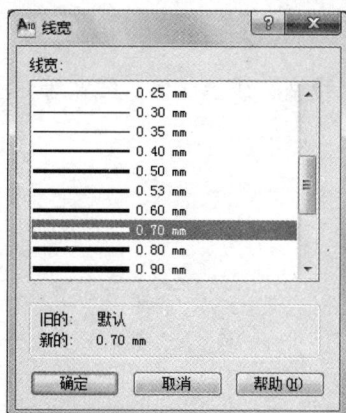

图 4-14　"线宽"对话框　　　　图 4-15　"线宽设置"对话框

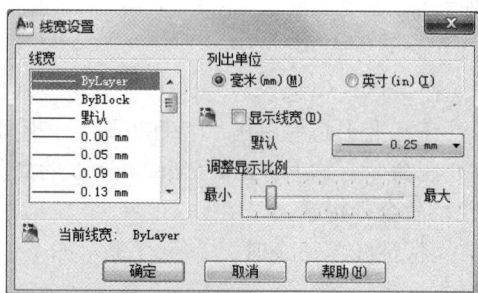

说明

线宽值为"0"的线型都将以指定打印设备可打印的最细线进行打印。

（7）设置打印

单击某图层的"打印机"图标，就可以选择打印或不打印该图层。

小技巧

新建图层时，系统默认继承上一个图层的设置。建议先建好所有图层（建一个命名一个），再对需要更改颜色、线型、线宽的图层进行个别更改，以提高效率。

2. 切换图层

直接从图层工具栏的下拉列表框中选择一个图层，如图 4-16 所示，该图层即被设置为当前图层，并显示在工具栏窗口上。

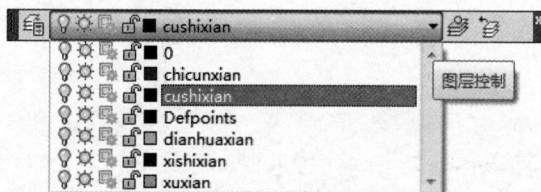

图 4-16　图层工具栏

说 明

通常在绘制图形轮廓时，先将粗实线层设置为当前层，其他少量图线也先按粗实线绘制。再选中图线，在图层工具栏下拉列表框中选择某图层，即可将图线移到该图层。若要在某图层上进行大量操作（如标注尺寸），则应该将该图层设置成当前图层。

3. 特性匹配

特性匹配能将选定对象的特性（包括颜色、图层、线型、线型比例、线宽等）应用到其他对象。

（1）命令方式

1）在菜单栏中选择"修改"→"特性匹配"命令。

2）在标准工具栏单击"特性匹配"按钮 ▣。

3）在命令行输入：Ma（Matchprop 的简化）。

（2）命令行提示

输入特性匹配命令时，命令行提示如下。

选择源对象：   //选择包含所需特性的源对象
当前活动设置：颜色 图层 线型 线型比例 线宽 厚度 打印样式 标注 文字 填充图案 多
    段线 视口 表格材质 阴影显示 多重引线
选择目标对象或 [设置(S)]：   //选择目标对象直接赋予全部特性

此时若输入选项 S，则弹出"特性设置"对话框，如图 4-17 所示，在该对话框中可以勾选需要特性匹配的复选框。

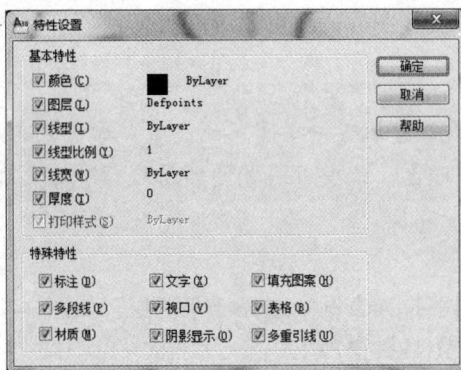

图 4-17 "特性设置"对话框

小技巧

选中源对象，再双击标准工具栏"特性匹配"按钮 ▣，然后连续单击目标对象，可一次性将源对象特性赋予多个目标对象，直到按 Esc 键退出。

相关知识

1. 图层的概念

在 AutoCAD 中，图层可以想象为厚度非常小的透明的薄片，通常将相同属性的对象画在同一图层上，多个图层叠在一起就形成一幅完整的图形。例如一幅完整的笑脸图形可以由 3 个图层叠加起来，如图 4-18 所示。

图 4-18　图层和图

图形中图层的数量没有限制，但太多的图层不便于图形的管理。一幅图形中所有的图层都具有相同的坐标系、绘图比例及图形界限。每一个图层能容纳的对象也是没有限制的，通常同一个图层使用同一种颜色、同一种线型。

2. 图层的状态

图层有以下几种状态开关，单击对应的图标就能进行循环切换。

（1）打开与关闭开关 💡

图层默认为打开状态，该图层上的对象可见，并且可以打印。当图层处于关闭状态时，该图层上的对象不显示。绘制复杂图形时，常将不编辑的图层暂时关闭，以降低图形的复杂性。

（2）冻结与解冻开关 ☀

图层默认为解冻状态，当前图层不能冻结。当图层冻结后，该图层上的对象不显示，不参与图形间的处理运算，也不会打印出来。将不编辑的图层暂时冻结，可以加快操作的运行速度。

（3）锁定与解锁开关 🔓

图层默认为解锁状态。当图层锁定时，该图层上的对象仍然显示，可以打印，也可绘制新的对象，但不能对其进行编辑修改，这样可防止重要的图形被修改。

（4）打印与不打印开关 🖨

图层默认为可打印状态，只能在"图层特性管理器"面板中控制图层上的对象是否被打印。即使处于可打印状态，所有关闭或冻结状态的图层也不会被打印。

┌─ 说 明 ───

　1）当前图层可以关闭或锁定，但不能冻结；反之，处于关闭或锁定状态的图层，可设为当前图层，但处于冻结状态的图层不能设置为当前图层。

└──

2）处于冻结、关闭和不打印状态的图层，其上的对象不会被打印出来。

3）图层关闭和冻结的区别是在图形的重新生成时，关闭的图层要参加运算，但冻结的图层不参加运算，这样可加快重新生成的速度。

4）在绘制不是特别复杂的图形时，没有必要设置图层状态，通常采用默认状态。

3. 图层管理对象

CAD 绘图时为便于管理，一般将同一线型的图线画在同一图层上，并且对象特性工具栏中颜色、线型、线宽都默认设置为随层（ByLayer）。当需要对某类图线进行修改时，只要设置对应的图层即可。

当然，在有些情况下，也可以按视图或按零件分图层分别放置在不同图层中，这样便于对某个视图或某个零件的图形进行整体操作。

特殊情况下，也可以对一个图层中的某些对象，通过对象特性工具栏中的下拉列表框选择不同的颜色、线型、线宽，这样就会在同一图层上画出不同颜色、线型、线宽的对象。但一般不建议这样设置，容易导致图层管理混乱。

📖 **知识连接**

1. 国家标准对机械图样中常用的几种线型的规定（表 4-2）

表 4-2　国家标准对机械图样中常用的几种线型的规定

图线名称	图线形式	图线宽度	主要用途
粗实线	——————————	d	可见轮廓线、可见过渡线
虚线	— — — — — — —	$d/2$	不可见轮廓线、不可见过渡线
细实线	——————————	$d/2$	尺寸线、尺寸界线、剖面线、引出线
点画线	—·—·—·—·—·—	$d/2$	对称中心线、轴线
双点画线	—··—··—··—	$d/2$	假想轮廓线、相邻辅助零件的轮廓线
波浪线	∿∿∿∿∿∿∿	$d/2$	断裂处的边界线、视图与剖视图的分界线

图线宽度 d 一般在 0.13mm、0.18mm、0.25mm、0.35mm、0.5mm、0.7mm、1mm、1.4mm、2mm……的系列中选择，通常 d 选 0.5~2mm，一般不小于 0.35mm。

2. 图线的画法注意事项

1）同一张图样中，同类图线的宽度应一致。

2）虚线、点画线、双点画线的相交处应该是线段，而不是点或间隔，如图 4-19 所示。

3）虚线在实线的延长线上时，虚线应留出间隙。

4）细点画线伸出图形轮廓的长度一般是 2~5mm，点画线很短时，允许用细实线代替。

5）图线重叠时，按粗实线、细实线、细点画线的顺序，前者先画的原则。

细虚线与粗实线相连
细虚线一侧留空隙

圆心应为线段相交

点画线的两端是"画"
超出图形2~5mm

细虚线"画"相交
不得留有空隙

用细实线代替细点画线

图 4-19　图线的画法规定

说　明

　　1）平面图形中的线段可分成 3 类，即已知线段（定形、定位尺寸齐全）、中间线段（只有定形尺寸和一个定位尺寸）和连接线段（只有定形尺寸，没有定位尺寸）。一般先绘制已知线段，再绘制中间线段，最后绘制连接线段。

　　2）建议绘图较快者提前学习任务 5.1 尺寸的类型及标注，标注尺寸以检查绘制图形的准确性，还可以提前了解尺寸文字的修改（用%%c 标注带ϕ的尺寸等），及尺寸样式中全局比例的设置与调整。

小 练 习

　　选择合适的图幅，画出图框和标题栏，新建并设置图层，绘制图 4-20～图 4-24 所示的简单的零件图。

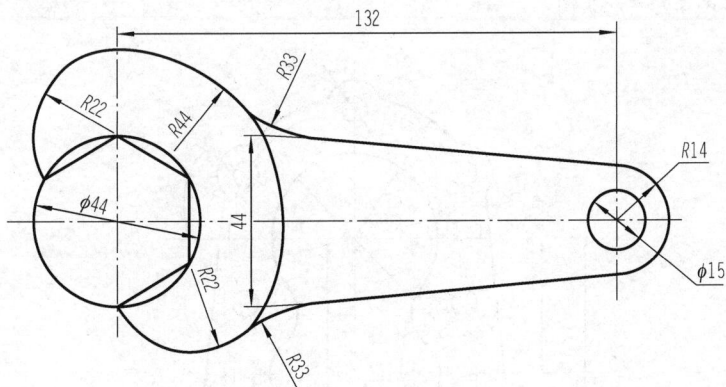

图 4-20　扳手

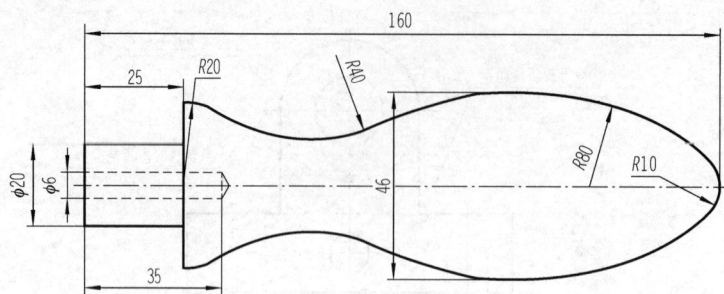

图 4-21　手柄

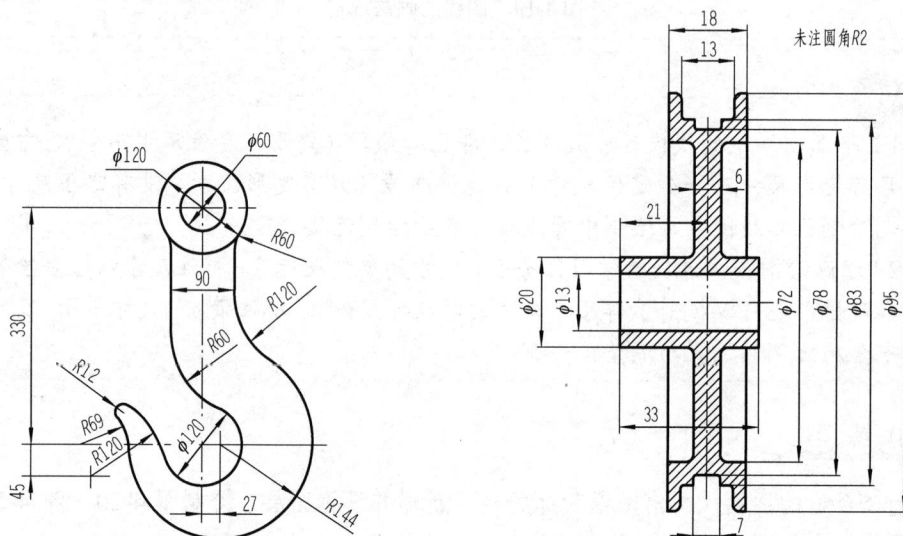

图 4-22　起重钩

图 4-23　带轮

图 4-24　练习图形

任务 4　布局基本视图

任务描述

先熟悉"相关知识"，再按照"任务操作"绘制叠加类、切割类组合体三视图。

任务操作

1. 绘制叠加类组合体三视图

如图 4-25 所示，CAD 中绘制组合体三视图与手工绘图基本方法相同，一般采用形体分析法，步骤如下。

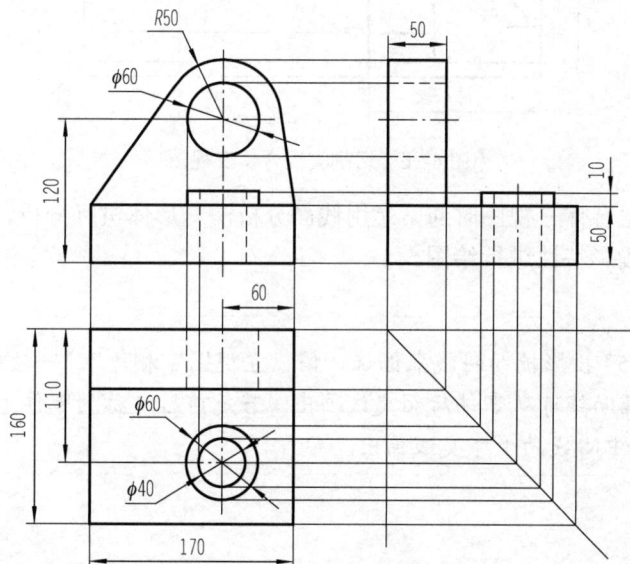

图 4-25　叠加类组合体三视图

1）将组合体按照其组合形式分解成若干个基本形体，分析各个基本形体的形状及相互间的相对位置和表面连接形式。

2）分析各基本形体的特点，分别画出三视图，每个基本形体都必须遵循"长对正、高平齐、宽相等"的三等投影规律。

3）分析各基本形体间表面的连接形式，表面共面或相切时无分界线；不共面或相交时，在对应的视图中画出分界线，最后完成组合体的三视图。

2. 绘制切割类组合体三视图

如图 4-26 所示，切割类组合体就是对基本体进行切割而形成的形体。绘制切割类组合体三视图时，通常先画出切割前完整的基本体视图；然后从特征视图开始画各切割部分，根据投影规律尽量几个视图同时绘制。

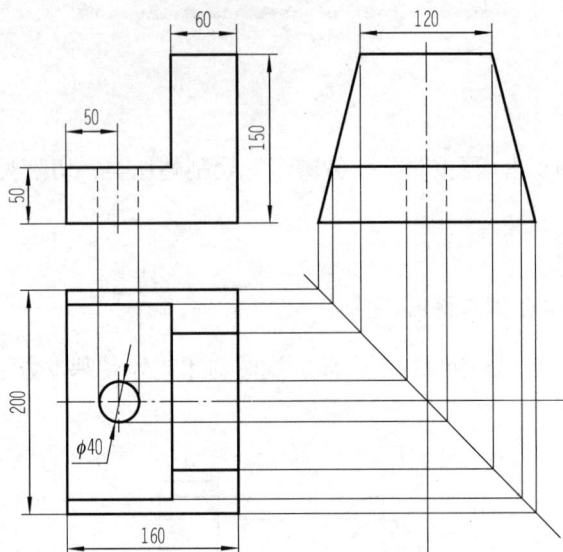

图 4-26　切割类组合体三视图

绘制切割类组合体三视图时通常运用线面分析法对形体进行分析，然后根据点、线、面及切割平面的投影特性进行绘图。

说　明

若要绘制 45° 投影辅助斜线来保证"俯、左视图宽相等"，一般前后不对称的零件（图 4-25），辅助线可从零件后面交线画出；若是前后对称的零件（图 4-26），辅助线可从零件对称中心线的十字交线画出。

相关知识

大部分复杂形体都是由若干个基本几何体组合而成的，故称为组合体。组合体的组合形式有叠加类、切割类、综合类三大类。

根据组合体的结构特点，假想将其分解为若干个基本形体，进而分析各形体之间的组合关系、相对位置及表面连接形式，最后综合想象出整体形状的方法称为形体分析法。形体分析法是绘图、读图及标注尺寸的基本方法。

在形体分析法的基础上，针对很难想象其空间结构的复杂线框，可采用线面分析法。线面分析法运用点、线、面的投影规律，读懂视图中点、线、线框的空间含义，该方法常用来解决看图的难点，也是读画切割类组合体的常用方法。

绘制图形的基本视图时，应先画特征视图，再根据投影规律画其他视图。视图之间遵循"主、俯视图长对正""主、左视图高平齐""俯、左视图宽相等"的三等投影规律（即"长对正、高平齐、宽相等"）。组合体的每一个基本形体在视图中也是遵循三等投影规律的。

CAD 绘图时，通常运用对象捕捉追踪来保证"长对正"和"高平齐"，而宽相等常通过绘制 45° 辅助斜线来保证。

注　意

本书中画出的一些投影辅助线主要用来表达视图的投影关系，建议作图时尽量少画、甚至不画辅助线，直接根据对象捕捉追踪或对应的尺寸来绘图。

知识连接

视图的表达方法有两种，即第一角投影法和第三角投影法。

（1）第一角投影法

即第一象限投影法是将物体置于第一象限内的投影法，由英国最先开始使用，再由德国、瑞士等欧洲各国相继采用。大多国际竞赛常由欧洲国家主办，因此常采用第一角投影法。这也是我国现行标准的视图表达方法，如图 4-27 所示。

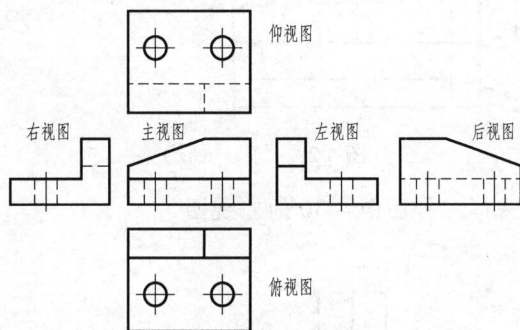

图 4-27　第一角投影法

（2）第三角投影法

即第三象限投影法是将物体置于第三象限内的投影法。该方法与人们观看物体位置的方向相同，比较容易理解，许多国家都采用这种画法，如图 4-28 所示。为了与国际接轨，我国现在也在推广第三角投影法。

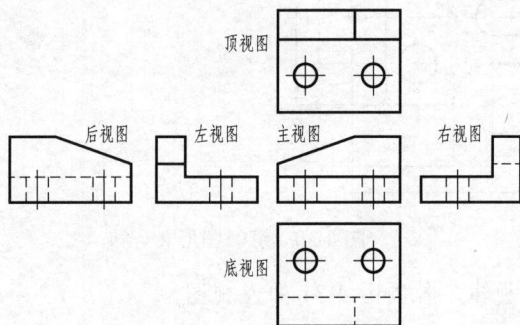

图 4-28　第三角投影法

小 练 习

1）根据视图投影规律，补画图 4-29 中的所有缺线。

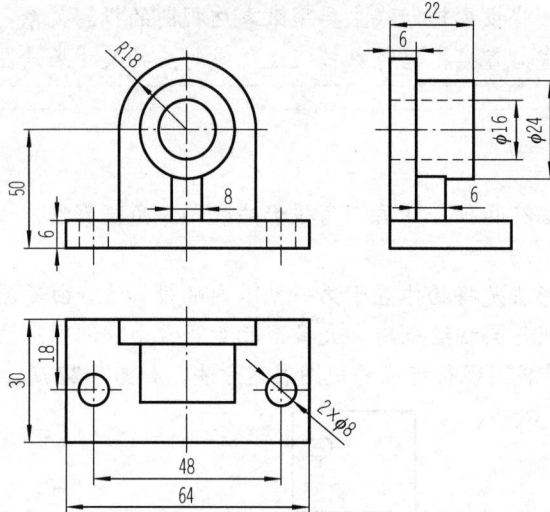

图 4-29　练习图形 1

2）根据视图投影规律，补画图 4-30 的左视图。

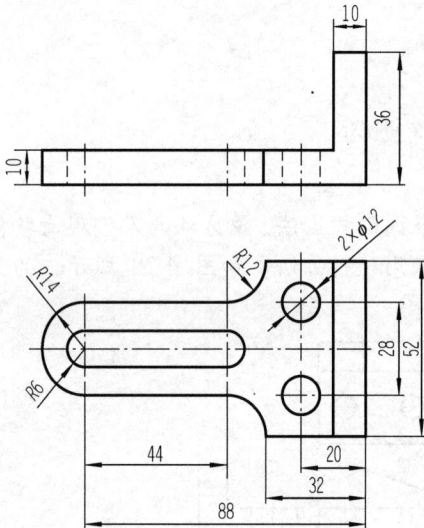

图 4-30　练习图形 2

3）根据视图投影规律，补画图 4-31 的左视图。

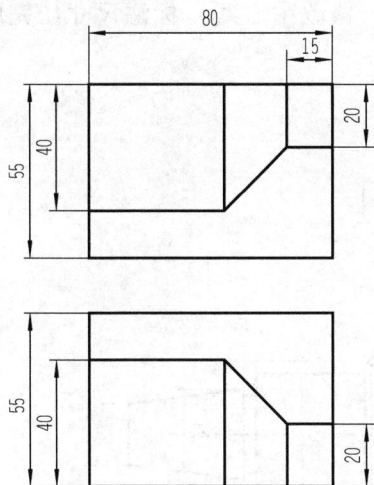

图 4-31　练习图形 3

任务 5　绘制简单零件图

任务描述

常见的机械零件可分为轴套类、轮盘类、叉架类和箱体类四大类。参照"任务操作"中绘制各类零件图的一般步骤及表格中的步骤示意图，进行绘图综合练习。

任务操作

1. 绘制轴套类零件图

轴套类零件图通常由一个主视图，几个断面图、局部放大图等组成，如图 4-32 所示，大致的绘图步骤如下。

1）绘制中心轴线：中心轴线可先按轴套总长绘制，便于图形布局画好轮廓后，拉长两端夹点超出图形轮廓 3-5mm。

2）绘制轴套类零件主视图上半部分轮廓线，可先画主轮廓，后补细节，尽量画得完整一点。

3）镜像上半部分轮廓线到下方，得到主视图基本轮廓。

4）就近在主视图一侧，按"高平齐"投影规律绘制断面图，画好后移动到合适位置。对于简单的断面图，可以直接在对应的位置按尺寸绘制。

5）补画图形其他细小结构，填充剖面线，修改中心线，标注尺寸，完成图形绘制。

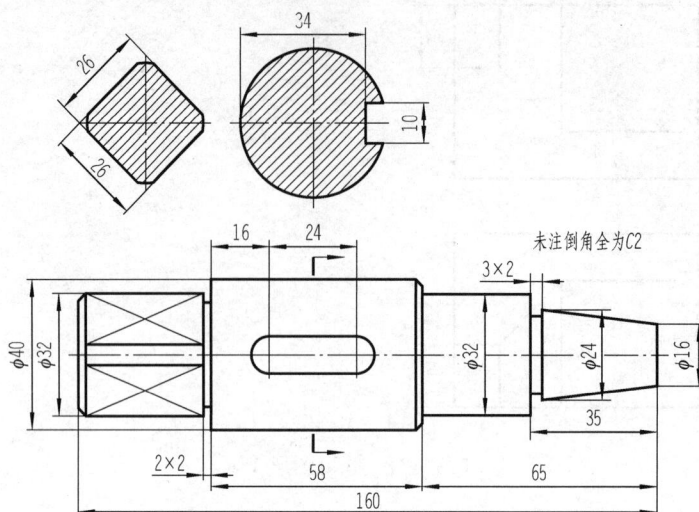

图 4-32　简单的轴类零件

其画法步骤示意图如表 4-3 所示，仅供参考。

表 4-3　绘制轴类零件图的画法步骤示意图

步骤	画法步骤示意图
第 1 步	
第 2 步	
第 3 步	
第 4 步	
第 5 步	

续表

步骤	画法步骤示意图
第6步	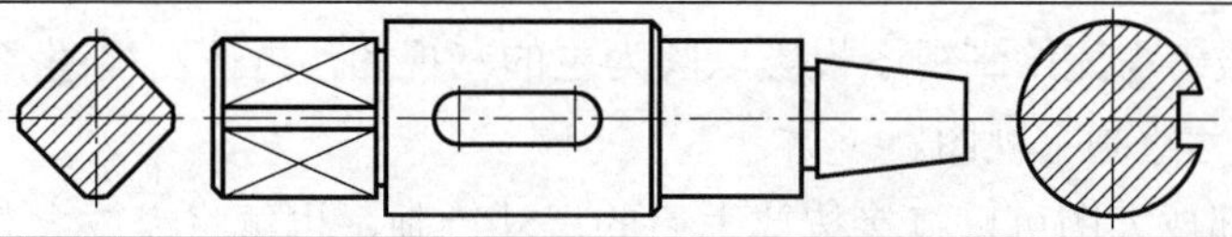

补充说明：

1）画轴上边缘轮廓时，可按半径变化连续绘制直线段，然后将轴段分界线通过拖动夹点或"延伸"命令延伸到中心线。若轴段半径差计算麻烦或遇到锥度线段，也可以先中断"直线"命令，将刚画的端点对象捕捉追踪到中心线，再从中心线开始按半径值向上画。

2）$\phi40$ 轴段键槽断面图可直接在主视图上方按尺寸绘制，而 $\phi32$ 轴段的方榫需要在主视图左侧按投影规律联合绘制。

3）主视图的键槽可绘制两个圆，画出上下两切线后修剪得到；也可画出上下两直线段，直接用"圆角"命令得到两侧半圆。

4）手工绘图时，要求先画出中心线或对称线，再画图形轮廓线。CAD 绘图时，可先画图形轮廓线，再通过对象捕捉及追踪等辅助功能，一次性完成中心线或对称线的补画，不需要修剪图线，从而提高作图效率。

2. 绘制轮盘类零件图

轮盘类零件图通常由主视图和左视图组成，有时还有局部放大图等，如图 4-33 所示，大致的绘图步骤如下。

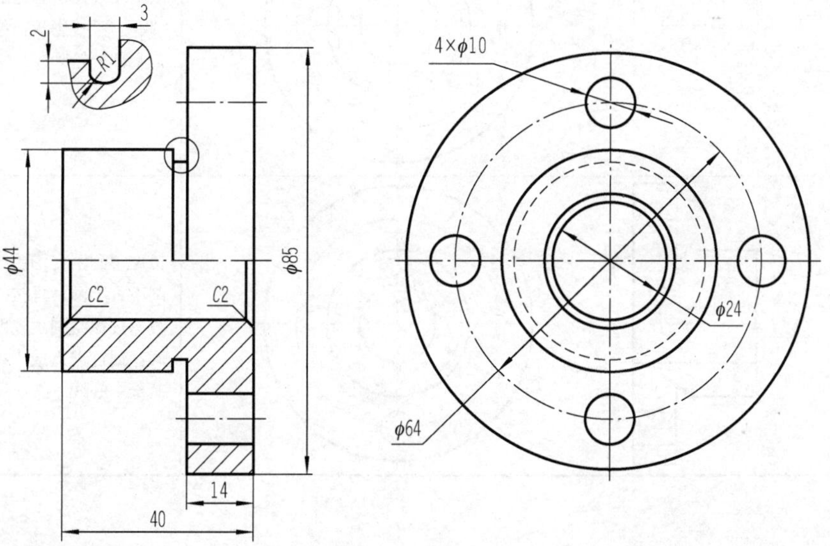

图 4-33　简单的盘类零件

1）绘制两个视图的中心线、中心圆，中心线长度可先按轮盘最大直径绘制，画好轮廓后，拉长两端夹点超出图形轮廓合适长度。

2）一般考虑先绘制视图投影以圆为主的左视图，再按左视图"高平齐"投影规律，根据轴向尺寸绘制主视图。

3）局部放大图可以直接按放大后的尺寸绘制，也可将需放大部分复制出来进行放大、修改。

4）补画图形其他细小结构，填充剖面线，修改中心线，标注尺寸，完成图形绘制。

其画法步骤示意图及简要说明如表 4-4 所示，仅供参考。

表 4-4　绘制轮盘类零件图的画法步骤示意图及简要说明

步骤	画法步骤示意图	简要说明
第1步	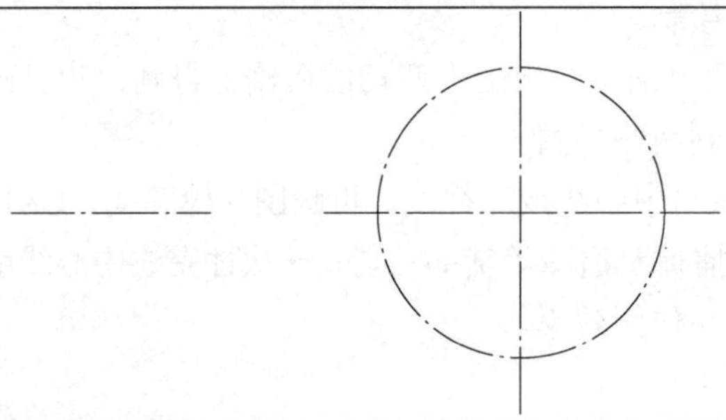	绘制左视图中心圆、中心线，再按"高平齐"投影规律绘制主视图中心线，可全部先按对应轮廓的实际尺寸绘制
第2步	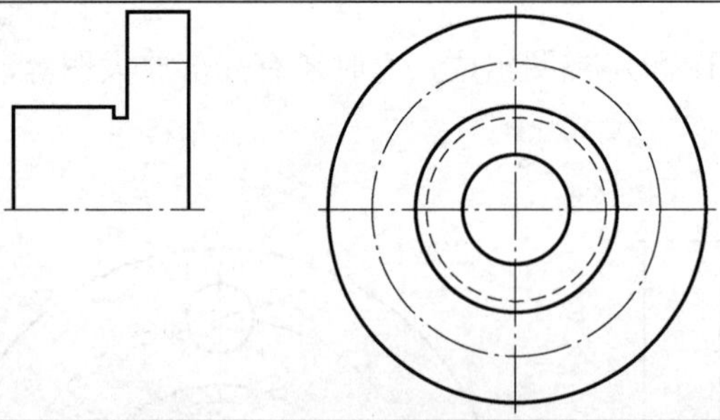	绘制左视图所有轮廓圆，并按"高平齐"投影规律绘制主视图上半部分轮廓线与中心线
第3步	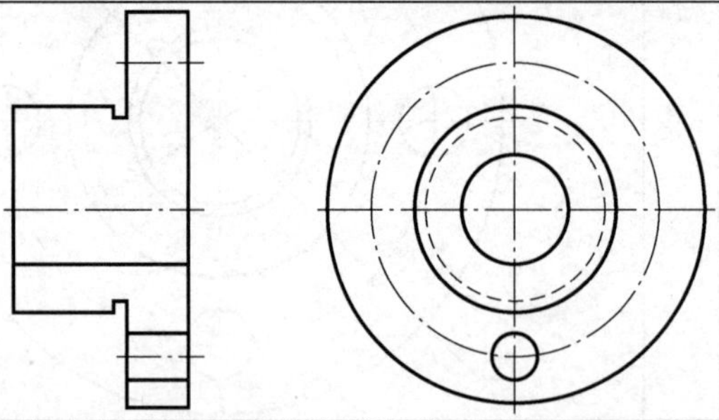	镜像得到主视图主要轮廓，绘制下方小圆，再按"高平齐"投影规律绘制主视图的圆孔轮廓；通过夹点或"拉长"命令延长中心线

续表

步骤	画法步骤示意图	简要说明
第4步	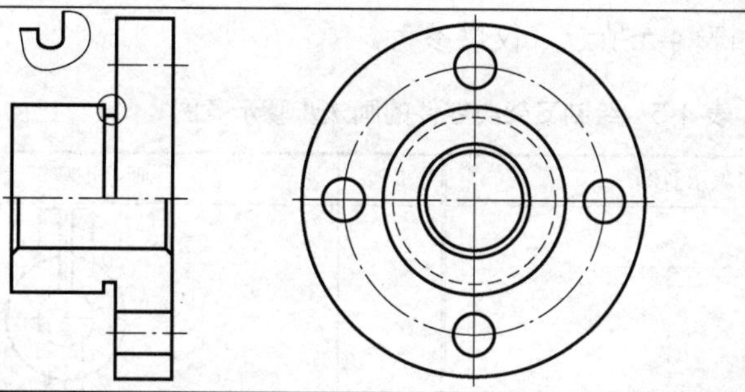	阵列左视图小圆孔，补画孔口倒角和环槽的局部放大图。最后填充剖面线，标注尺寸即可（局部放大图尺寸暂时通过修改尺寸文字标出）

3. 绘制叉架类零件图

叉架类零件图通常由一两个基本视图和局部视图、局部剖视图、斜视图等组成，如图 4-34 所示，大致的绘图步骤如下。

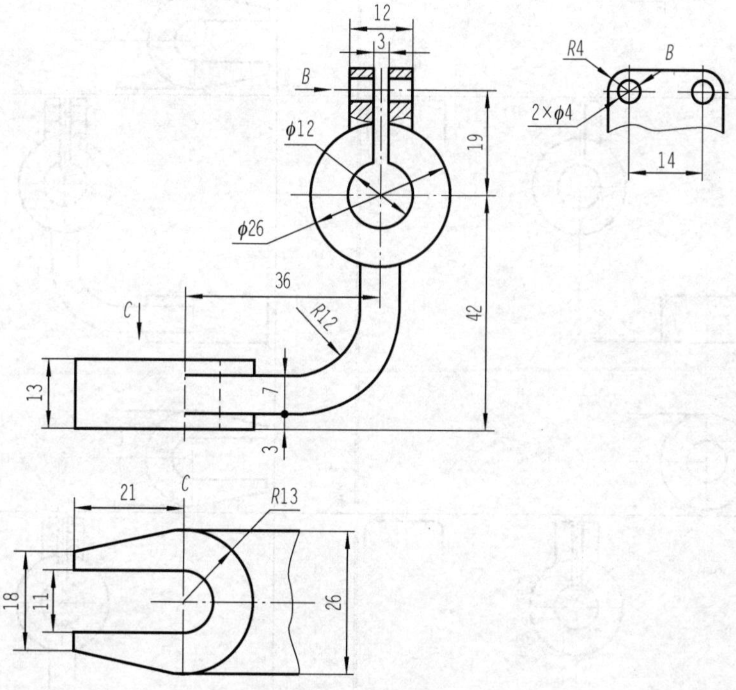

图 4-34　简单的叉类零件

1）绘制几个视图中长、宽、高 3 个方向的两条基准线或中心线，同样可先按实际尺寸画，便于图形布局。

2）从特征视图入手，采用形体分析法分解成几个基本形体。遵循从大到小、从粗到细的原则，每个基本形体从其特征视图入手，根据投影规律，几个视图联合绘制。

3）若有一些倾斜结构可以先按正画，然后旋转指定角度。

4）分析形体之间的连接关系，修改连接处的轮廓线条。

5）补画其他细小结构，填充剖面线，修改中心线，标注尺寸，完成图形绘制。

其画法步骤示意图如表 4-5 所示，仅供参考。

表 4-5　绘制叉架类零件的画法步骤示意图

步骤	画法步骤示意图	步骤	画法步骤示意图
第1步		第4步	
第2步		第5步	
第3步		第6步	

4. 绘制箱体零件图

箱体类零件图通常由多个基本视图和几个局部视图、向视图、局部剖视图等组成。如图 4-35 所示，其绘图的方法步骤与绘制叉架类零件图基本相似，大致如下。

1）绘制各个视图中长、宽、高 3 个方向的两条基准线或中心线，同样可先按实际尺寸画，便于图形布局。

2）从特征视图入手，采用形体分析法分解成几个基本形体。遵循从大到小、从粗到细的原则，每个基本形体从其特征视图入手，根据投影规律，几个视图联合绘制。

3）对于凸台、沉孔及其他相同结构，尽量使用复制、镜像、阵列等方法绘制。

4）分析形体之间的连接关系，修改连接处的轮廓线条。

5）补画其他细小结构，填充剖面线，修改中心线，标注尺寸，完成图形绘制。

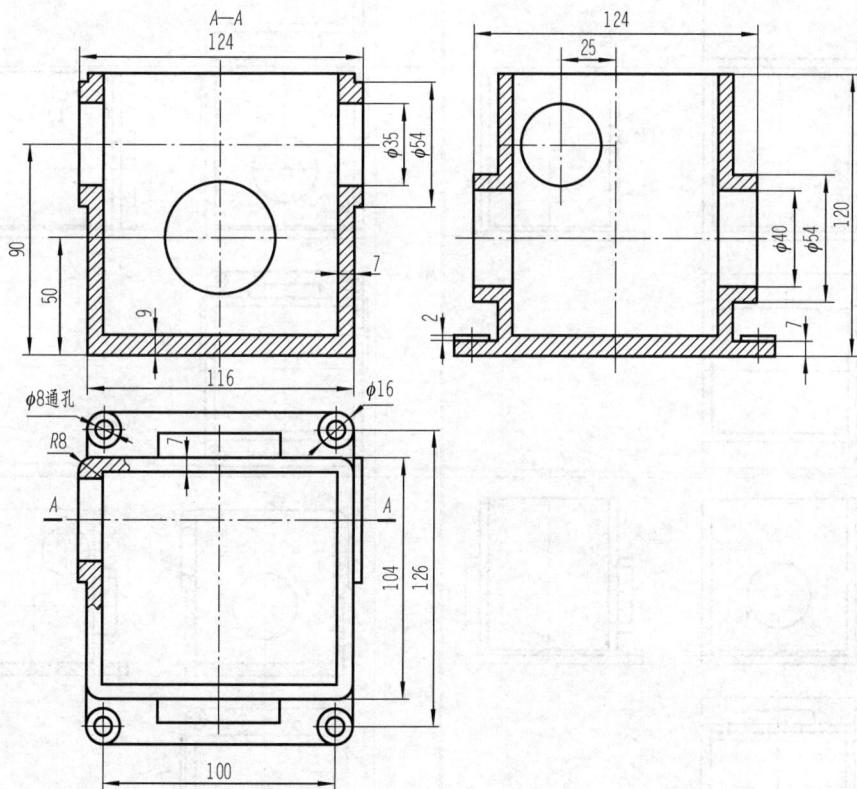

图 4-35　简单的箱体类零件

说明

箱体类零件图通常有多个视图，识图能力较强者为节省时间，对俯视图、左视图可不作 45° 投影辅助线，直接按宽度尺寸绘制相关结构，辅助线尽量少画，甚至不画。

其画法步骤示意图如表 4-6 所示。

表 4-6 绘制箱体类零件图的画法步骤示意图

步骤	画法步骤示意图	步骤	画法步骤示意图
第1步		第4步	
第2步		第5步	
第3步		第6步	

任务6　打 印 出 图

任务描述

1）打开给定图形（或直接绘制），创建一个来自样板的 A3 横向布局。如图 4-36 所示，按 1∶1 布局基本视图，然后添加一个视口（隐藏视口线），按 1∶2 显示轴测图。

2）在模型空间设置图形界限，绘制图幅、图框，然后在"打印-模型"对话框中选择打印机及图纸尺寸，尝试按范围、按窗口进行打印预览。

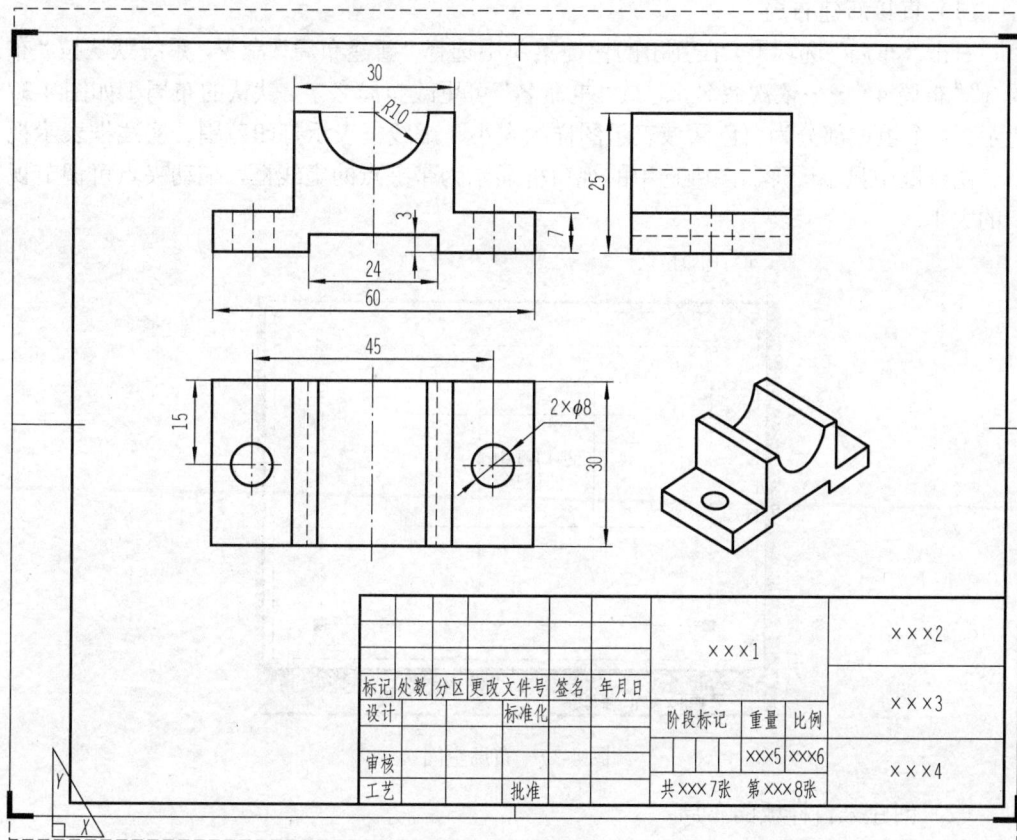

图 4-36　多视口布局

任务操作

1. 切换到布局空间

命令区上方有"模型""布局 1""布局 2" 3 个选项卡，单击标签即可切换。模型空间和布局空间说明如下：

1）模型空间主要用于设计，通常在模型中按 1∶1 绘制二维图形或三维造型（即模型空间作图）。"模型"选项卡不能删除，也不能重命名。

2）布局空间主要用于打印出图，可以理解为覆盖在模型空间上的一层不透明的虚拟图样，"创建视口"（开窗）即可从图样空间观察模型空间的内容（即图样空间布局）。"布局 1"和"布局 2"选项卡可以删除、重命名，也可以新建布局且个数无限制，每个布局代表一张单独的可打印图样，可分别设置。

2. 创建布局

创建布局的方法有 3 种，即新建布局、来自样板的布局和创建布局向导。

（1）直接新建布局

右击"布局"选项卡，在弹出的快捷菜单中选择"新建布局"命令，系统默认按"布局 3""布局 4"……依次命名，通过"重命名"可更改布局名字。默认的布局 1 如图 4-37 所示，4 个组成部分为白色区域表示图样的大小、虚线框表示打印范围、实线框表示视口、视口框中显示图形。图中选中的视口框显示为带夹点的虚线框，拖动夹点可调节视口的大小。

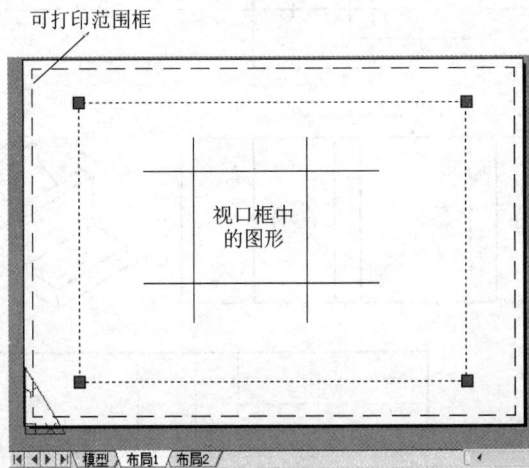

图 4-37　布局空间

（2）创建来自样板的布局

右击"布局"选项卡，在弹出的快捷菜单中选择"来自样板"命令，可以利用系统提供的样板来创建布局，如图 4-38 所示。一般选择大小合适的、带图框和标题栏的 GB（国家标准）样板。布局样板中已有的标题栏是可以删除的，可用图块的形式插入标题栏。

（3）按向导创建布局

在菜单栏中选择"插入"→"布局"→"创建布局向导"（或"工具"→"向导"→"创建布局"）命令，弹出"创建布局-开始"对话框，如图 4-39 所示，向导的创建方法简单明了，按步骤设置即可。

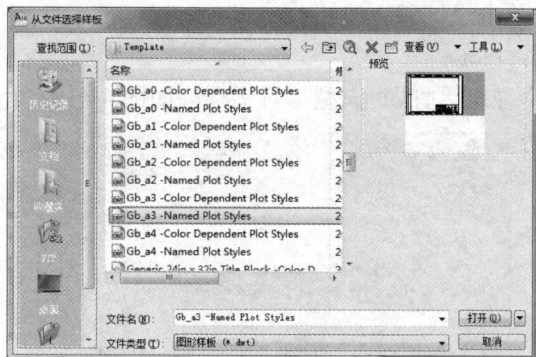

图4-38 选择图形样板

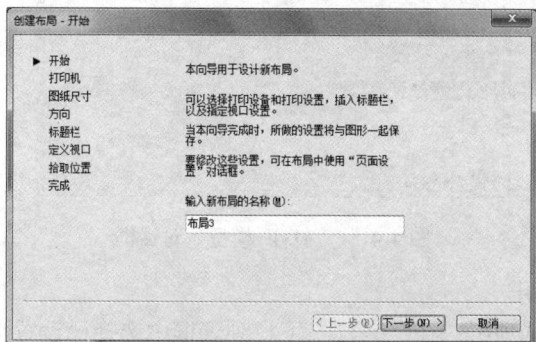

图4-39 "创建布局-开始"对话框

3. 视口操作

用户创建的布局，默认情况下只有一个视口，以一种比例显示图形。可根据需要创建多个视口，每个视口以不同的比例显示基本视图、三维图或轴测图、标题栏等，如图4-36所示。

对视口操作，通常先新建一个图层用于绘制及隐藏视口线。再打开视口工具栏（图4-40），其中，"单个视口"或"多边形视口"按钮用来绘制视口，"将对象转换视口"按钮能将已绘制的对象转换为视口。为保证输出图形比例准确且符合国家标准要求，先单击视口框线选中视口，再在视口工具栏中的下拉列表框中选择比例。

4. 从模型空间输出图形

当所有图形都是单一地按1:1打印输出时，就可以在模型空间按1:1绘制图形，并直接按国家标准绘制相应的图幅、图框和标题栏（或直接插入图框、标题栏属性块），合理布局图形后，在模型空间打印图样。

（1）"打印"的命令方式

1）在菜单栏中选择"文件"→"打印"命令。

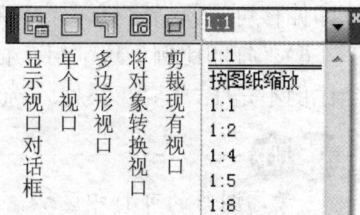

图4-40 视口工具栏

2）在标准工具栏单击"打印"按钮 🖶 。

3）在命令行输入：Plot。

输入打印命令就会弹出"打印-模型"对话框，如图 4-41 所示。

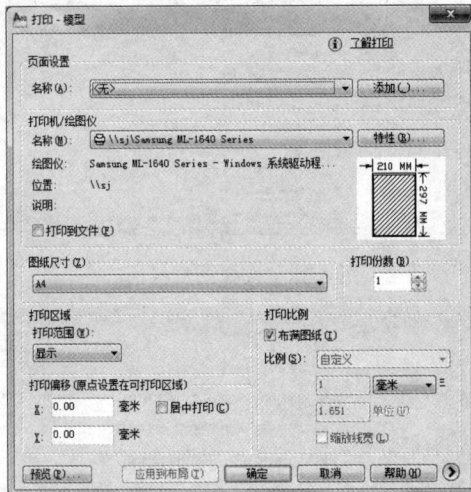

图 4-41　"打印-模型"对话框

（2）打印设置说明

1）"页面设置"选项组：在"名称"下拉列表框中选择已设置页面，或添加新页面。

2）"打印机/绘图仪"选项组：在"名称"下拉列表框中选择设备，下方会显示选中设备的注释信息。若需修改当前设备参数，则单击"特性…"按钮弹出"绘图仪配置编辑器"对话框，可进行打印设备与文档的相关设置。

3）"图纸尺寸"选项组：在下拉列表框中选择当前设备可输出的标准图纸大小。

4）"打印区域"选项组："打印范围"下拉列表框中 4 个选项的含义如下。

① 显示：打印屏幕显示的图形。

② 图形界限：打印 Limits 命令设定的图形界限。

③ 范围：打印所有图形对象。

④ 窗口：打印在绘图区选取的区域，选择打印范围为"窗口"时，单击右侧的 ▣窗口⑽< 按钮可返回绘图区指定打印区域。

5）"打印偏移"选项组：CAD 默认从图纸左下角坐标（0，0）处打印图形，通过打印偏移可重新指定打印原点 X、Y 方向的坐标偏移量；也可以居中打印。

6）"打印比例"选项组：按图纸空间自动缩放布满图纸，或选择需要的打印比例，当比例不是 1：1 时，最好勾选"缩放线宽"复选框。

> **说明**
>
> 考虑图纸的可打印区域，一般将打印偏移量 X 设为 -0.14mm、Y 设为 -1.36mm，打印比例设为 1：1.02。

7）"预览"按钮：为避免浪费图纸，应养成打印预览的习惯，发现设置不合适时可按 Esc 键或 Enter 键，返回"打印"对话框重新调整。

8）"应用到布局"按钮：将打印设置保存到当前布局，以备后用。

9）"确定"按钮：直接开始打印（也可在预览状态界面单击工具栏中的"打印"按钮）。

📖 **知识连接**

1. 比例的概念

比例：指图样上的图形与其实物相应要素的线性尺寸之比。比值等于 1、比值大于 1、比值小于 1 的比例分别称为原值比例、放大比例、缩小比例。图形中标注的尺寸必须是实物的实际大小，与图形的比例无关。

2. 比例系数

绘制图样时，优先采用的比例系数为原值比例 $1:1$；放大比例 $2:1$、$5:1$、$1 \times 10^n:1$、$2 \times 10^n:1$、$5 \times 10^n:1$；缩小比例 $1:2$、$1:5$、$1:1 \times 10^n$、$1:2 \times 10^n$、$1:5 \times 10^n$。其他比例系数尽量少用，用到时应依照国家标准规定。

思考与练习

一、填空题

1. 设置绘图界限使用＿＿＿＿＿命令，开启＿＿＿＿＿能看到绘图界限范围。

2. 基本图幅一共有＿＿＿＿＿、＿＿＿＿＿、＿＿＿＿＿、＿＿＿＿＿、＿＿＿＿＿五种。

3. 绘制图框有两种类型，分别是＿＿＿＿＿和＿＿＿＿＿两种。

4. 设置不连续线型比例因子可使用菜单栏中的＿＿＿＿＿命令。

5. 三视图三等关系分别是＿＿＿＿＿、＿＿＿＿＿、＿＿＿＿＿。

二、选择题

1. 在 CAD 中图层命名时，图层名不能包括（　　）。
   A. 中文字　　　　　　　　　　　　B. 字母与数字
   C. 空格　　　　　　　　　　　　　D. $、-、_ 等特殊字符

2. 要使图形对象不显示，也不参与图形之间的处理运用，应该将图层（　　）。
   A. 关闭　　　　　　　　　　　　　B. 冻结
   C. 锁定　　　　　　　　　　　　　D. 置于当前图层

3. 要始终保持对象的颜色与图层的颜色一致，对象的颜色应设置为（　　）。
   A. ByLayer　　　B. ByBlock　　　C. Color　　　D. Red

4. 发现 DASHED 线型所画的线显示效果类似实线，可用（　　）命令来设置线型

的比例因子。

    A．Linetype   B．Ltype   C．Factor   D．Ltscale

5．（   ）图层名不会被改名或被删除。

    A．Standard   B．0   C．Unnamed   D．Default

三、判断题

1．一般应将绘图线型、线宽及颜色均设成"随层（ByLayer）"方式。   （   ）

2．标注尺寸后，系统生成的 Defpoints 图层不能删除，也不可以改名。   （   ）

3．用户可以定义任意数量的图层。   （   ）

4．关闭某一图层后，在重新生成图形时要参加对象的运算。   （   ）

5．锁定某一图层后，该图层上的图形对象不可见。   （   ）

四、综合绘图练习

    运用所学的绘图技巧，按国家标准绘制合适的图幅、图框和标题栏，再绘制图 4-42～图 4-51 所示的各个零件图。

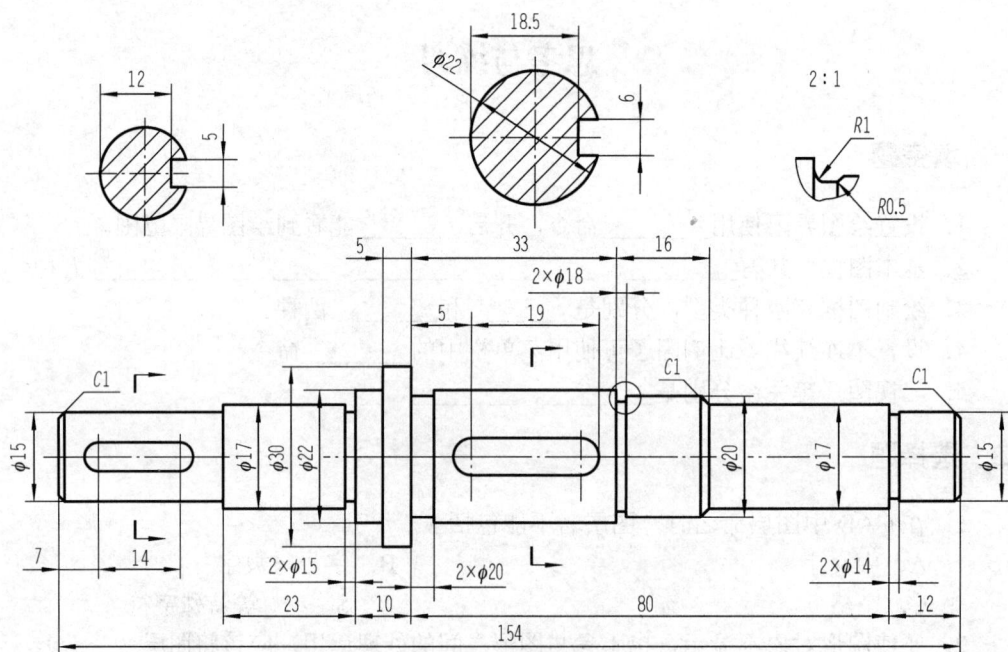

图 4-42   练习图形 1

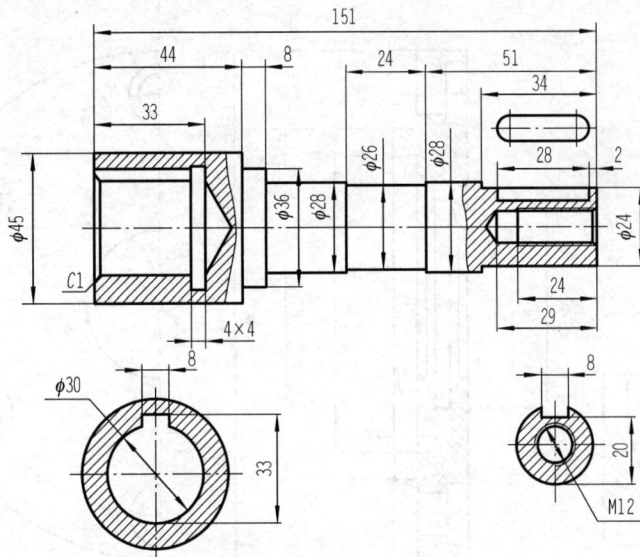

图 4-43　练习图形 2

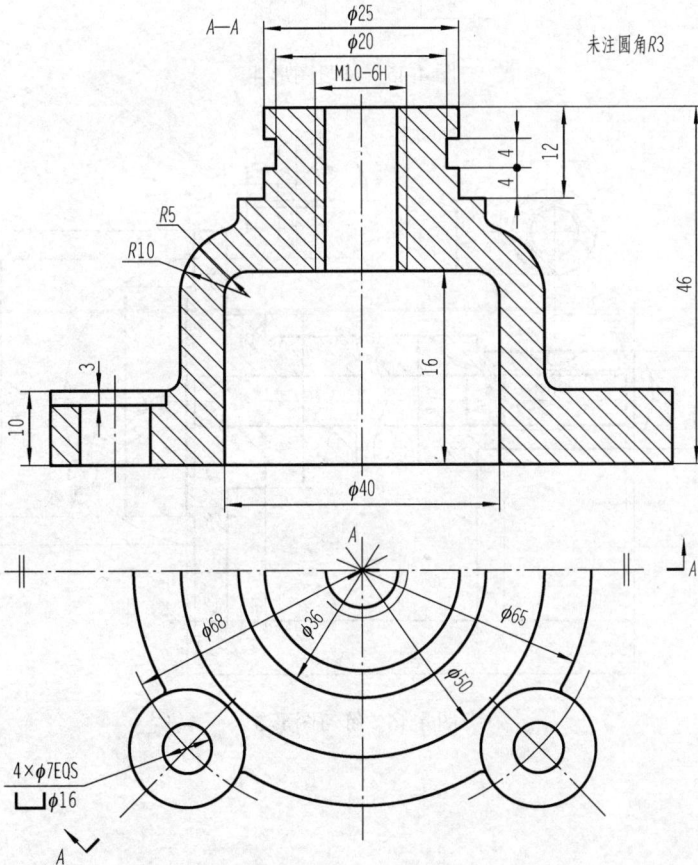

图 4-44　练习图形 3

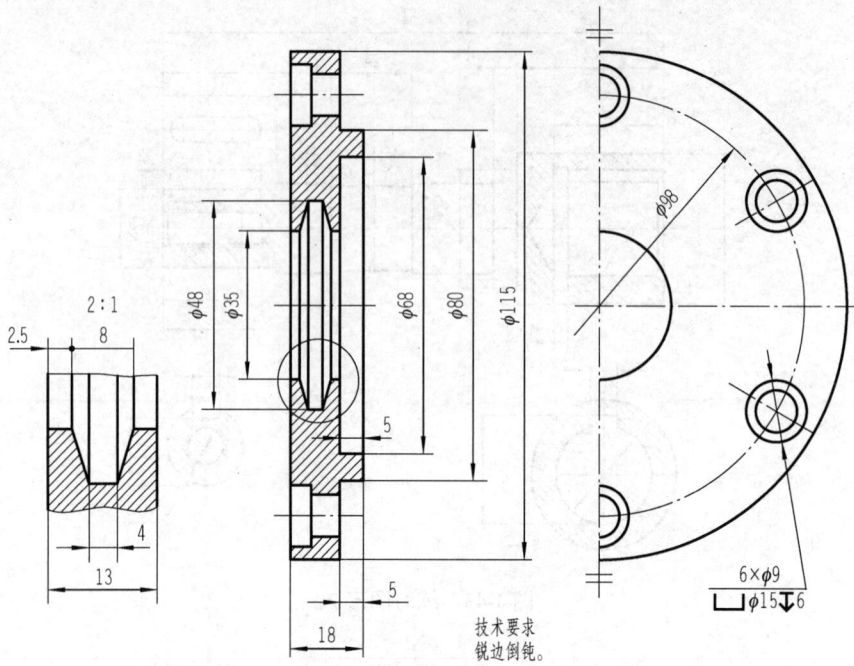

图 4-45　练习图形 4

技术要求
锐边倒钝。

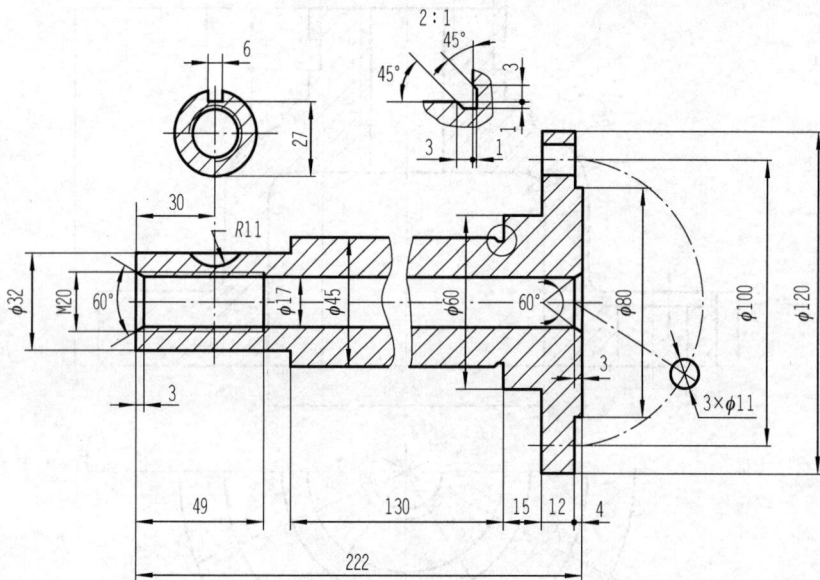

图 4-46　练习图形 5

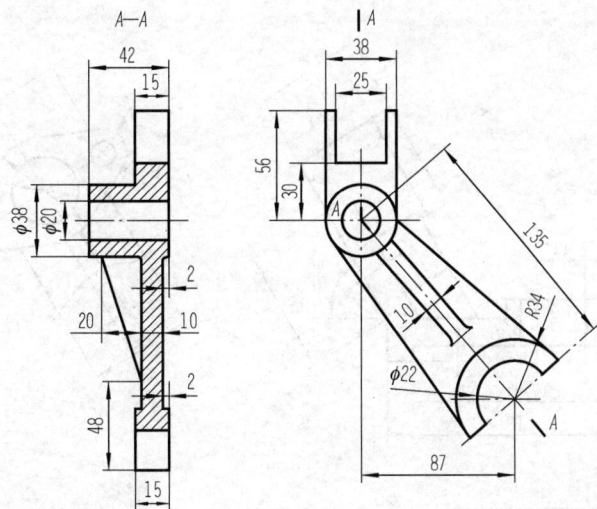

图 4-47　练习图形 6

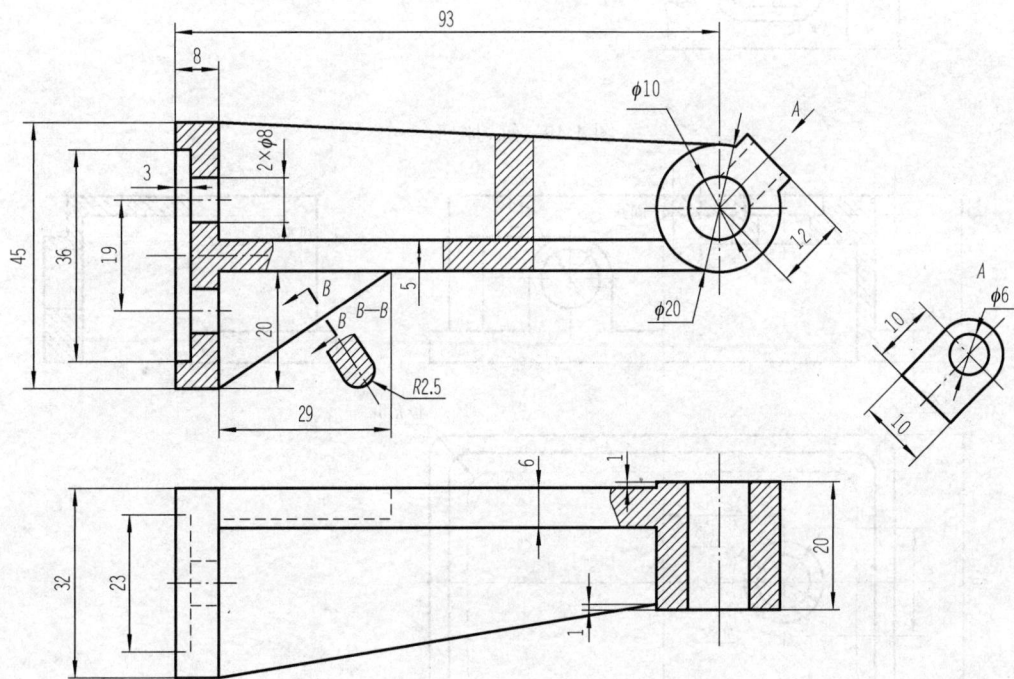

图 4-48　练习图形 7

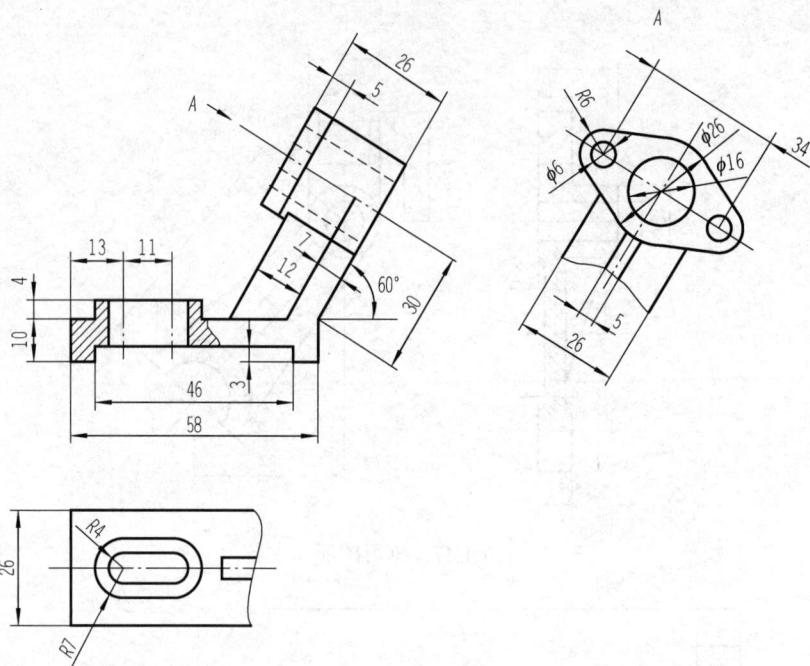

图 4-49　练习图形 8

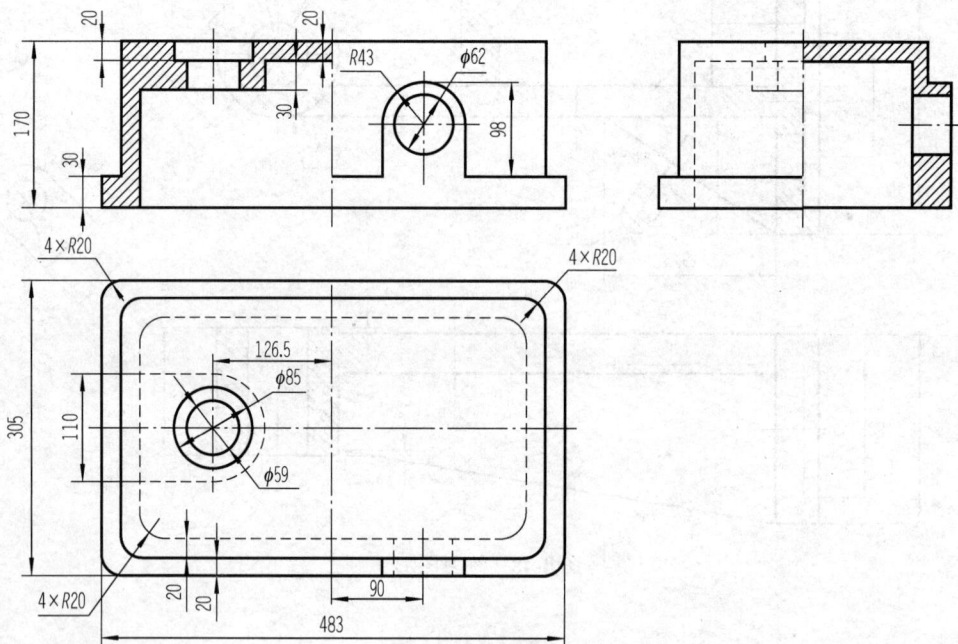

图 4-50　练习图形 9

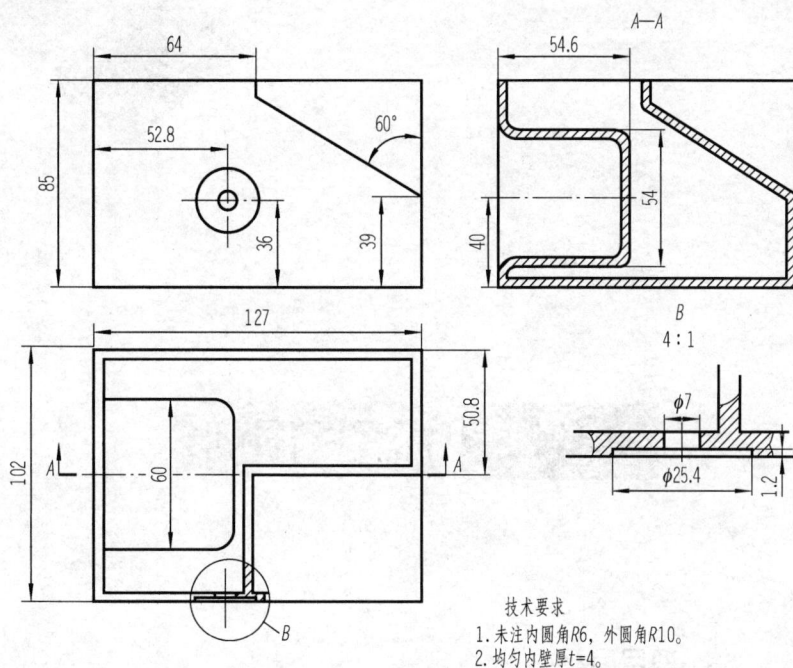

A—A

B
4 : 1

技术要求
1. 未注内圆角R6, 外圆角R10。
2. 均匀内壁厚t=4。

图 4-51 练习图形 10

五、视图绘制和布局

如图 4-52 所示，给定轴测图绘制三视图，然后创建合适的布局，按 1：1 比例布局三视图；再新建视口，按 1：2 比例布局轴测图，最后进行合理排版和打印的相关设置。

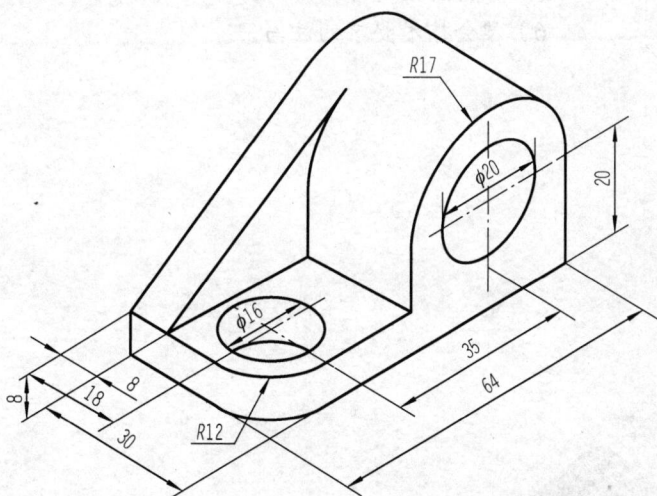

图 4-52 练习图形

项目 5 标 注 图 形

项目目标

1）掌握基本尺寸的标注和尺寸样式的使用。

2）掌握带公差尺寸的标注方法。

3）学会用带属性的块标注表面粗糙度。

4）掌握形位公差的标注方法。

5）学会其他符号的标注。

6）学会技术要求的注写。

任务 1　标注基本尺寸

任务描述

如图 5-1 所示，快速绘制图形并进行尺寸标注。尺寸类型的说明文字及参考坐标（0，0）不用注写；$\phi20$ 直径用快速标注，并标记其圆心及坐标；再编辑任一尺寸的文字位置。

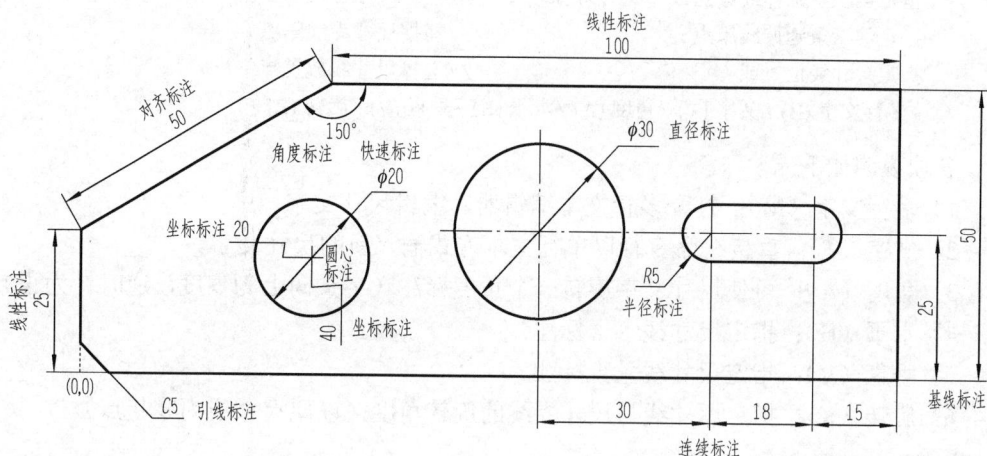

图 5-1　尺寸标注图形

任务操作

尺寸标注有两种方法：

1）选择菜单栏"标注"下拉菜单中的对应标注命令，如图 5-2 所示。

2）使用标注工具栏的对应按钮，如图 5-3 所示。

常用的尺寸标注有线性标注、对齐标注、半径标注、直径标注、角度标注、快速标注、基线标注、连续标注、公差标注、圆心标注等。标注尺寸前，通常需先新建一个尺寸线图层。

1. 标注线性尺寸

（1）命令方式

1）在菜单栏中选择"标注"→"线性"命令。

2）在标注工具栏单击"线性"按钮。

3）在命令行输入：Dli（Dimlinear 的简化）。

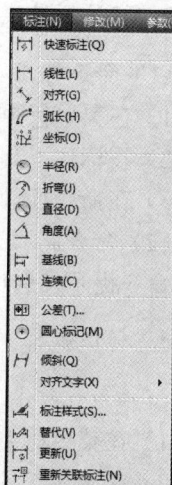

图 5-2　"标注"下拉菜单

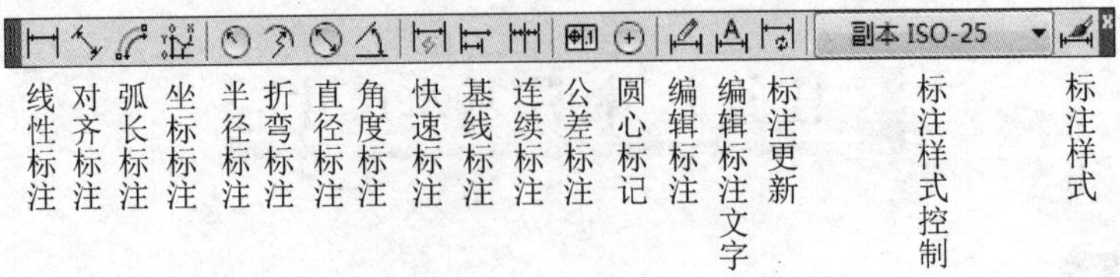

图 5-3　标注工具栏

（2）命令提示

输入线性标注命令时，命令行提示如下：

指定第一条延伸线原点或 <选择对象>：　　　//捕捉尺寸界线第 1 点
指定第二条延伸线原点：　　　　　　　　　//捕捉尺寸界线第 2 点
指定尺寸线位置或　　　　　　　　　　　　//选择尺寸线放置点
[多行文字(M)/文字(T)/角度(A)/水平(H)/垂直(V)/旋转(R)]：

各项说明如下。

1）多行文字（M）：打开多行文本编辑器，编辑尺寸文字。

2）文字（T）：直接在命令行以单行文本方式输入新的尺寸文字。

3）角度（A）：可使尺寸文字旋转一个角度标注（字头向上为零度，逆时针为正）。

4）水平（H）：指定尺寸线水平标注。

5）垂直（V）：指定尺寸线垂直标注。

6）旋转（R）：指定尺寸线与尺寸界线的旋转角度（以原尺寸线为零起点）。

> **说　明**
>
> 在线性标注第 1 步，按 Space 键将提示直接选定对象进行快速标注，可以提高标注速度。

2. 标注倾斜尺寸

（1）命令方式

1）在菜单栏中选择"标注"→"对齐"命令。

2）在标注工具栏中单击"对齐"按钮 ⬚。

3）在命令行输入：Dal（Dimaligned 的简化）。

（2）命令提示

命令提示及选项内容与线性标注相同。

3. 标注弧长

（1）命令方式

1）在菜单栏中选择"标注"→"弧长"命令。

2）在标注工具栏中单击"弧长"按钮 ⬚。

3）在命令行输入：Dar（Dimarc 的简化）。

（2）命令提示

输入弧长标注命令时，命令行提示如下：

> 选择弧线段或多段线弧线段： //选择要标注的圆弧
> 指定弧长标注位置或[多行文字(M)/文字(T)/角度(A)/部分(P)]：

各项说明如下。

1）前面三个选项与线性标注类似，尺寸数字上面自动加圆弧符号。

2）部分（P）：需要在圆弧上指定两点，标注部分圆弧长度。

4. 标注坐标

（1）命令方式

1）在菜单栏中选择"标注"→"坐标"命令。

2）在标注工具栏中单击"坐标"按钮 。

3）在命令行输入：Dor（Dimordinate 的简化）。

（2）命令提示

输入坐标标注命令时，命令行提示如下：

> 指定点的坐标： //选择引线的起点
> 指定引线端点或[X 基准(X)/ Y 基准(Y)/多行文字(M)/文字(T)/角度(A)]：

各项说明如下。

1）X 或 Y 基准：可沿 Y 轴或 X 轴测量距离。

2）其他选项与线性标注类似。

5. 标注半径

（1）命令方式

1）在菜单栏中选择"标注"→"半径"命令。

2）在标注工具栏单击"半径"按钮 。

3）在命令行输入：Dra（Dimradius 的简化）。

（2）命令提示

输入半径标注命令时，命令行提示如下：

> 选择圆弧或圆： //选择要标注的圆弧或圆
> 指定尺寸线位置或[多行文字(M)/文字(T)/角度(A)]： //选项与线性标注类似

说 明

直接指定尺寸线位置，系统按测定尺寸数字前面加"R"标注。

6. 标注折弯半径

（1）命令方式

1）在菜单栏中选择"标注"→"折弯"命令。

2）在标注工具栏单击"折弯"按钮 ⟩。

3）在命令行输入：Djo（Dimjogged 的简化）。

（2）命令提示

输入折弯标注命令时，命令行提示如下：

```
选择圆弧或圆：                                  //选择要标注的圆弧或圆
指定中心位置替代：                              //指定圆心的替代位置
指定尺寸线位置或[多行文字(M)/文字(T)/角度(A)]：  //选项与线性标注类似
指定折弯位置：
```

说　明

　　折弯标注需指定大圆弧中心的替代位置、尺寸线放置位置和折弯位置等。折弯的角度可在标注样式中设置，默认为 45°。

7. 标注直径

（1）命令方式

1）在菜单栏中选择"标注"→"直径"命令。

2）在标注工具栏单击"直径"按钮 ◐。

3）在命令行输入：Ddi（Dimdiameter 的简化）。

（2）命令提示

输入直径标注命令时，命令行提示如下：

```
选择圆弧或圆：                                  //选择要标注的圆弧或圆
指定尺寸线位置或[多行文字(M)/文字(T)/角度(A)]：  //选项与线性标注类似
```

说　明

　　直接指定尺寸线位置，系统按测定尺寸数字前面加"ϕ"标注。如果输入 M 或 T 选项后，输入"%%c"替代"ϕ"（注意%%c 必须是英文半角）。

8. 标注角度

（1）命令方式

1）在菜单栏中选择"标注"→"角度"命令。

2）在标注工具栏单击"角度"按钮 △。

3）在命令行输入：Dan（Dimangular 的简化）。

（2）命令提示

输入角度标注命令时，命令行提示如下。

```
选择圆弧、圆、直线或 <指定顶点>：              //选择要标注的圆弧、圆或直线
选择第二条直线：
指定标注弧线位置或[多行文字(M)/文字(T)/角度(A)]：  //选项与线性标注类似
```

说　明

　　直接指定弧线位置，系统按测定角度数字加上标"°"标注。如果输入 M 或 T 选项后，输入 "%%d" 替代 "°"（注意%%d 必须是英文半角）。

　　9. 快速标注

（1）命令方式
1）在菜单栏中选择"标注"→"快速标注"命令。
2）在标注工具栏单击"快速标注"按钮。
3）在命令行输入：Qdim。

（2）命令提示
输入快速标注命令时，命令行提示如下：

```
关联标注优先级 = 端点
选择要标注的几何图形：              //选取几何图形,按 Enter 键或 Space 键结束选择
指定尺寸线位置或 [连续(C)/并列(S)/基线(B)/坐标(O)/半径(R)/直径(D)/基准点
  (P)/编辑(E)/设置(T)] <连续>: //输入选项进行标注,按 Enter 键按默认选项
```

说　明

　　快速标注是指系统能根据拾取到的几何图形自动判别标注类型并进行标注，包括线性尺寸、坐标尺寸、半径尺寸、直径尺寸和连续尺寸等。可一次性标注多个对象，也可以创建成组的标注。

　　10. 基线标注

（1）命令方式
1）在菜单栏中选择"标注"→"基线"命令。
2）在标注工具栏单击"基线"按钮。
3）在命令行输入：Dba（Dimbaseline 的简化）。

说　明

　　基线标注前，必须先标注一个尺寸（角度标注也可），默认共用第 1 条尺寸界线，尺寸数值只能使用内测值，不能重新指定。

（2）命令提示
输入基线标注命令时，命令行提示如下：

```
指定第二条尺寸界线原点或[放弃(U)/选择(S)]<选择>:
```

重复以上命令，直到按 Esc 键结束命令。
各选项说明如下。

1）放弃（U）：可撤销前一个基线尺寸。

2）选择（S）：重新指定基线尺寸第 1 条尺寸界线的位置。

11. 连续标注

（1）命令方式

1）在菜单栏中选择"标注"→"连续"命令。

2）在标注工具栏单击"连续"按钮 ⊞。

3）在命令行输入：Dco（Dimcontinue 的简化）。

- 说 明 -

连续标注前，必须先标注一个尺寸（角度标注也可），默认与第 2 条尺寸界线相接，尺寸数值只能使用内测值，不能重新指定。

（2）命令提示

输入连续标注命令时，命令行提示如下：

指定第二条延伸线原点或[放弃(U)/选择(S)]<选择>：

重复以上命令，直到按 Esc 键结束命令。

各项说明如下。

1）放弃（U）：可撤销前一个连续尺寸。

2）选择（S）：重新指定连续标注的尺寸界线。

12. 圆心标注

（1）命令方式

1）在菜单栏中选择"标注"→"圆心标记"命令。

2）在标注工具栏单击"圆心标记"按钮 ⊕。

3）在命令行输入：Dce（Dimcenter 的简化）。

（2）命令提示

输入圆心标记命令时，命令行提示如下：

选择圆弧或圆：　　　//选取圆或圆弧即可标注

- 说 明 -

圆心标记有无标记、中心线、十字线 3 种形式，标记的大小可在"标注样式"对话框的"符号与箭头"选项卡中设置。

13. 编辑标注

（1）命令方式

1）在标注工具栏单击"编辑标注"按钮 ⊿。

2）在命令行输入：Ded（Dimedit 的简化）。

（2）命令提示

输入编辑标注命令时，命令行提示如下：

> 输入标注编辑类型 [默认(H)/新建(N)/旋转(R)/倾斜(O)] <默认>:

各项说明如下。

1）默认（H）：选择需编辑的尺寸，按 Enter 键可将其回退到未编辑前的默认标注状态。

2）新建（N）：可先打开多行文字编辑器编辑尺寸，选择需更新的尺寸，按 Enter 键即可。

3）旋转（R）：可先指定尺寸文字的旋转角度，选择需编辑的尺寸，按 Enter 键即可。

4）倾斜（O）：选择需倾斜的尺寸，输入倾斜角度，按 Enter 键即可。

14．编辑尺寸文字

（1）命令方式

1）在菜单栏中选择"标注"→"对齐文字"下对应的子菜单命令。

2）在标注工具栏单击"编辑标注文字"按钮 ⚠ 。

3）在命令行输入：Dimtedit。

（2）命令提示

输入编辑标注文字命令时，命令行提示如下：

> 选择标注：　　//选择需要编辑的尺寸
> 为标注文字指定新位置或 [左对齐(L)/右对齐(R)/居中(C)/默认(H)/角度(A)]:
> 　　　　　　//输入选项对应的选项,或直接动态拖动标注文字到指定位置.

另外，选中某尺寸右击，在弹出的快捷菜单中也可调整标注文字的位置，如图 5-4 所示。

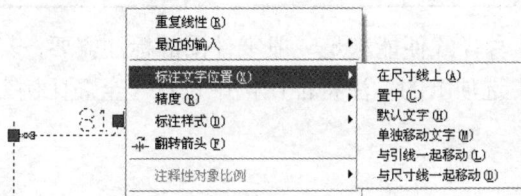

图 5-4　编辑标注快捷菜单

15．更新标注

（1）命令方式

1）在菜单栏中选择"标注"→"更新"命令。

2）在标注工具栏单击"标注更新"按钮 ⟲ 。

3）在命令行输入：-dimstyle。

（2）命令提示

输入标注更新命令时，命令行提示如下：

选择对象： //选择尺寸后按 Enter 键，即可将已选尺寸更新为当前样式.

任务 2 设置尺寸样式

任务描述

本任务需要掌握的样式设置如表 5-1 所示。

表 5-1 各种样式及其设置

样式名	需要进行的设置	用途备注
基础样式： 一般标注 └角度	1）尺寸界线超出尺寸线 3mm。 2）尺寸箭头大小：3mm（≥6d，d 为粗实线宽度），根据尺寸数字的大小可适当调整。 3）文字外观：工程字（数字、字母字体 gbenor.shx，汉字使用大字体 gbcbig.shx），字高 3.5mm（一般 A2、A3、A4 图纸选择尺寸文字字高 3.5mm）。 4）文字对齐：与尺寸线对齐。 5）调整：选择"箭头和文字"选项进行调整。 6）主单位中的比例因子：一般为 1（不按 1∶1 绘制的图形或局部放大图标注需设置比例因子）。 7）其他基于基础样式，按默认设置。 8）新建用于角度的标注：将文字对齐设置为"水平"，其他不变	适用于一般的尺寸标注，包括线性尺寸、角度尺寸、直径和半径的标注，尺寸数字与尺寸线对齐
水平标注	基础样式：一般标注。 用于：所有标注。 在"文字"选项卡中设置文字对齐方式为"水平"	适用于某些尺寸的水平标注，如一些直径或半径等
调整标注	基础样式：一般标注。 用于：所有标注。 在"调整"选项卡中选择"手动放置文字"选项	适用于尺寸数字不在尺寸线中间，需要手动放置文字时

通常，创建以上 3 种样式便能满足一般零件图的标注需要，若标注的尺寸总体大小不合适，可在"调整"选项卡的标注特征比例中设置"全局比例"。

任务操作

采用 CAD 样板新建的图形文件，若选择英制单位，系统默认的标注样式为 Standard；若选择公制单位，系统默认的标注样式为 ISO-25。实际中，经常会碰到标注的尺寸文字及箭头的大小与图形不协调，在此先学会尺寸标注样式的创建与修改。

1. 新建标注样式

（1）打开"标注样式管理器"对话框的命令方式

1）在菜单栏中选择"格式"→"标注样式"命令。

2）在标注工具栏单击"标注样式"按钮 。

3）在命令行输入：Dimstyle。

（2）创建新标注样式

输入标注样式命令后，弹出"标注样式管理器"对话框，如图 5-5 所示。

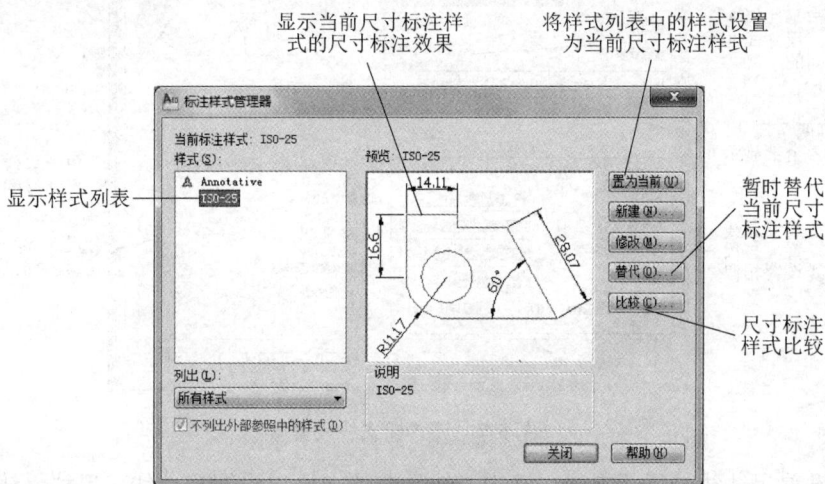

图 5-5　"标注样式管理器"对话框

1）在"标注样式管理器"对话框中单击"新建"按钮，弹出"创建新标注样式"对话框，如图 5-6 所示。输入新样式名，选定一种基础样式进行修改，并选择用于什么标注。

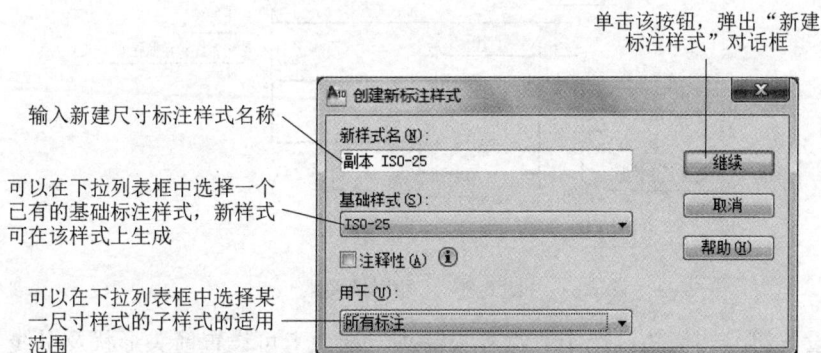

图 5-6　创建新标注样式

> **说明**
>
> 当新建样式用于指定的标注类型时，此样式将成为原基础样式的子样式，输入的新样式名无效。使用基础样式标注时，若用到指定标注，则自动按子样式标注。一般新建的独立样式都会选择用于"所有标注"。

2）单击"创建新标注样式"对话框中的"继续"按钮，弹出"新建标注样式"对话框，如图 5-7 所示。

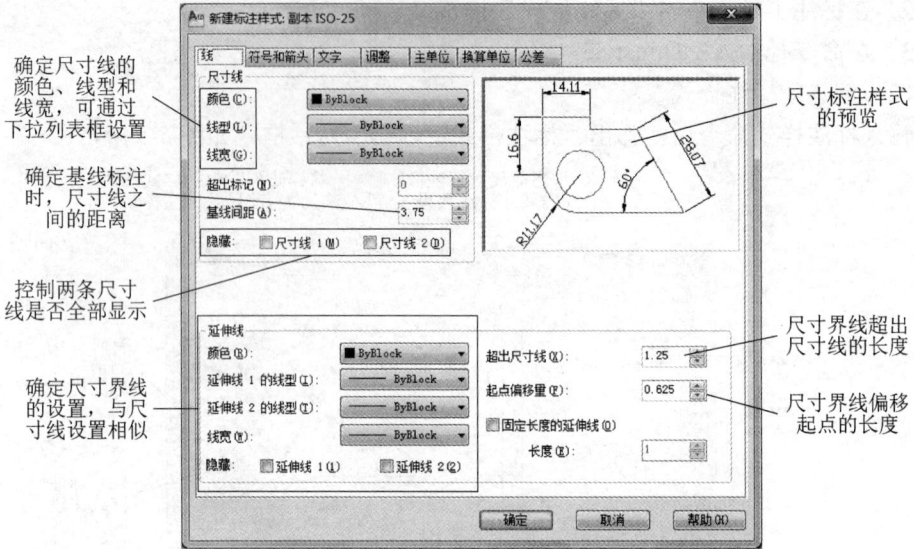

图 5-7　尺寸样式线设置

① 设置尺寸线与尺寸界线。选中"线"选项卡可以设置尺寸线、尺寸界线等属性。此选项卡中部分选项的含义如图 5-8 所示。绘制 A3、A4 图纸时，一般可将基线间距设为 7mm，超出尺寸线设为 3mm，起点偏移量设为 0。

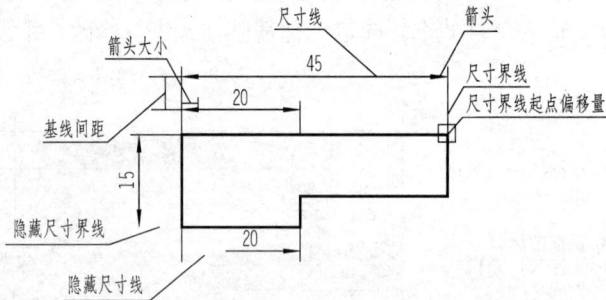

图 5-8　尺寸属性要素

② 设置符号与箭头。选中"符号与箭头"选项卡可设置箭头形状及引线（圆点，斜线代替箭头等）、箭头大小，圆心标记及其大小，弧长符号及位置，半径标注的折弯角度等。一般可将箭头大小和圆心标记都设为 3mm。

③ 设置尺寸文字。选中"文字"选项卡可以设置标注文字外观、高度、位置和文字对齐等，如图 5-9 所示。

a. 单击"文字样式"下拉列表框右侧"…"按钮，在弹出的"文字样式"对话框中，一般使用"工程字"文字样式标注。

b. 从尺寸线偏移：指数字底部与尺寸线的间隙，一般为 0.6～2mm。

c. 文字对齐："水平"指文字字头始终朝上。"与尺寸线对齐"指数字与尺寸线平行。"ISO 标准"指国际标准，尺寸数字在尺寸界线内时，与尺寸线平行；在尺寸界线外时，字头始终朝上。

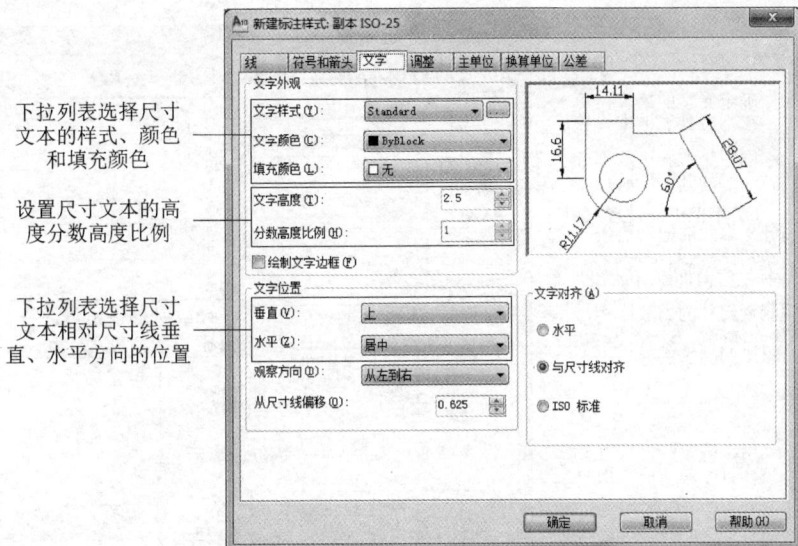

图 5-9　尺寸样式文字设置

④ 设置调整选项。选中"调整"选项卡可设置当尺寸界线空间不足时，系统按用户的设置移出文字或箭头，如图 5-10 所示。在"标注特征比例"选项组中可修改全局比例，对标注的尺寸整体按比例进行放大或缩小。

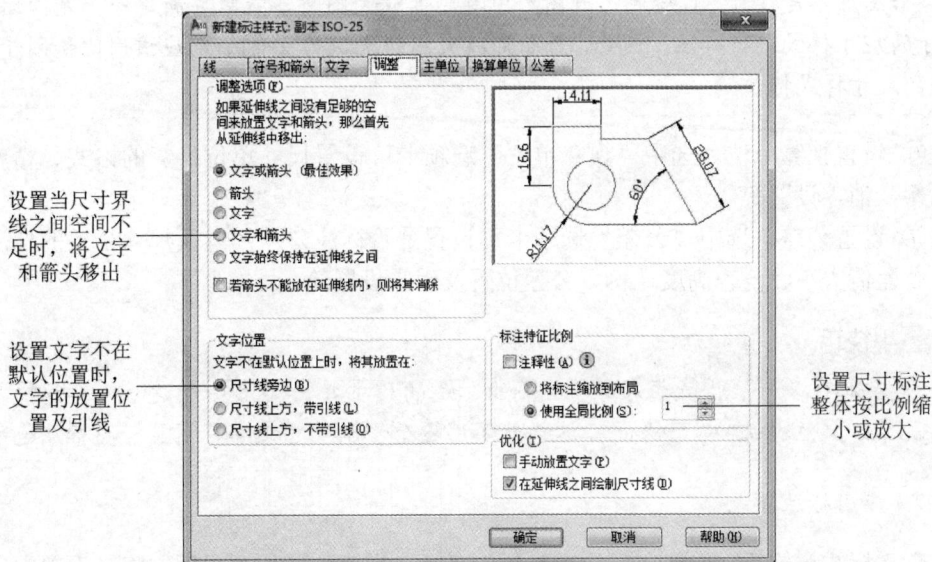

图 5-10　尺寸样式调整选项

⑤ 设置主单位。选中"主单位"选项卡可设置主单位的格式、精度和分隔符，标注文本的前、后缀，测量单位比例，选择前导、后续消零等，如图 5-11 所示。

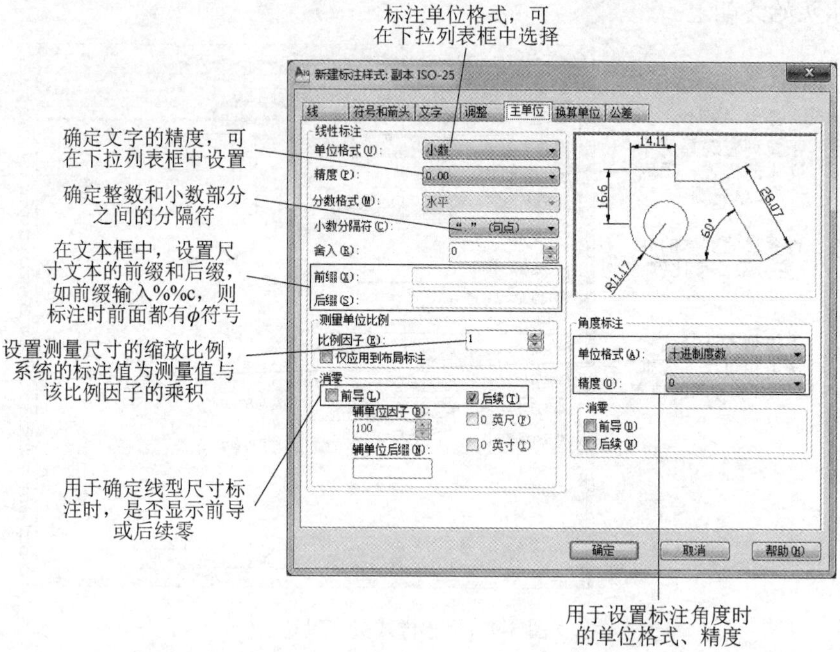

标注单位格式，可
在下拉列表框中选择

确定文字的精度，可
在下拉列表框中设置

确定整数和小数部分
之间的分隔符

在文本框中，设置尺
寸文本的前缀和后缀，
如前缀输入%%c，则
标注时前面都有φ符号

设置测量尺寸的缩放比例，
系统的标注值为测量值与
该比例因子的乘积

用于确定线型尺寸标
注时，是否显示前导
或后续零

用于设置标注角度时
的单位格式、精度

图 5-11　尺寸样式主单位设置

> **说 明**
>
> 　　若图形不是按 1∶1 绘制，或图形中有局部放大图时，就需要新建一个不同比例因子的尺寸样式进行标注。例如，若局部放大图的比例为 2∶1，则应该用比例因子为 0.5 的尺寸样式标注。

　　⑥ 设置换算单位。选中"换算单位"选项卡可设置尺寸单位换算的格式、精度、前后缀，消零设置等。

　　⑦ 设置公差。选中"公差"选项卡可设置是否标注公差，以及尺寸公差的标注形式、公差值大小、公差高度比例、公差位置及消零设置等。

> **小技巧**
>
> 　　若要标注多个线性直径尺寸（前缀带"φ"的尺寸），一般都会新建一个标注样式，并在主单位前缀栏输入"%%c"。这样就不用逐个修改尺寸文字，明显提高标注速度。

2．应用标注样式

　　创建标注样式后，就能在标注工具栏的"标注样式"下拉列表框中将其设置为当前标注样式，如图 5-12 所示。如果个别尺寸需要应用其他样式，可在标注后将其选中，再在"标注样式"下拉列表框选择对应的标注样式。

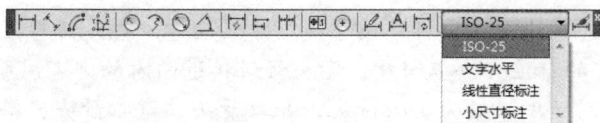

图 5-12 应用标注样式

3. 修改标注样式

若要修改某个标注样式，操作步骤如下。

1）单击标注工具栏中的 ✍ 按钮，弹出"标注样式管理器"对话框。

2）在样式列表中选择要修改的标注样式，然后单击"修改"按钮。

3）在弹出的"修改标注样式"对话框中按需要修改（与创建新样式的方法类似）。

4）修改完毕，单击"确定"按钮返回"标注样式管理器"对话框，再单击"关闭"按钮即可。

修改标注样式后，所有按该样式标注的尺寸，都会按修改后的样式更新。

4. 替代标注样式

进行尺寸标注时，也会有个别尺寸与已有的标注样式相近但有所不同。若修改已有的标注样式，所有应用该样式标注的尺寸都将改变；若再创建新的标注样式又显得烦琐。此时，可以利用替代标注样式设置标注样式的临时替代值，操作步骤如下。

1）单击标注工具栏上的 ✍（标注样式）按钮，弹出"标注样式管理器"对话框。

2）在样式列表中选择相近的标注样式，然后单击"替代"按钮。

3）在弹出的"替代当前样式"对话框中按需要修改。

4）修改完毕，单击"确定"按钮返回"标注样式管理器"对话框，系统自动生成一个临时标注样式，在样式列表中显示为"样式替代"。

5）关闭对话框，系统自动将其设置为当前标注样式进行标注。直到重新指定新的当前标注样式，系统才取消该替代样式并结束替代功能。

5. 标注样式的重命名或删除

若要将某一标注样式重命名或删除，只要在"标注样式管理器"对话框左边的样式列表中，右击对应的标注样式名，在弹出的快捷菜单中选择"重命名"命令或"删除"命令即可。但当前标注样式和正在使用的标注样式不能删除。

📖 **知识链接**

1. 国家标准对机械图样中的尺寸标注规定

1）尺寸线一般不能用其他图线代替，也不能和其他图线（轮廓线、中心线等）重合或画在其延长线上。

2）尺寸界线从轴线、中心线引出或用这些图线代替，其末端一般超出尺寸线终端 2～3mm。

3）线性尺寸的尺寸数字应标在尺寸线上方或左方，也允许标注在尺寸线的中断处，但同一图样中的标注方法应一致。字头倾斜接近向右的，可用引线标注。

4）箭头的选用顺序一般为实心箭头、开口箭头、空心箭头、斜线。当尺寸线的终端采用斜线时，尺寸线与尺寸界线应当互相垂直。在同一张图样中，一般只采用一种尺寸线终端形式。

5）采用箭头标注时，当标注空间不够时，可以用斜线或圆点代替箭头。

6）图形的实际大小与绘制图形的大小及绘图的准确性无关，只与图样中标注的尺寸数值有关。

7）机械图样默认的尺寸单位是 mm，采用其他单位时必须注明。

2. 尺寸标注的排列原则

1）图样中的每一个尺寸只标注一次，且标注在表达结构最清晰的图形上。

2）尺寸尽可能标在图形轮廓之外，与视图轮廓的间隔不应小于 5mm，但不宜过大。

3）尺寸应由小到大向外依次排列，相互间隔尽量保持一致，一般为 5~10mm，以避免尺寸线及尺寸界线之间相交。

4）尺寸阶层数量不宜过多，同一阶层上的尺寸尽量连续标注，或在水平、垂直方向对齐。

5）当尺寸界线延长过长或交叉混乱时，也可将标注标于图形轮廓内。

6）图形内部尺寸与外部尺寸宜分别标在图形两侧，按次序排列，便于阅读。

3. 尺寸标注常用的符号或缩写（表 5-2）

表 5-2　尺寸标注常用的符号或缩写

名称	符号或缩写	名称	符号或缩写	名称	符号或缩写
直径	ϕ	正方形	□	深度	↧
半径	R	厚度	t	沉孔或锪平	⊔
球直径	$S\phi$	45°倒角	C	埋头孔	∨
球半径	SR	参考尺寸	（　）	均布	EQS

小 练 习

1）尺寸的编辑，先按图 5-13（a）标注尺寸，再修改成图 5-13（b）所示的标注。

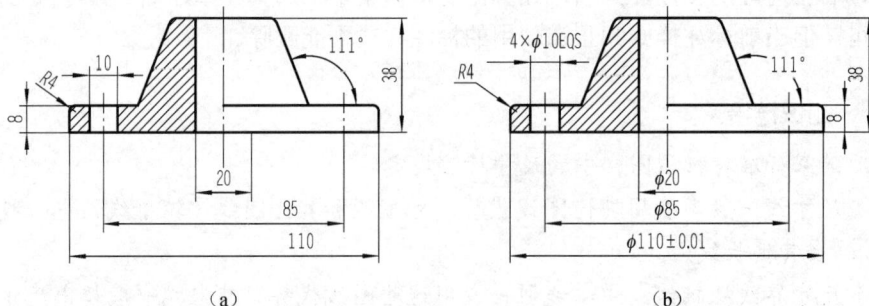

（a）　　　　　　　　　　　　　　（b）

图 5-13　尺寸的编辑图形

2）尺寸样式的新建与设置。

① 新建"线性直径"样式，基于 ISO-25，用于所有标注。

② 设置基线间距为 7mm，尺寸界线超出尺寸线为 2mm，起点偏移量为 0.6mm。

③ 设置箭头大小为 3mm，圆心标记大小为 3mm，半径折弯角度为 30°。

④ 设置文字样式为"工程字"，高度为 3.5mm，文字位置垂直为"上方"，水平为"居中"，从尺寸线偏移"0.6"，文字对齐方式为"ISO 标准"。

⑤ 设置标注优化方式为"手动放置文字"。

⑥ 设置主单位精度为 0，小数分隔符为"句点"，前缀加"ϕ"，后续消零。

⑦ 新建基于 ISO-25 的角度标注样式，角度文字对齐为"水平"。

任务 3　标注尺寸公差

任务描述

如图 5-14 所示，要求先在尺寸样式中设置"极限偏差"公差样式，按样式标注后，再逐个在其特性面板中修改上、下偏差值。然后复制图形，通过多行文字编辑器对各个尺寸及公差重新标注一次，并对两次标注进行比较。

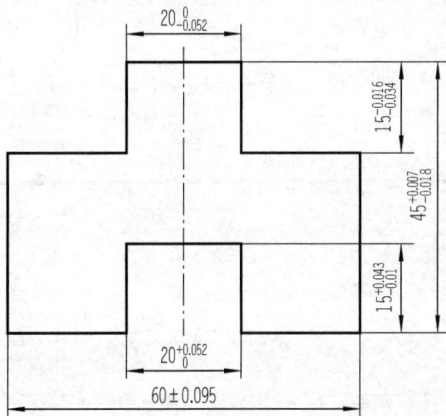

图 5-14　尺寸公差标注

任务操作

1. 尺寸样式法标注公差

创建尺寸公差标注样式的设置步骤如下。

1）单击标注工具栏上的"标注样式"按钮，弹出"标注样式管理器"对话框。

2）输入新建样式名（如极限偏差），选择基础样式为 ISO-25，用于"所有标注"，单击"继续"按钮。

3）在弹出的"新建标注样式"对话框中选择"公差"选项卡，如图 5-15 所示。

对话框中各项设置说明如下。

① 选择公差方式为"极限偏差"，精度 0.000。

② "上偏差"默认是正值，若是负值，则在数值前输入"–"号。"下偏差"默认是负值，若是正值，则在数值前输入"–"号。

③ 上偏差或下偏差输入 0，默认无符号，符号位为空格且 0 位对齐。

④ 当"公差格式"选项组中，选择"对称公差"方式时，只要输入一个上偏差值就可以了，符号位默认为"±"（直接 T 选项修改标签文字也方便）。

⑤ 极限偏差高度比例一般设为 0.7，对称公差高度比例则设置为 1。

⑥ 一般垂直位置选择"中"并勾选"消零"选项组中的"后续"复选框。

设置公差标注类型，下拉列表框中有极限偏差、对称等类型

设置公差精度

设置上、下偏差值

设置公差数字高度比例因子，它与尺寸文本高度的乘积为公差数字的高度

控制尺寸公差文字相对于尺寸文字的摆放位置，可由下拉列表框选择

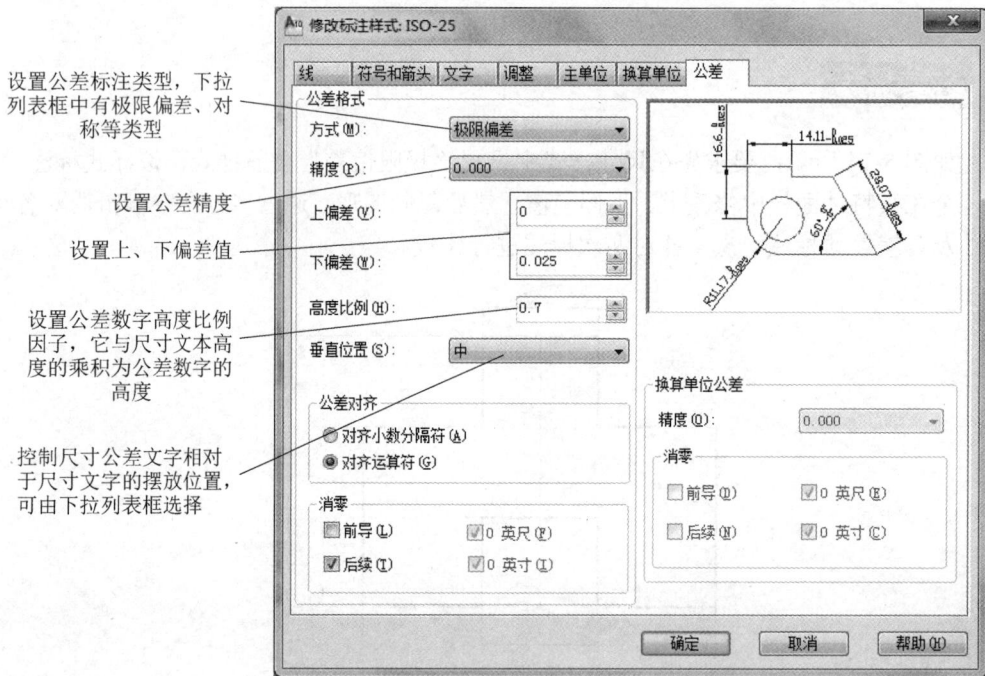

图 5-15　尺寸公差设置

> **说明**
>
> 上、下偏差分别指的是上、下极限偏差，为与 AutoCAD 软件一致，仍采用上、下偏差的说法。

通常，图形中的大部分尺寸公差都是极限偏差方式，但上、下偏差数值有所不同。一般先新建一个公差样式，标注尺寸公差后将其选定，打开"特性"面板，通过滚动条找到"公差"一栏，然后修改其上、下偏差数值即可。

2. 多行文字法标注尺寸公差

机械图样中的尺寸公差是多种多样的，用尺寸公差样式标注也不简单，其实，尺寸公差还可以用多行文字来标注。多行文字标注尺寸公差的方法如下。

1）选择常规的尺寸标注方法，在命令提示中输入 M，选择"多行文字（M）"选项，就会打开多行文字编辑器，如图 5-16 所示。

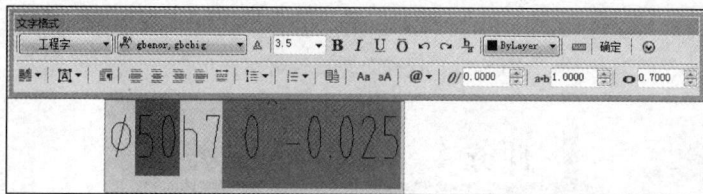

图 5-16　多行文字标注尺寸公差

2）系统检测到的测量值将自动高亮显示（如图中的"50"），如果不删除，则按测量值标注；如果删除，可输入数值。

3）在测量值或输入的尺寸值之后，输入带符号的上、下偏差，中间以"^"分隔，如 0^-0.025。若上、下偏差中有一个值为 0，则必须以空格代替符号位。

> **提 示**
>
> 若以"/""#"分隔，堆叠后分别是水平线、对角线分隔。

4）选中带符号的上、下偏差值，单击工具栏中的"堆叠"按钮 ⬆ 进行堆叠，也可右击，在弹出的快捷菜单中选择"堆叠"命令。若在快捷菜单中选择"堆叠特性"命令，则在弹出的"堆叠特性"对话框中可设置公差值、样式、位置及大小等。

5）单击工具栏"符号"按钮 @▾ 可选择常用符号。在英文半角输入状态输入"%%c"会自动转换为"ϕ"，输入"%%p"会转换为"±"，输入"%%d"会转换为"°"。

> 📖 **知识链接**
>
> 1）公差带代号与基本尺寸的数字等高。轴的基本偏差代号的字母是小写，孔的基本偏差代号的字母是大写，如 ϕ50h6、ϕ50H6。
>
> 2）上、下偏差与公称尺寸垂直居中对齐，字体比公称尺寸小一号（比例为 0.7）。
>
> 3）当上、下偏差中有一个为零时，"0"也要标出，并与另一偏差的 0 位对齐。
>
> 4）当上、下偏差的绝对值相同，用"±"标注一次，且字高与公称尺寸相同。

🔺 **小练习**

如图 5-17 所示，先按尺寸绘制图形，分析图中 3 种形式的尺寸公差，再选择合理的方法标注。

（a）代号式　　　　　　　　（b）偏差式　　　　　　　（c）混合式

图 5-17　尺寸公差标注练习图形

任务 4　标注形位公差

任务描述

绘制图 5-18 所示的图形，并在图中标注尺寸公差、形位公差及其基准。

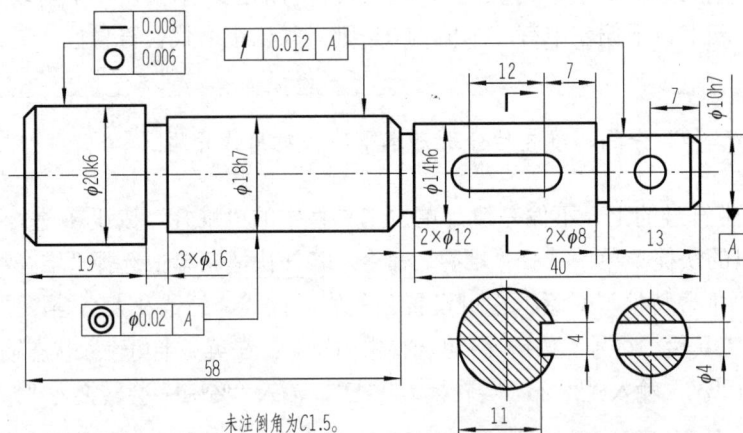

未注倒角为C1.5。

图 5-18　标注形位公差及基准

任务操作

1. 公差命令法标注形位公差

（1）"公差"命令的命令方式

1）在菜单栏中选择"标注"→"公差"命令。

2）在标注工具栏单击"公差"按钮 圌 。

3）在命令行输入：TOL（Tolerance 的简化）。

（2）"形位公差"对话框

输入公差命令后，弹出"形位公差"对话框，如图 5-19 所示。

1）单击符号列■按钮，弹出"特征符号"面板，在该面板中可选择公差符号，如图 5-20 所示。

2）单击公差列前面■按钮，可添加直径符号"ϕ"，再次单击可取消。

3）在公差输入框输入公差值，如有包容条件的，可单击公差后面的■按钮，在弹出"附加符号"面板中选择符号，如图 5-21 所示。

4）如有基准要素，可在基准输入框中输入基准字母，然后单击后面的■按钮，可添加基准的包容条件。若有多个基准，按同样方法设置。

5）若有两项公差，在下一行按同样的方法设置。有高度、基准标识符的直接输入，有延伸公差带符号的直接单击■按钮添加或取消。

6）单击"确定"按钮完成形位公差设置，此时绘图区出现一个框格，利用光标拾取点便完成标注。

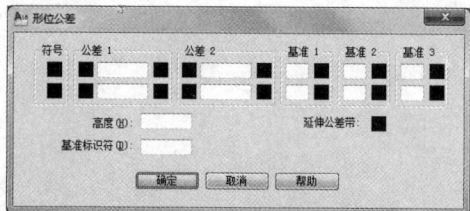

图 5-19　"形位公差"
对话框

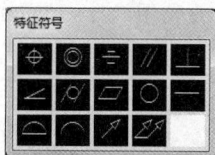

图 5-20　形位公差的
特征符号

图 5-21　延伸公差带的
附加符号

> **说　明**
>
> 用"公差"命令标注时，公差框内的文字高度、字体均由当前标注样式控制。并且标注的形位公差仅有框格，还需补画指引线和箭头，因此这种标注方法不太方便。

2. 快速引线法标注形位公差

（1）"快速引线"命令的命令方式

在命令行输入：LE（Qleader 的简化）。

> **说　明**
>
> 旧版本 CAD 中可在"标注"菜单或工具栏中选择"快速引线"命令。

（2）命令提示

快速引线的命令提示行如下：

```
指定第一个引线点或 [设置(S)] <设置>://输入S打开"引线设置"对话框,如图5-22所示
指定下一点：              //指定转折点
指定下一点：              //指定末端点
指定文字宽度 <0>：        //若注释设为公差,则弹出"形位公差"对话框
输入注释文字的第一行 <多行文字(M)>://直接输入文字,或选择M多行文字
```

"引线设置"对话框中有"注释"和"引线和箭头"两个选项卡，设置说明如下。

1）选择注释类型。

若用引线标注形位公差，可点选"公差"单选按钮；一般的引线标注，可点选"多行文字"单选按钮；若用引线插入块，可点选"块参照"单选按钮；如要复制其他的标注对象，可点选"复制对象"单选按钮，如图 5-23 所示。

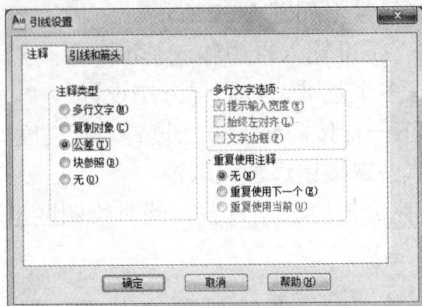

图 5-22　"引线设置"对话框

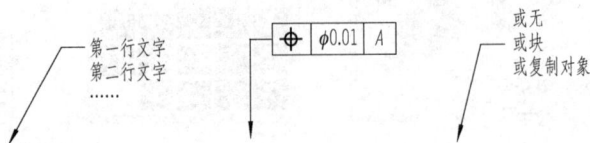

图 5-23　引线标注注释类型

2）设置引线和箭头。选中"引线和箭头"选项卡，如图 5-24 所示。在该选项卡中，可选择引线类型及箭头类型，设置引线的转折点数（默认 3 点，两段线），还可设置各线段的角度约束等（标注倒角时，经常将第一段角度约束设置为 45°）。

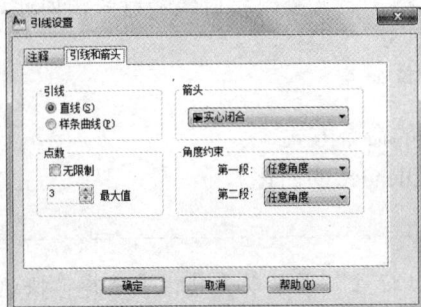

图 5-24　"引线和箭头"选项卡

标注形位公差时，返回绘图区指定 3 点，弹出"形位公差"对话框（具体设置方法同"公差"命令对话框的设置）。

📖 知识链接

形位公差标注要求如下。

1）形位公差由公差框格、被测要素和基准要素（对位置公差而言）3 组内容组成，是用带箭头的指引线将框格与被测要素相连。

2）形位公差的项目和符号如表5-3所示。

表5-3 形位公差的项目和符号

公差		特征项目	符号	有或无基准要求
形状	形状	直线度	—	无
		平面度	▱	无
		圆度	○	无
		圆柱度	⌀	无
形状或位置	轮廓	线轮廓度	⌒	有或无
		面轮廓度	⌓	有或无
位置	定向	平行度	//	有
		垂直度	⊥	有
		倾斜度	∠	有
	定位	位置度	⊕	有或无
		同轴（同心）度	◎	有
		对称度	═	有
	跳动	圆跳动	↗	有
		全跳动	↗↗	有

3）当公差涉及轮廓线或表面时，指引线箭头应垂直指向该要素的轮廓线或其延长线，并与相应的尺寸线明显错开。当公差涉及轴线或中心平面时，带箭头的指引线应与其尺寸线对齐。

4）基准符号的三角形标注位置及含义与指引线箭头的标注同理。

5）基准符号字母都应该水平书写，为避免误解，基准字母不得使用 *E*、*F*、*I*、*J*、*L*、*M*、*O*、*P*、*R*、*S* 等。

小练习

如图5-25所示，先绘制图形，再标注尺寸公差、形位公差及基准。

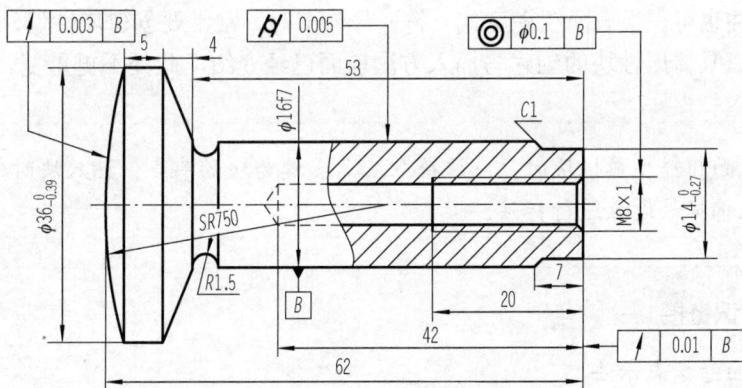

图 5-25 形位公差标注练习图形

任务 5　标注表面粗糙度

任务描述

参照图 5-26，绘制图形，巩固前面已学的表面粗糙度属性块的创建与插入方法，按国家标准规范地标注所有表面粗糙度。

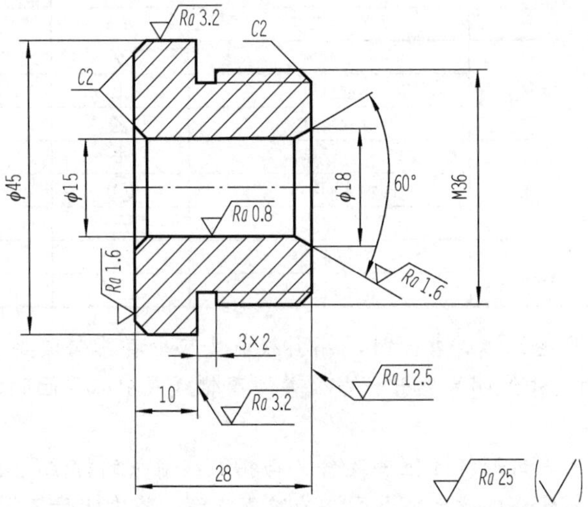

图 5-26　表面粗糙度标注

相关知识

若一张图样中表面粗糙度代（符）号很少，直接画出一个后，用"复制"命令和"旋转"命令标注也可。当表面粗糙度代（符）号较多时，常常要创建属性块，再通过插入块进行标注。具体属性块的创建与插入方法前面已经介绍，此处不再重复。

> **说明**
>
> 创建表面粗糙度属性块时，应该拾取三角尖端为块的基点；插入块时，通常在表面轮廓线上捕捉最近点进行标注。

> 📖 **知识链接**
>
> 1. 表面结构表示法
> 表面结构可采用图形表示法与文本表示法，两者比较如表 5-4 所示。

表 5-4　图形表示法与文本表示法的比较

表面结构图形符号及含义	✓ 允许任何工艺	✓ 去除材料工艺	✓ 不去除材料工艺
表面结构文本表示法	APA	MMR	NMP
图样标注示例	✓ Fe/Ep·Cr50	磨 ✓ Ra 6.3	Cu/Ep·Ni5bCr0.3r ✓ Ra 0.8
文本表示法示例	APA Fe/Ep·Cr50	MMR 磨 Ra 6.3	NMR Cu/Ep·Ni5bcr0.3r Ra 0.8

2. 表面粗糙度代（符）号

表面粗糙度代（符）号是在表面结构图形符号上再注写一些内容，具体如下：

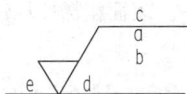

$$
\begin{array}{c}
c \\
a \\
b \\
e\quad d
\end{array}
$$

其中，a——第一个表面粗糙度（单一）要求（μm）;

b——第二个表面粗糙度要求（μm）;

c——加工方法（车、铣）;

d——表面纹理和纹理方向;

e——加工余量（mm）。

3. 表面粗糙度代（符）号的标注要求

1）同一图样中，所有的表面都需要标有表面粗糙度代（符）号，连续表面及重复要素（如孔、槽、齿等）的表面只标注一次。

2）表面粗糙度代（符）号一般标注在图样的可见轮廓线、尺寸界线、引出线或这些线的延长线上。新标注允许将其标注在形位公差框格的上方。

3）表面粗糙度的符号的尖端必须从材料外侧指向该表面。

4）表面粗糙度代号中数字的方向必须与尺寸数字的方向一致。

5）其余最多的表面粗糙度代（符）号可以统一标注在标题栏附近，其高度是图中其他代号的 1.4 倍。

6）对于不连续的同一表面，可用细实线相连，其表面粗糙度代号只标注一次。

7）中心孔、键槽工作面、倒角、圆角、螺纹等的表面粗糙度，可标注在尺寸线上。

8）齿轮齿面的表面粗糙度，可标注在轮齿的分度线上。

9）若同一表面有不同的表面粗糙度要求，则需用细实线画出分界线。

小练习

给出图 5-27 所示的图形，按国家标准规范创建表面粗糙度属性块，并进行标注。

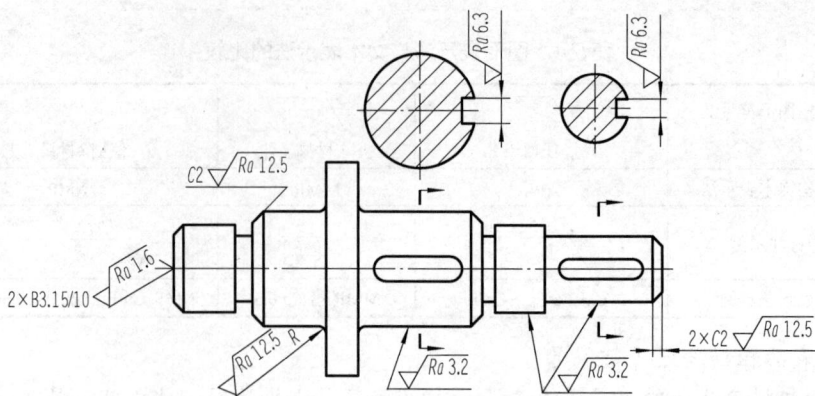

图 5-27　表面粗糙度标注练习

任务 5.6　注写技术要求

任务描述

　　用字高 3.5mm 的工程字注写图 5-28 所示的技术要求文字，其中，标题"技术要求"字高 5mm。

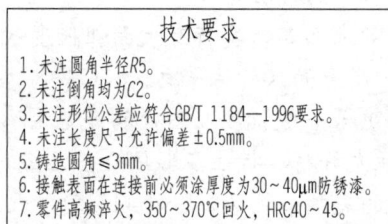

技术要求

1. 未注圆角半径 $R5$。
2. 未注倒角均为 $C2$。
3. 未注形位公差应符合 GB/T 1184—1996 要求。
4. 未注长度尺寸允许偏差 ±0.5mm。
5. 铸造圆角 ≤3mm。
6. 接触表面在连接前必须涂厚度为 30～40μm 防锈漆。
7. 零件高频淬火，350～370℃ 回火，HRC40～45。

图 5-28　技术要求

任务操作

　　技术要求的文字一般都采用多行文字注写，并运用之前所学的方法输入一些特殊字符。相关的标注方法及注意事项如下：

　　1）打开"文字样式"对话框新建一个文字样式，样式名为"工程字"，数字、字母使用字体 ghenor.shx，汉字使用大字体 gbcbig.shx，宽度因子设为 0.7，文字高度设为 0（标注时根据图幅设置字高）。

　　2）通常，A0、A1 图纸的技术要求文字的字高为 5mm；A2、A3、A4 图纸的技术要求文字的字高为 3.5mm；而标题"技术要求"四个字的字高要按大一号设置。

　　3）若采用单行文字标注，在命令行按提示先选择文字样式，输入文字高度和旋转角度，再输入文字。但每次按 Enter 键后文字行独立，不便于排版，因此用得较少。

　　4）若采用多行文字标注，则在多行文字编辑器中选择文字样式，设置字高和对齐方式等，再输入多行文字，按 Enter 键后即可输入下一段落文字，排版类似于 Word，非常方便。但修改已输入文字的高度及文字样式等操作时，都必须先选中文字。

📖 **知识链接**

技术要求是图样中提出的技术性内容与要求，主要指图样中不能表达清楚的其他要求。需要注意的地方、加工和生产中不允许出现的现象、材料及热处理等文字说明。其常见内容如下。

1）一般技术要求：包括图中未标注的倒角、圆角、表面粗糙度等。其他技术要求如铸造或锻造要求、去除氧化皮要求、运输或储存要求等。

2）形位公差要求：应说明未注的形位公差应按某年的某项国家标准执行。

3）切削加工件要求：包括零件加工表面的切削纹理要求、去除飞边、不应有划痕或擦伤等缺陷；加工的螺纹表面不允许有磕碰、乱扣和飞边等缺陷。

4）热处理及表面处理要求：包括具体的调质、正火、淬火、回火等热处理温度要求、硬度要求；表面发蓝、电镀、防锈等处理要求等。

5）装配及检测要求：包括装配前的有关处理、装配时的技术要求、装配后的检测要求等。

6）设计者的其他要求。

思考与练习

一、填空题

1. 一个完整的尺寸通常包括_____、_____、_____和_____ 4 部分。
2. 多行文字标注极限偏差时，上、下偏差用_____分隔符，直接堆叠即可。
3. 标注尺寸公差通常有_____、_____两种方法。
4. 形位公差和快速引线标注的命令快捷分别为_____、_____。
5. 标题栏附近其余表面粗糙度代号的高度应该是图中标注代号的_____倍。

二、选择题

1. 文字对齐选择（　　）方式，可以使尺寸文字的字头始终朝上。
   A. 水平　　　　　　B. 与尺寸线对齐　　　　　C. ISO 标准　　　　　D. 任意
2. 使用（　　）命令可创建文字样式。
   A. MT　　　　　　B. Style　　　　　　C. TS　　　　　D. Text
3. 关于尺寸公差标注，说明错误的是（　　）。
   A. 上偏差不能设置为负值
   B. 当极限偏差为 0 时，前面以空格代替符号位

C. 极限偏差与基本尺寸的高度比例为 0.7

D. 极限偏差一般与基本尺寸垂直居中对齐

4. 快速引线不可以尾随的注释对象是（　　）。

A. 公差　　　　　　B. 复制对象　　　　　　C. 多行文字　　　　D. 单行文字

5. 关于表面粗糙度的标注，说明错误的是（　　）。

A. 表面粗糙度一般标注在轮廓线、尺寸界线或引出线上

B. 表面粗糙度符号的尖端必须从材料外侧指向该表面

C. 表面粗糙度代号中的数字字号应该比尺寸数字大一号

D. 表面粗糙度代号中的数字方向必须与尺寸数字方向一致

三、判断题

1. 用户可以对直径、半径、角度等的尺寸样式定义专门的子样式。　　　　　　（　　）

2. 线性标注只能用来标注直线的长度尺寸。　　　　　　　　　　　　　　　（　　）

3. 使用 DDI 命令标注直径时，系统会自动在测量值前添加符号 "ϕ"。　　　（　　）

4. 可以为圆上某一段圆弧标注角度尺寸。　　　　　　　　　　　　　　　　（　　）

5. 用 Tol 命令可以标注形位公差，并能够同时绘出指引线。　　　　　　　　（　　）

四、按国家标准要求，规范地标注图形

1. 如图 5-29 所示，熟练地标注所有尺寸。

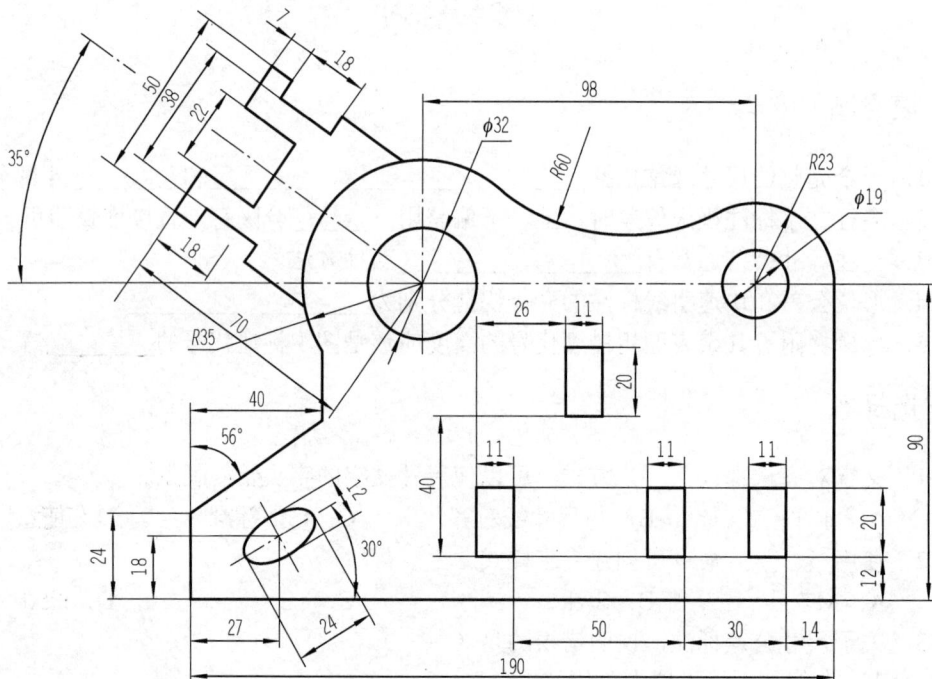

图 5-29　练习图形 1

2. 绘制图 5-30，并标注尺寸及公差、形位公差及基准等。

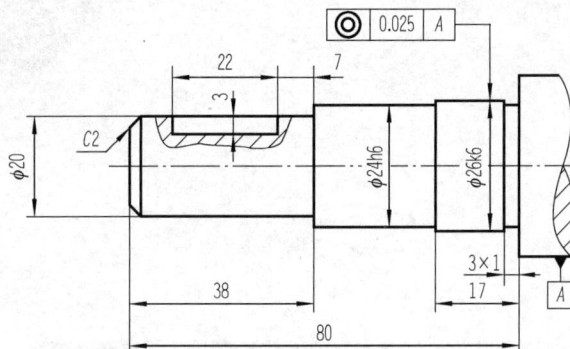

图 5-30　练习图形 2

3. 如图 5-31 所示，给出图形，标注形位公差及基准。

图 5-31　练习图形 3

4. 如图 5-32 所示，给出图形，标注尺寸公差、形位公差及基准、表面粗糙度等。

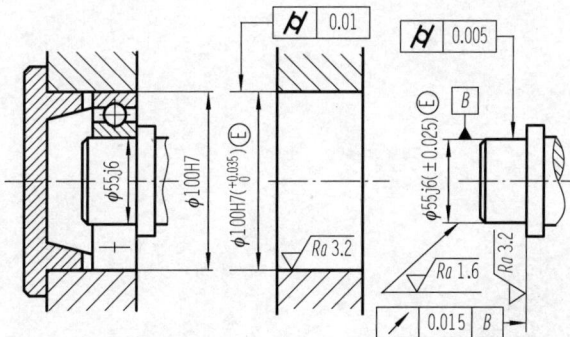

图 5-32　练习图形 4

项目 6　绘制典型零件图

项目目标

1）学会创建与使用图形样板。
2）学会绘制轴套类零件图。
3）学会绘制轮盘类零件图。
4）学会绘制叉架类零件图。
5）学会绘制箱体类零件图。

任务 1　创建调用图形样板

任务描述

综合运用已学知识，按国家标准要求创建 A3 横向及 A4 竖向图形样板（包括图框、标题栏、图层、文字样式、尺寸样式、表面粗糙度及基准属性块等），并另存为 CAD 图形样板（参照任务 4.2）。

任务操作

CAD 图形样板是一种包含有特定图形环境设置的图形文件（扩展名为*.dwt）。使用样板创建的新文件既提高了效率，也保证了图形文件的统一标准。

1. 创建图形样板

A3 或 A4 图形样板的创建过程如下。

1）根据图幅设置绘图界限；选择绘图单位为"毫米"，根据需要设置长度、角度的类型和精度。

2）新建一个图层，绘制图幅、图框、标题栏等。可将标题栏创建为属性块，或插入已有的标题栏属性块。标题栏中图样名称和单位名称字高 7mm，其余字高 5mm。

3）参照下面要求设置图层、线型和线宽。

① 层名：粗实线；颜色：黑/白；线型：Continuous；线宽：0.70。

② 层名：细实线；颜色：绿色；线型：Continuous；线宽：0.35。

③ 层名：中心线；颜色：红色；线型：Center；线宽：0.35。

④ 层名：虚线；颜色：青色；线型：Dashed；线宽：0.35。

⑤ 层名：尺寸线；颜色：紫色；线型：Continuous；线宽：0.35。

⑥ 层名：其他；颜色：黑/白；线型：Continuous；线宽：0.35。

4）设置文字样式。

新建一个名为"工程字"的文字样式，数字、字母使用 ghenor.shx 字体，勾选"使用大字体"复选框，汉字使用 gbcbig.shx 字体，宽度因子设为 0.7，文字高度设为 0。

5）设置尺寸标注样式。

① 新建标注的基础样式，设置"基线间距"为 8mm，"超出尺寸线"为 2.5mm，"起点偏移量"为 0mm。"箭头大小"和"圆心标记"均为 3mm。将"文字样式"设为"工程字"，"文字高度"为 3.5mm，"文字位置"选项组中的垂直设为"上方"，水平设为"居中"，"从尺寸线偏移"设为 0.6，文字对齐方式设为"与尺寸线对齐"。调整选项设置为从延伸线移出"文字和箭头"。将"线性标注"选项组中的"精度"设置为 0，"小数分隔符"设置为"."（句点），其他选用默认选项。

② 新建角度标注子样式，基于基础样式，尺寸文字对齐为水平。新建直径、半径标注子样式，基于基础样式，尺寸文字对齐为 ISO 标准。

③ 新建线性直径样式，基于基础样式，用于"所有标注"，主单位前缀输入"%%c"。

④ 新建公差样式，基于基础样式，用于"所有标注"，公差方式为"极限偏差"，精度为"0.000"，预设上下偏差值、高度比例为"0.7"，垂直位置为"中"，"后续"消零。

6）绘制表面粗糙度和基准属性块，属性文字样式为"工程字"，字高为 3.5mm。

7）按国家标准、企业标准进行其他统一的设置。

8）设置完毕，将文件保存为 CAD 图形样板（*.dwt 文件），保存路径是 CAD 新建文件时选择样板的默认路径，即"C:\Documents and Settings\用户名\Local Settings\Application Data\Autodesk\AutoCAD2010\R18.0\chs\template"文件夹。

2. 调用 CAD 预置图形样板

启动 AutoCAD，在菜单栏中选择"文件"→"新建"命令（或单击工具栏的"新建"按钮），弹出"选择样板"对话框，如图 6-1 所示。

图 6-1　选择图形样板

CAD 预置了许多标准的图形样板，默认打开 acadiso 样板。其中，前缀为 ANSI 是美国标准，DIN 是德国标准，GB 是中国国家标准（标题栏文字为汉字），ISO 是国际标准，JIS 是日本标准。后缀 Color Dependent Plot Styles 是颜色相关打印样式表（ctb），使用对象的颜色决定打印特征（如线宽）。Named Plot Styles 是命名打印样式表（stb），包括用户定义的打印样式，此时相同颜色的对象可能以不同方式打印。

选中某个合适样板，单击"打开"按钮，便可调用该图形样板。若调用用户创建的图形样板，则默认打开模型空间进行绘图，也可以切换到布局空间绘图。若调用系统预置的图形样板，则默认打开布局空间绘图，且在模型空间不可见；用户也可以先在模型空间绘图，然后回到布局空间，激活视口后按国家标准优先比例显示图形，并进行合理布局，如图 6-2 所示。

3. 绘制零件图的一般步骤

（1）选择图形样板

分析视图布局及图形的总体尺寸大小，考虑视图间的间距及有关标注空间，选择合适的国家标准图形样板或用户创建的图形样板。

（2）创建图层

选择国家标准图形样板通常还需要创建用户图层。一般考虑粗实线层（绘制图形可见轮廓）、细实线层（绘制剖面线、波浪线、螺纹牙底线、平面符号等）、点画线层（绘制中心线）、虚线层（绘制不可见轮廓线）、尺寸线层（标注尺寸）和其他层（标注形位公差及基准、表面粗糙度、剖切符号、视图方向及名称、各种符号、注写技术要求等）。

（3）绘制图形

先分析图形长、宽、高三个方向的基准，绘制各个视图上两个方向的基准线；再根据视图投影规律，运用形体分析法和线面分析法读懂图形，从特征视图着手，根据投影规律一并绘制多个视图，并遵循先主后次、先实后空（先实体轮廓，后孔、槽类结构）、从大到小、从粗到细的原则。

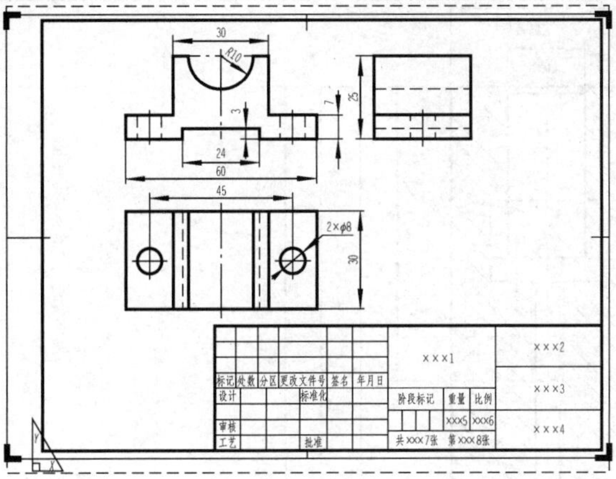

图 6-2 图样空间布局

（4）标注图形

创新或应用已有的、对应的尺寸样式及子样式。先标注基本尺寸、常规尺寸等，再标注带公差尺寸及特殊尺寸。然后标注形位公差和基准符号，标注所有表面粗糙度代（符）号。

（5）其他标注

按国家标准绘制剖切位置、局部放大图等符号，注写剖视图、局部放大图、局部视图、向视图等视图名称。规范地注写文字技术要求，并填写或修改标题栏中的有关内容。

绘图完毕，必须树立责任意识，养成全面检查图形的习惯。建议从上到下、从左到右，仔细地检查图形每一处的表达是否正确，尺寸标注是否完整。最后还要切换到图样布局界面，检查图形是否按国家标准比例合理布局，确保图形就能正常打印。

说明

1）图形基准通常就是轴线、对称面，或尺寸标注最多的平面投影线。

2）一般用"快速引线"命令标注形位公差，用属性块标注表面粗糙度和基准。

3）通常用单行文字注写视图名称、剖切位置等，用多行文字注写技术要求。

任务 2　绘制轴套类零件图

任务描述

选择合适的图形样板，绘制图 6-3 所示的轴类零件图，并标注完整。

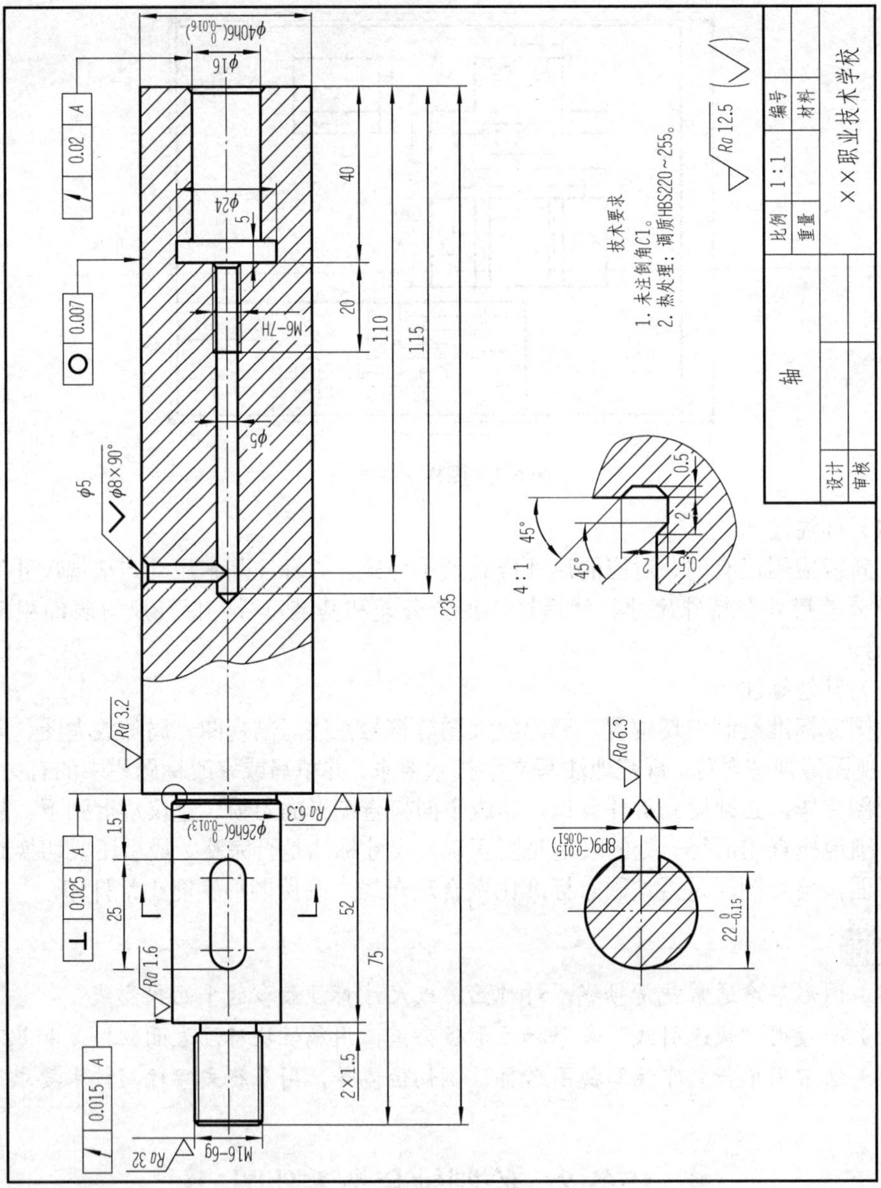

图 6-3 轴类零件图

任务操作

绘制轴类零件图的参考步骤如下。

1）根据零件图尺寸大小，选择 Gb_a3 横向图形样板。

2）分析图形线条，新建粗实线、细实线、中心线、虚线、尺寸线及其他层，如图 6-4 所示，并按常规设置颜色、线型与线宽等。

3）分析图形轴向、径向基准，绘制主要的中心线及基准线，如图 6-4 所示。

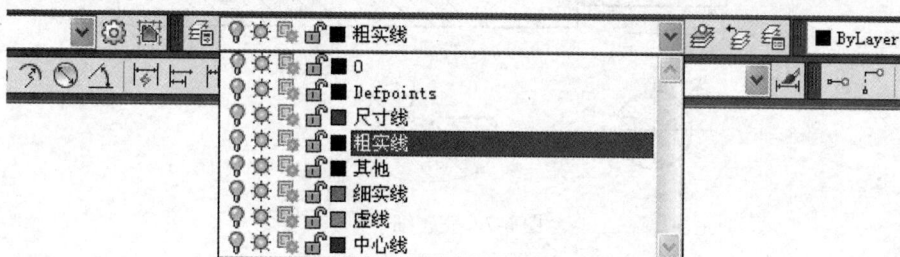

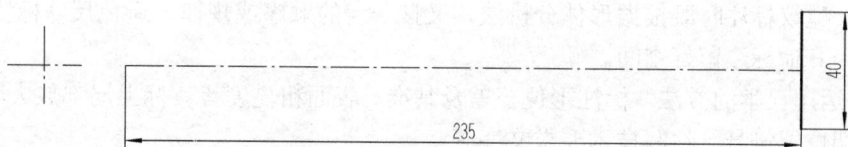

图 6-4 绘制中心线、基准线

说 明

本书建议将中心线按图形相应的轮廓尺寸绘制，这样图形大小明了，便于布局。画好图形后，拖动夹点或拉长中心线超出图形轮廓 2～3mm 即可（下同）。

4）绘制直观又简单的主轮廓（对称图形通常绘制一半镜像），对于倒角等细节及结构复杂部分先不绘制，如图 6-5 所示。

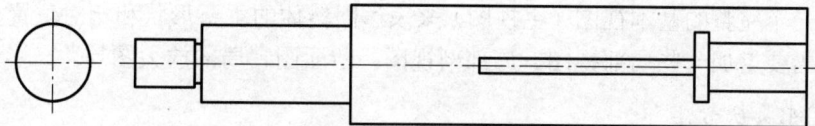

图 6-5 绘制主要轮廓

5）绘制键槽并按投影规律补画断面图（也可直接在剖切位置延长线上按尺寸画）；绘制螺纹、油孔及多处倒角；将圆圈内需要局部放大的轮廓线复制到图形外，并将图形放大 4 倍如图 6-6 所示。

6）将断面图移到键槽剖切位置延长线，画出剖切符号。将局部放大图轮廓移动到合适的位置，修改并补画轮廓线，再画出波浪线。填充所有剖面线（注意螺纹孔剖面线填充到粗实线），如图 6-7 所示。

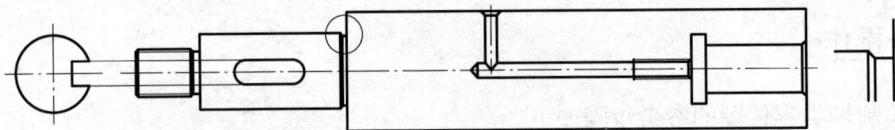

图 6-6　绘制断面图、局部放大图

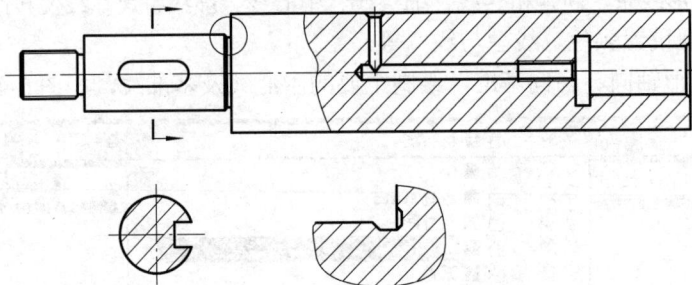

图 6-7　完善细节

7）运用已学的方法，依次标注图中常规尺寸、公差尺寸、特殊尺寸及局部放大图尺寸等。建议标注时既根据形体分析法，又按一定的顺序或规律，避免尺寸标注遗漏，同时也为其他标注留好空间。

8）运用已学的方法，标注形位公差及基准、表面粗糙度等；标上局部放大图名称，画出剖切位置符号；注写技术要求文字等。

9）仔细检查整个图形及所有标注，填写标题栏，完成零件图绘制。

相关知识

轴套类零件一般是由同一轴线、不同直径的圆柱、圆锥等构成的阶梯状的回转体。其轴向尺寸一般比径向尺寸大，零件上通常有轴肩、退刀槽、越程槽、键槽、倒角、圆角、螺纹、销孔、油槽、中心孔、锥度等结构。

为了便于加工，轴套类零件的主视图通常按加工位置（即轴线水平放置）来表达。一般只用一个完整的基本视图（主视图）来表达回转体的主要形状和相对位置，再根据结构表达需要增加一些局部视图、局部剖视图、断面图、局部放大图等。

1. 图形表达方法

（1）基本视图的画法

一般先绘制主视图的上半部分图形，除了细小结构外，尽量绘制完整；再用"镜像"命令得到下半部分图形。

（2）断面图的画法

若断面图形状、尺寸简单明了，可直接在剖切位置延长线上绘制；若有些结构必须通过投影规律绘制，就应该在主视图两侧就近绘制，然后将断面图移动到指定位置。

（3）局部放大图的画法

1）局部放大图有 3 种画法可供选择。

① 选取原图中相关线条，复制到指定位置，再按比例放大，然后修改细节。

② 直接在指定位置，按实际尺寸绘制完整的图形，再按比例放大。

③ 对于形状及尺寸简单的局部放大图，可直接按放大后的尺寸绘制。

2）局部放大图的尺寸标注。

局部放大图是按放大后的尺寸绘制图形，但必须按真实尺寸标注。当尺寸很少时，可以直接修改每个尺寸标注文字；当尺寸比较多时，则应该新建一个尺寸样式，修改"主单位"选项卡中测量单位的比例因子（即放大比例的倒数），然后用新样式标注。

3）若有些局部放大图只有剖面线，边缘没有波浪线，可先画出样条曲线，填充剖面线后删除。

2. 套类零件图

通常，套类零件是中空的，其主视图大多采用全剖或局部剖视图。如图 6-8 所示，绘制花键套时，除内部花键槽必须按"高平齐"投影规律绘制外，其他结构的绘图方法与轴类零件基本相似，此处不再重复。

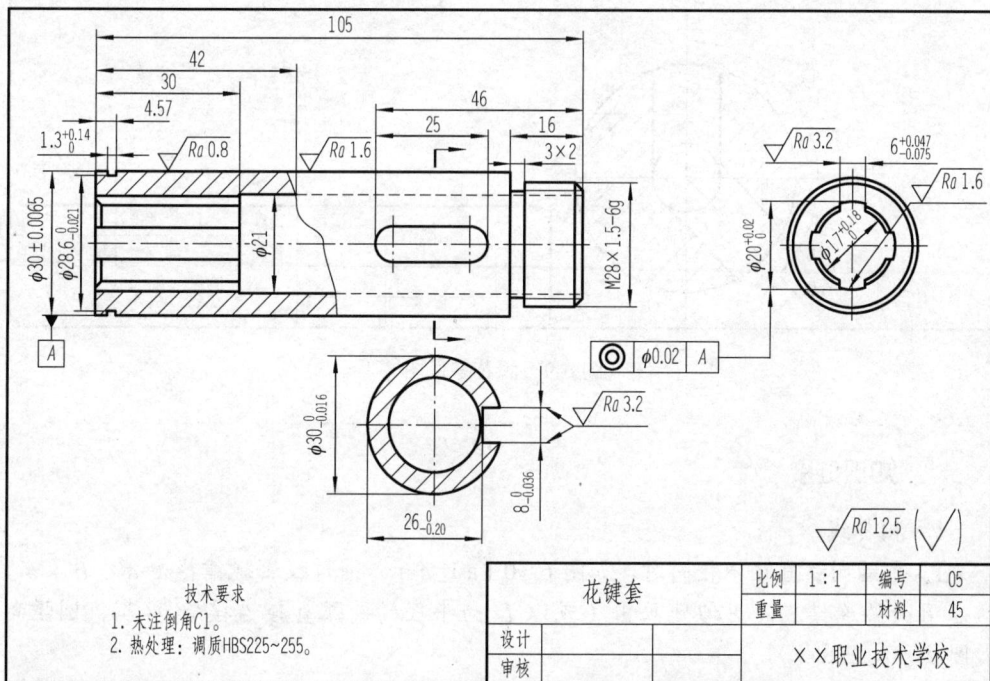

图 6-8　花键套零件图

3. 特殊的轴类零件

锥度轴、偏心轴、曲轴、齿轮轴等都是特殊类型轴。锥度及相贯线的绘制见"知识链接"部分，偏心轴或曲轴的偏心轴段可以先按同轴绘制，再移动一个偏心距；倾斜结构或孔、槽也可以先正画，然后旋转对应的角度；齿轮轴的轴段部分与一般轴绘制方法类似，齿轮部分按齿轮的规定画法绘制。图 6-9 所示的阀芯包含了锥度、相贯线、螺纹及倾斜结构等画法。

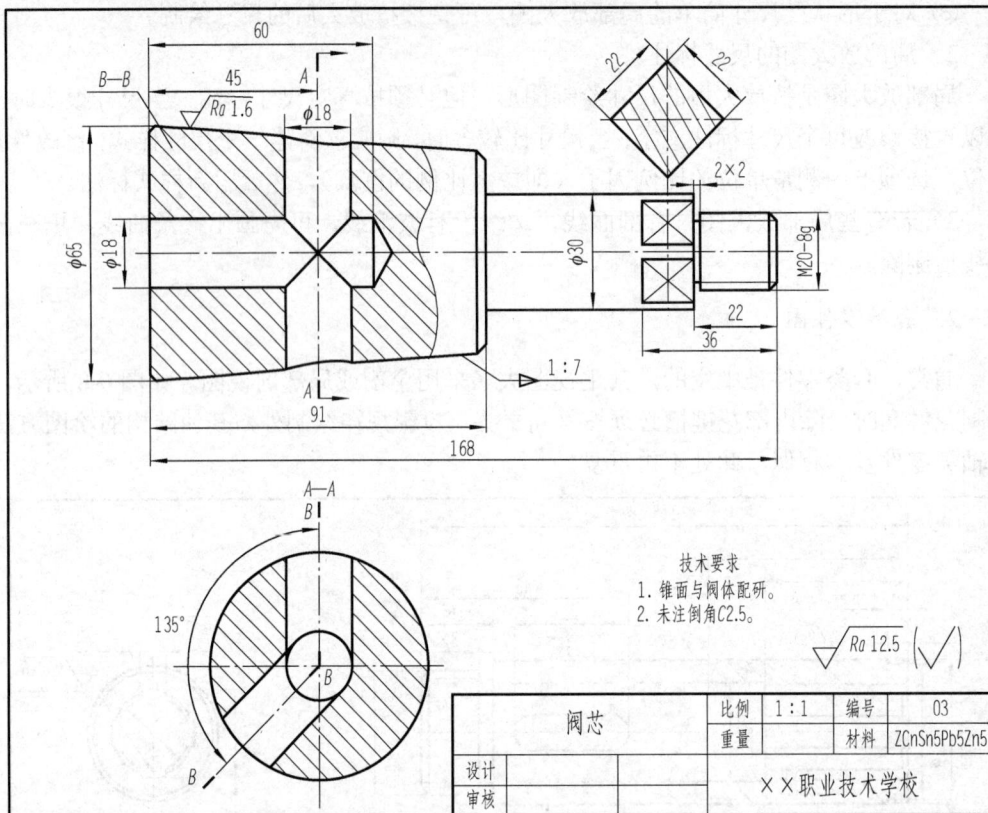

图 6-9 阀芯零件图

知识链接

1. 相贯线

1）当两圆柱直径不相同时，如图 6-10（a）所示，通过投影规律找出 a'、b'、c'，然后用圆弧连接三点近似地画出（或以 D 为半径的圆弧直接连接 a' 和 b'，圆弧向大圆柱方向凸出）。

2）当两圆柱直径相同时，如图 6-10（b）所示，通过投影规律找出 a'、b'、c'，直接用直线段连接。

圆柱孔的相贯线画法与圆柱体同理。

（a）两直径不同　　　　　　　　　　　　　　（b）两直径相同

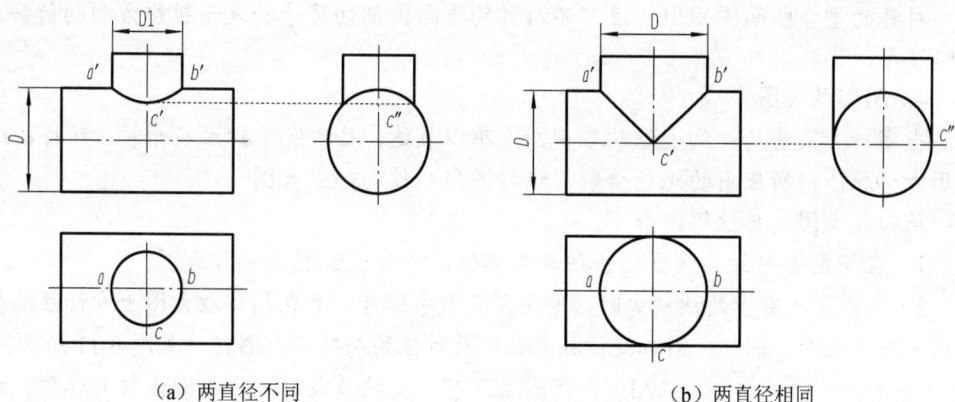

图 6-10　圆柱体相贯线画法

2. 锥度与斜度

锥度与斜度的比较如表 6-1 所示。

表 6-1　锥度与斜度的比较

锥度	斜度
正圆锥底圆直径与圆锥高度之比	一线（面）相对另一线（面）的倾斜程度
锥度符号与锥度方向要一致	斜度符号与斜度方向要一致

通常先按锥度或斜度值画出一小段线段，再通过延伸或偏移得到所需的锥度或斜度线。

3. 断面图

断面图是假想用剖切面将零件的某处切断，仅画出其断面的图形。根据断面图配置位置的不同，可分为移出断面图和重合断面图。

1）移出断面图的轮廓用粗实线绘制，尽量画在剖切位置的延长线上，必要时也可配置在其他位置。当剖切平面通过回转面形成的孔或凹坑时，或剖切平面通过非圆孔导致断面完全分离时，应按剖视图绘制。

移出断面通常要标注断面图名称如"A—A"，在相应的视图上用剖切符号表示剖切位置，并标注对应的字母，必要时用箭头表示投射方向。移出断面的配置位置不同，标注的内容也不完全相同。

2）重合断面是在轮廓之内用细实线绘制的断面图。不论与图形轮廓是否重叠，断面图的轮廓线都需完整、连续地画出。

对称的重合断面图不用标注，不对称的要画出剖切符号和表示投影方向的箭头，省略字母。

4. 局部放大图

当零件上某些局部细小结构在视图上难以表达，且不便于标注尺寸时，可将该结构用大于原图形所采用的比例绘制，这种图形叫作局部放大图。

局部放大图的标注规定如下。

1）在视图上用细实线圆圈出被放大部位，并就近配置局部放大图。

2）当视图上有多处被放大时，要用罗马数字编号，并在局部放大图上方标注编号和所采用的比例。例如，第二处被放大部位及对应的局部放大图标注如图6-11所示。

3）当视图上只有一处被放大时，只要圈出放大部位，在局部放大图上方注明所采用的比例即可。

图6-11 局剖放大图标注

5. 螺纹

（1）螺纹结构的画法及注意事项

1）螺纹小径一般按公称直径的0.85倍画出，如图6-12所示。

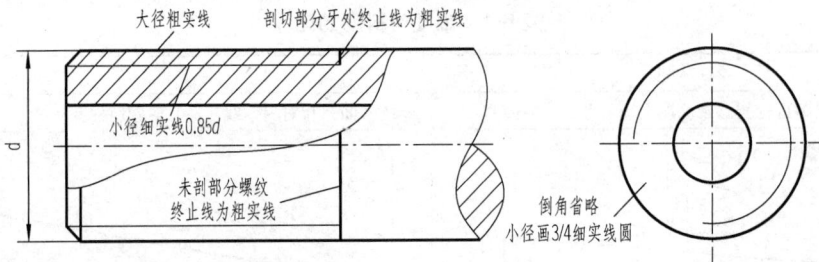

图6-12 外螺纹的画法

2）表示牙底的3/4细实线圆，其缺口一般画在左下方，不要在中心线处剪断。

3）螺纹终止线用粗实线画出，外螺纹剖切时仅在螺纹牙处画出。

4）无论内、外螺纹，在剖视图或断面图中剖面线都必须画到粗实线。

5）绘制不通螺孔时，一般钻孔深度与螺纹深度分别画出。没有标注深度时，钻孔与螺孔的深度差可取公称直径的0.5倍，锥顶部分应画120°，如图6-13所示。

（2）普通螺纹的完整标记

例如，M16×Ph3 P1.5-5g-6g-L-LH，含义如下：

1）M为螺纹特征代号，表示普通螺纹；16是公称直径，即大径16mm。

2）Ph3是螺纹导程为3mm；如果是单线螺纹不标注导程。

3）P1.5是螺纹螺距为1.5mm；粗牙螺纹不标注螺距。

4）5g、6g分别是中径、顶径公差带代号，两公差带代号相同时，只注写一个。

5）L是旋合长度代号，长为L、中为M、短为S；中旋合长度不用标注。

6）LH是旋向左旋，右旋不标注。

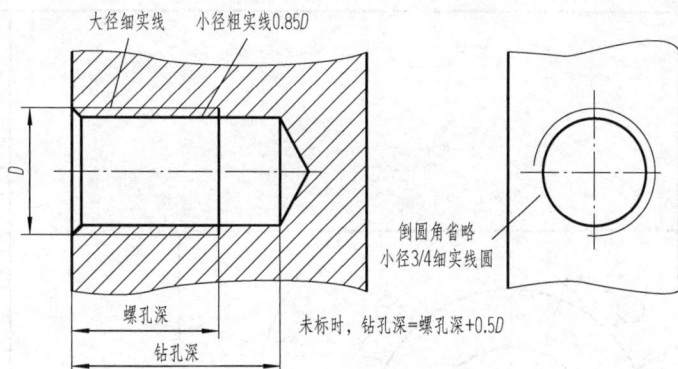

图 6-13 内螺纹孔的画法

6. 轴类零件常见的简化画法

1）平面的表达方法：当图形不能充分表达平面时，可用平面符号（两条相交的 X 形细实线）表示。

2）折断画法：当较长零件（轴、杆、型材、连杆）沿长度方向的形状一致或按一定规律变化时，可断开后缩短绘制，但尺寸仍按实际标注（标注时输入 T 或 M 直接修改）。

3）移出断面图的简化画法：在不致引起误解的情况下，移出断面图允许省略剖面符号，但必须按国标标注。

4）细小结构的省略画法：较小结构在一处已表达清楚时，其他图形可简化画出或省略不画。

5）网状物、编织物或滚花部分，可在轮廓线附近用细实线示意画出，并在技术要求中注明具体要求。

任务 3 绘制轮盘类零件图

任务描述

选择合适的图形样板，绘制图 6-14 所示的轮盘类零件图，并标注完整。

任务操作

绘制轮盘类零件图的参考步骤如表 6-2 所示。

技术要求
1. 未注圆角为R1。
2. 未注倒角为C1.5。

轮盘

φ114

φ85

φ55₋₀.₀₂

φ42₊₀.₀₂₇

φ70₊₀.₀₁₂₋₀.₀₃₂

φ130

4×φ7沉孔φ12深6

Ra 1.6 2×φ5

Ra 1.6

Ra 25

Ra 0.8

Ra 3.2

φ0.02 A

M6

18.5

C1

110

42

12

3

45°

3

1

4:1

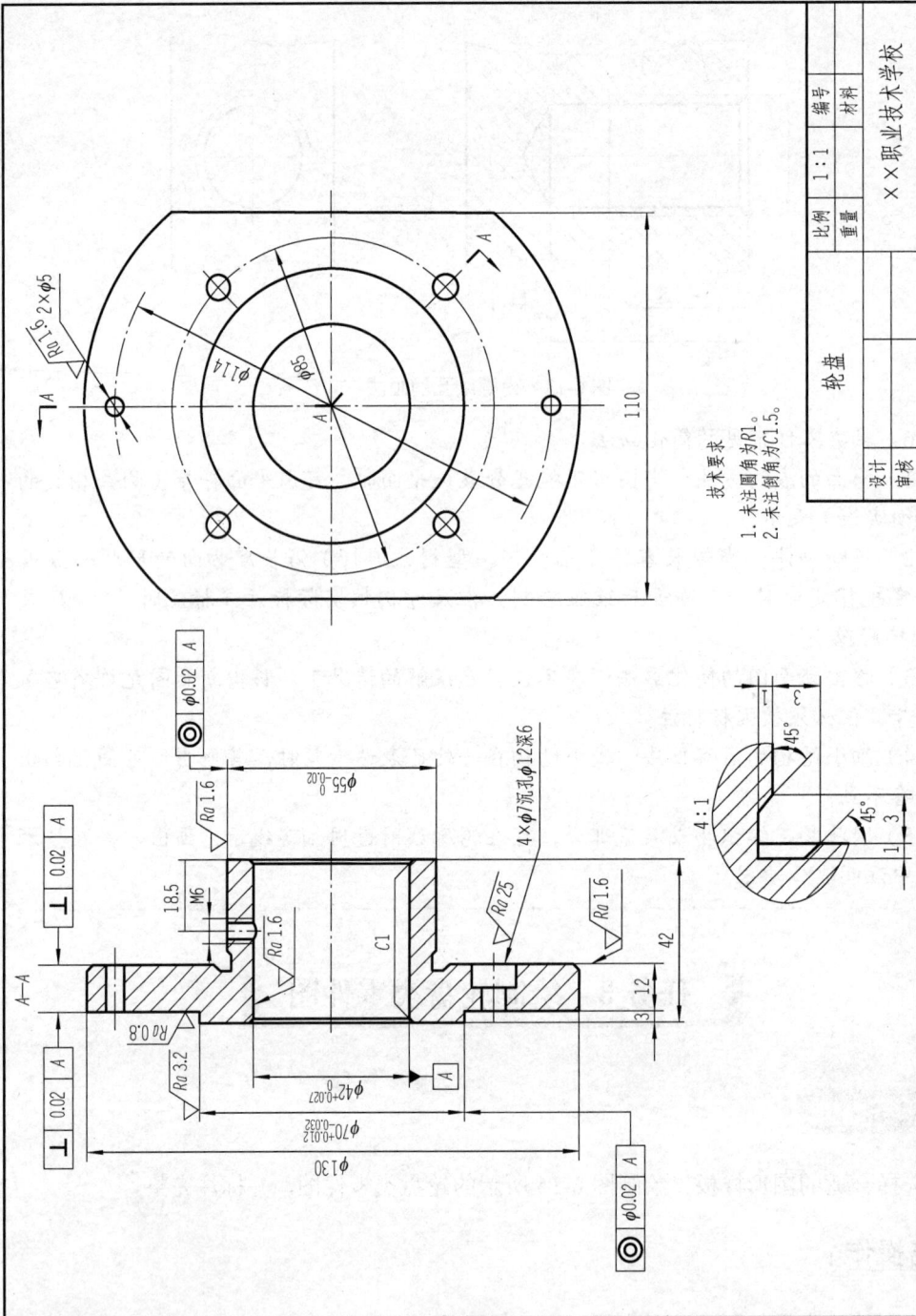

图 6-14 轮盘类零件图

× × 职业技术学校

比例 1:1 编号
重量 材料

设计 审核

180

表 6-2　绘制轮盘类零件图的参考步骤

步骤	分步任务图	步骤说明
第1步	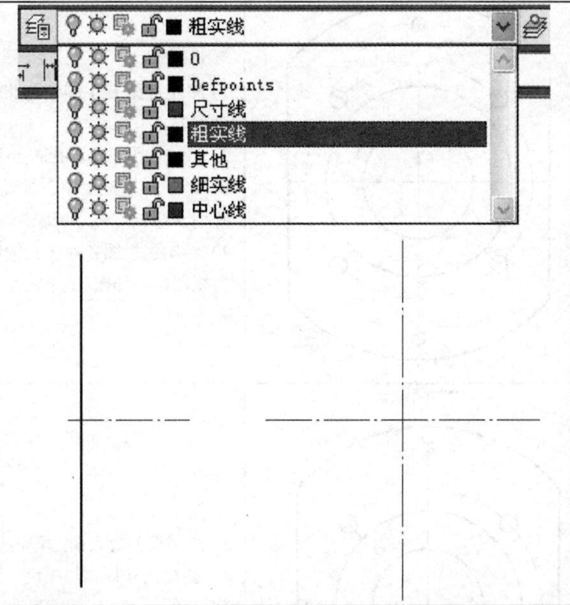	1）根据零件图大小，选择 Gb_a3 横向图形样板。 2）分析图形线条，新建粗实线、细实线、中心线、尺寸线及其他层，并按常规设置线条颜色、线型与线宽等。 3）分析图形尺寸基准，绘制图形主要的基准中心线及基准线
第2步	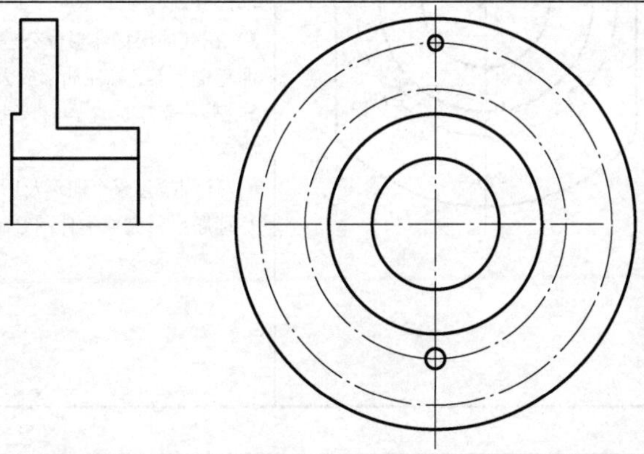	先绘制左视图系列圆，再根据投影规律绘制主视图外形及内孔轮廓，倒角等细小结构暂不考虑。主视图上下基本对称，可画一半然后镜像，左视图旋转剖处的沉孔先绘制在下方对称中心线上，便于主视图上按投影规律绘制
第3步	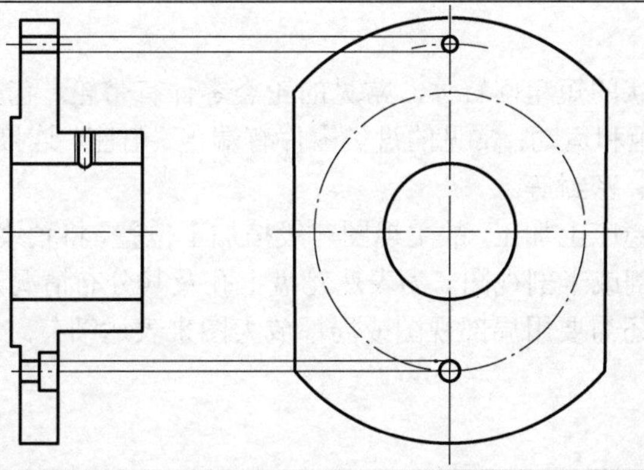	1）将左视图中心线向两侧偏移 55，得到两条辅助线，修剪左视图轮廓线，并调整各处中心线的长度合适。 2）按投影规律，绘制主视图上方 $\phi5$ 销孔与下方沉孔结构。 3）根据尺寸补画主视图中 M6 螺孔，近似绘制螺孔的相贯线

续表

步骤	分步任务图	步骤说明
第 4 步	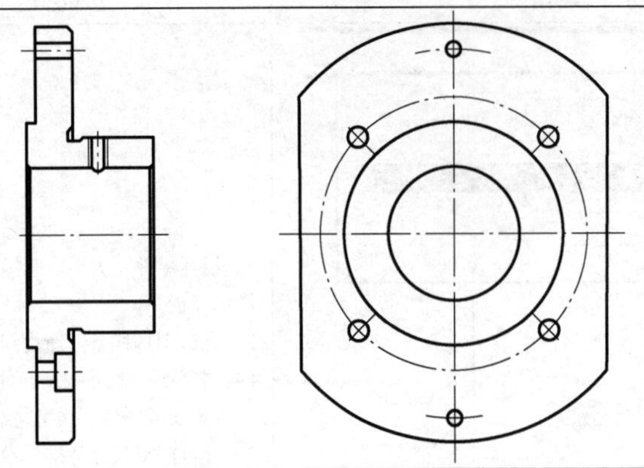	1）将左视图上方 $\phi5$ 销孔及中心线镜像到下方。 2）将左视图下方沉孔 $\phi7$ 小圆绕中心点旋转 $45°$，补画上中心线后，一并环形阵列。 3）绘制主视图各处 $C1$ 倒角，再绘制主视图轴肩环槽，上下镜像后修剪线条
第 5 步	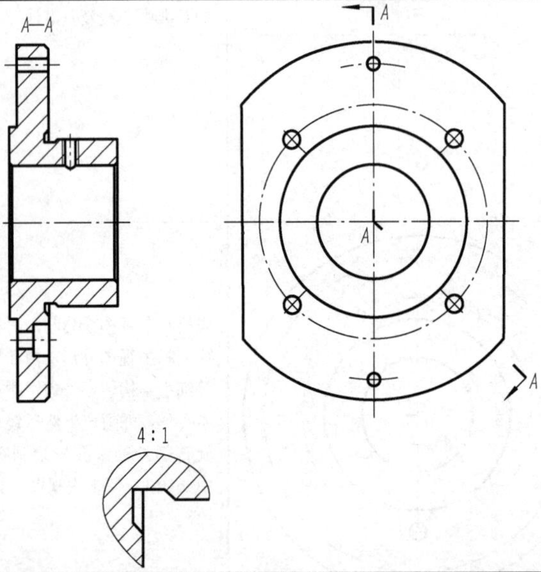	1）绘制局部放大图，填充所有剖面线。 2）新建尺寸样式，在尺寸线层标注全部尺寸。 3）在其他层标注形位公差及基准、表面粗糙度等，标注局部放大图，画出旋转剖符号并标注，注写技术要求文字等。 4）仔细检查整个图形及所有标注，填写标题栏，完成零件图绘制

![相关知识]

轮盘类零件一般都是扁平状的短粗回转体。常见的轮类零件有带轮、齿轮、链轮、手轮等，其主要作用是传递扭矩和运动；常见的盘类零件有端盖、盘座、连接法兰盘等，其主要作用是支承、轴向定位、密封等。

轮盘类零件主要在车床或镗床上加工，故主视图一般按加工位置，将轴线水平放置；为清楚表达内部结构，常作全剖或半剖视图。为表达轮盘上孔及其分布情况，常加一个左视图或右视图来表达，有的还需要用局部视图或局部放大图来表达细节。

1. 图形表达方法

（1）基本视图的画法

在轮盘类零件图中，通常有一个视图投影为一系列的圆，轮廓比较直观，建议先画。

对于圆周上分布的孔或轮辐等，大多采用环形阵列命令得到。再使用对象捕捉追踪保证投影规律，绘制主视图内、外主要轮廓。轮盘类零件主视图上的结构大多也是对称的，通常也是绘制一半进行镜像。然后根据投影规律，一并绘制两个视图的其他细小结构。

（2）剖视图的配置与标注

1）剖视图可按投影关系配置，也可根据图形布局将其配置在其他位置。

2）剖视图一般应标注其名称，如"A—A"，还要在相应的视图上用剖切符号表示剖切位置和投影方向，并标注相同的字母，即标明剖视图名称、剖切位置和投影方向。

3）剖切符号是在剖切面的两端及转折位置，用 3～6mm 长的短粗实线绘制，就近标注对应的字母。剖切非对称结构时，还要在两端用箭头表示投影方向。剖切符号与图形轮廓不得相交，间距适中。

2. 轮类零件

轮类零件种类多种多样，结构繁简不一，绘图方法与盘类零件类似。齿轮、带轮结构相对简单，但齿轮零件图有点特殊，如图 6-15 所示，轮齿部分有规定画法（见"知识链接"部分），还要绘制齿轮参数表。手轮的结构相对复杂，在几个基本视图的基础上，还需要用断面图来表示轮辐截面等（见图 6-27）。

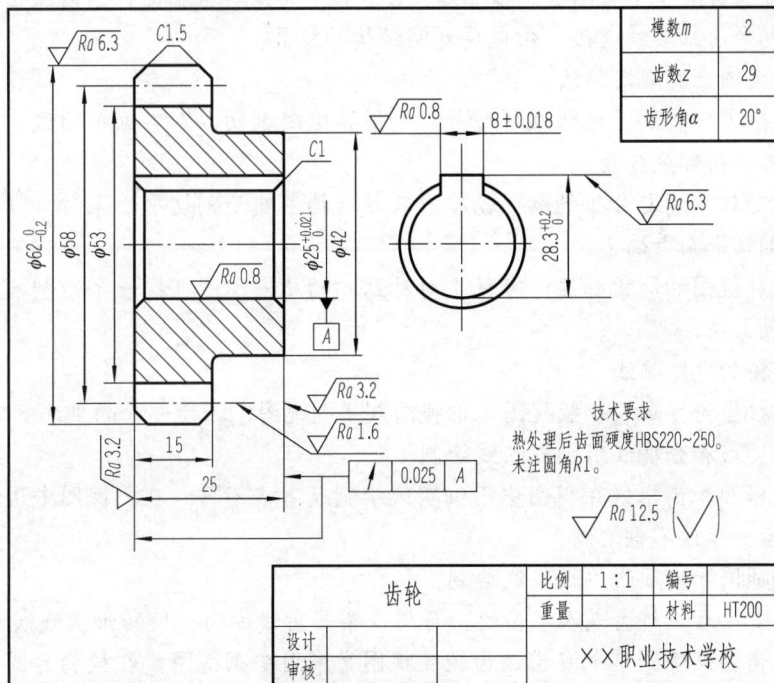

图 6-15 齿轮零件图

📖 **知识链接**

1. 轮盘类零件图常见的简化画法

1）在不致引起误解的情况下，对称零件的视图可以只画出 1/2 或 1/4，并在中心线的两端画出两条与其垂直的平行细实线，如图 6-16 所示。

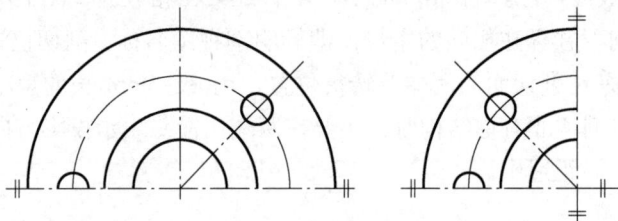

图 6-16　对称视图的简化画法

2）相同结构要素的简化画法。

对于零件上若干直径相同且成规律分布的孔，可以只画出一个或几个，其余用点画线表示其中心位置，但应标明孔的总数。

当零件具有若干个相同齿、槽等结构，并按一定规律分布时，只需画出几个完整的结构，其余用细实线连接，但也要标明结构的总数。

3）断面图上的规定画法。

① 对于零件的肋、轮辐及薄壁等，如果按纵向剖切，则不画剖面线，而用粗实线将它们与邻接部分分开。

② 当回转体均匀分布的肋、轮辐、孔等结构不处于剖切平面上时，可将这些结构旋转到剖切平面上画出。

4）局部视图的简化画法：零件上对称结构的局部视图可按一半绘制，也可采用波浪线断裂画法。

2. 齿轮的规定画法

1）圆柱齿轮可画成一般视图、剖视图或半剖视图，轮齿部分的画法如下：

① 分度圆和分度线用细点画线绘制。

② 齿根圆和齿根线在视图中用细实线绘制或省略不画；在剖视图中用粗实线绘制，但轮齿一律按不剖绘制。

③ 齿顶圆和齿顶线用粗实线绘制。

④ 当需要表达斜齿或人字齿时，可用 3 条与齿线方向一致的细实线表示。

2）锥齿轮画法：单个直齿锥齿轮主视图常采用全剖视图，在投影为圆的视图中规定用细实线画出大端和小端的齿顶圆，用点画线画出大端的分度圆。齿根圆和小端分度圆不必画出。

3）蜗杆与蜗轮的画法：蜗杆的齿顶圆或齿顶线用粗实线绘制，分度圆或分度线用细点画线绘制，齿根圆或齿根线用细实线画出或省略不画。

任务 4　绘制叉架类零件图

任务描述

选择合适的图形样板，绘制图 6-17 所示的拨叉零件图，并标注完整。

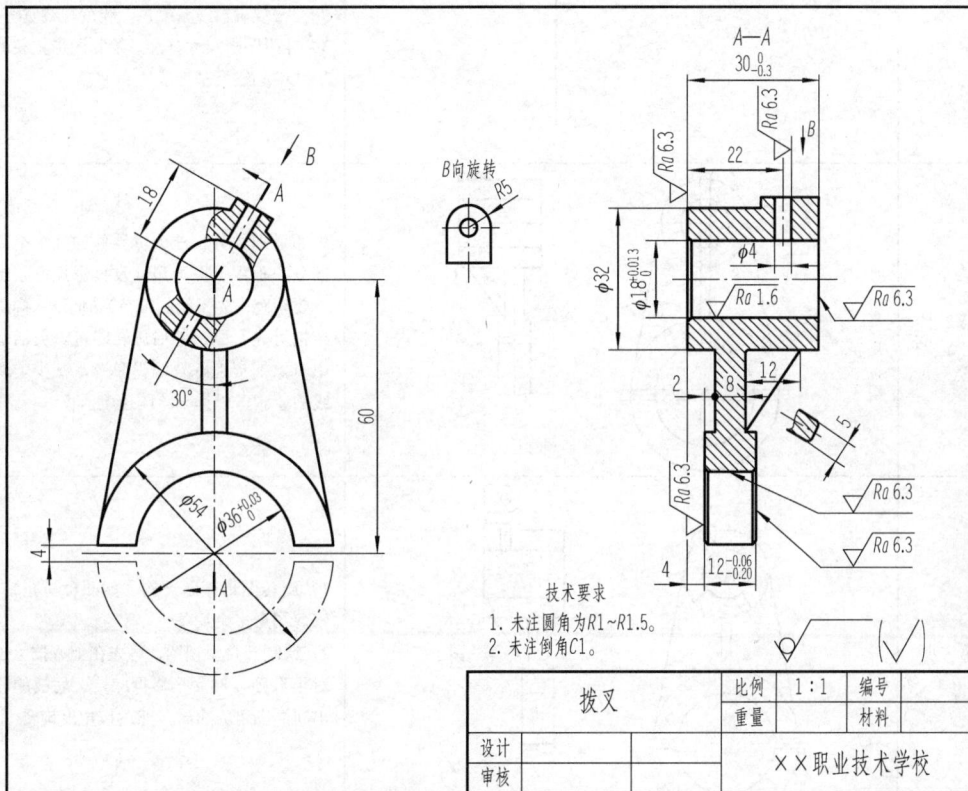

图 6-17　拨叉零件图

任务操作

1. 绘制拨叉类零件图的参考步骤

绘制拨叉类零件图的参考步骤如表 6-3 所示。

表 6-3　绘制拨叉类零件图的参考步骤

步骤	分步任务图	步骤说明
第 1 步	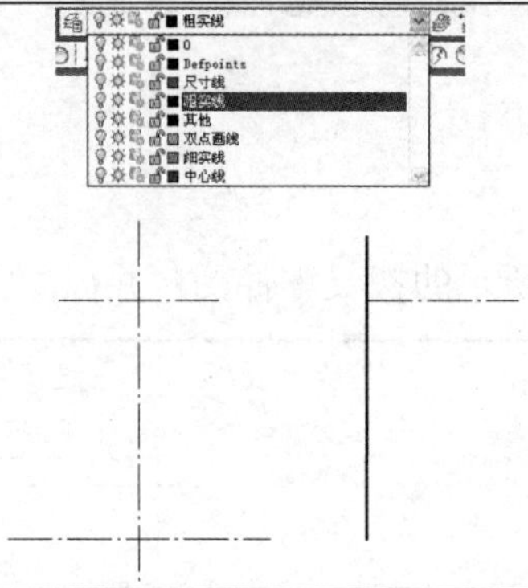	1）根据零件图大小，选择合适的图形样板。 2）分析图形线条，新建粗实线、细实线、中心线、双点画线、尺寸线及其他层，并按常规设置线条颜色、线型与线宽等。 3）分析图形尺寸基准，绘制图形主要的基准中心线及基准线
第 2 步	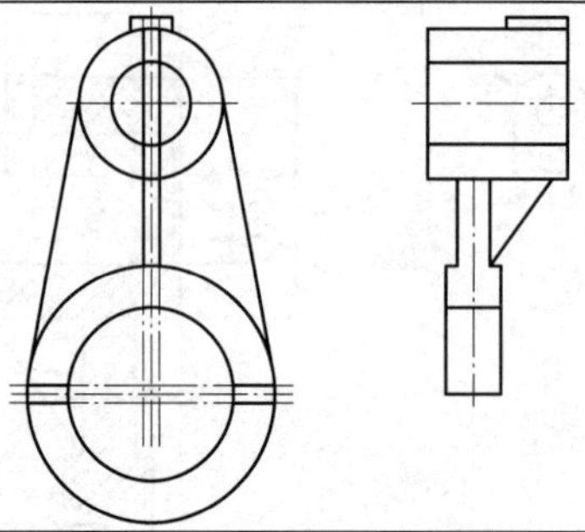	先通过形体分析法分析零件的几个组成部分，再根据图形尺寸及投影规律绘制主要轮廓（先不绘制细节）。提示：倾斜结构可先正画，然后旋转即可。灵活运用对象捕捉追踪及编辑命令，减少辅助线的绘制，以提高绘图速度
第 3 步	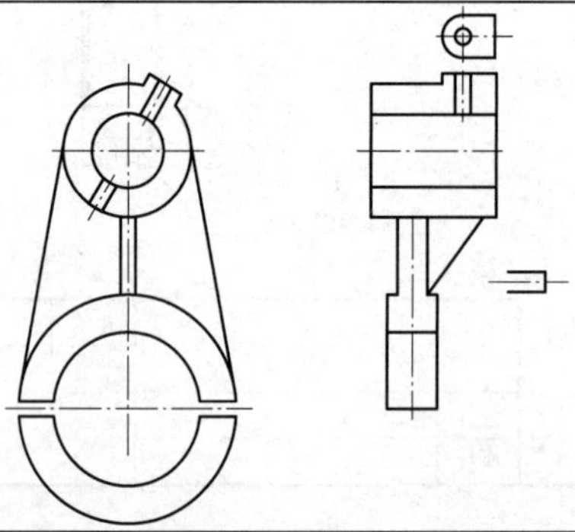	1）旋转图形倾斜结构（如凸台与孔），修剪图形多余线条。 2）绘制凸台斜视图，可先在上方按"长对正"画，然后平移再旋转。肋板的移出断面图可先正画，然后按角度旋转
第 4 步	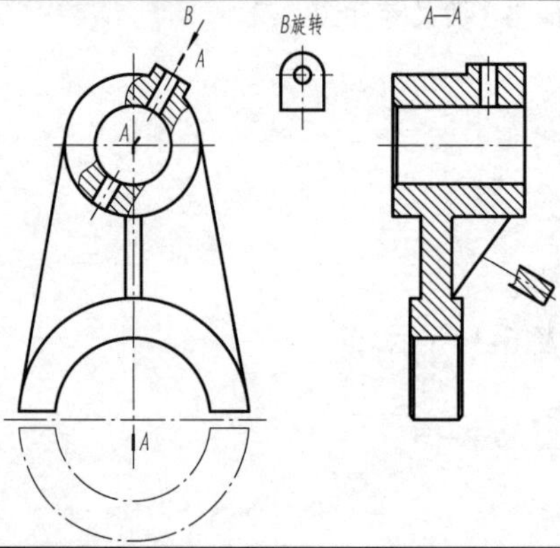	1）绘制图形细节，补画波浪线，填充全部剖面线。 2）新建尺寸样式，在尺寸线层标注全部尺寸及公差。 3）在其他层标注形位公差、表面粗糙度，标注旋转剖视图及斜视图的相关内容。 4）仔细检查整个图形及所有标注，填写标题栏，完成零件图绘制

2. 绘制支架类零件图的参考步骤

支架类零件图如图 6-18 所示。

绘制支架类零件图的参考步骤如表 6-4 所示。

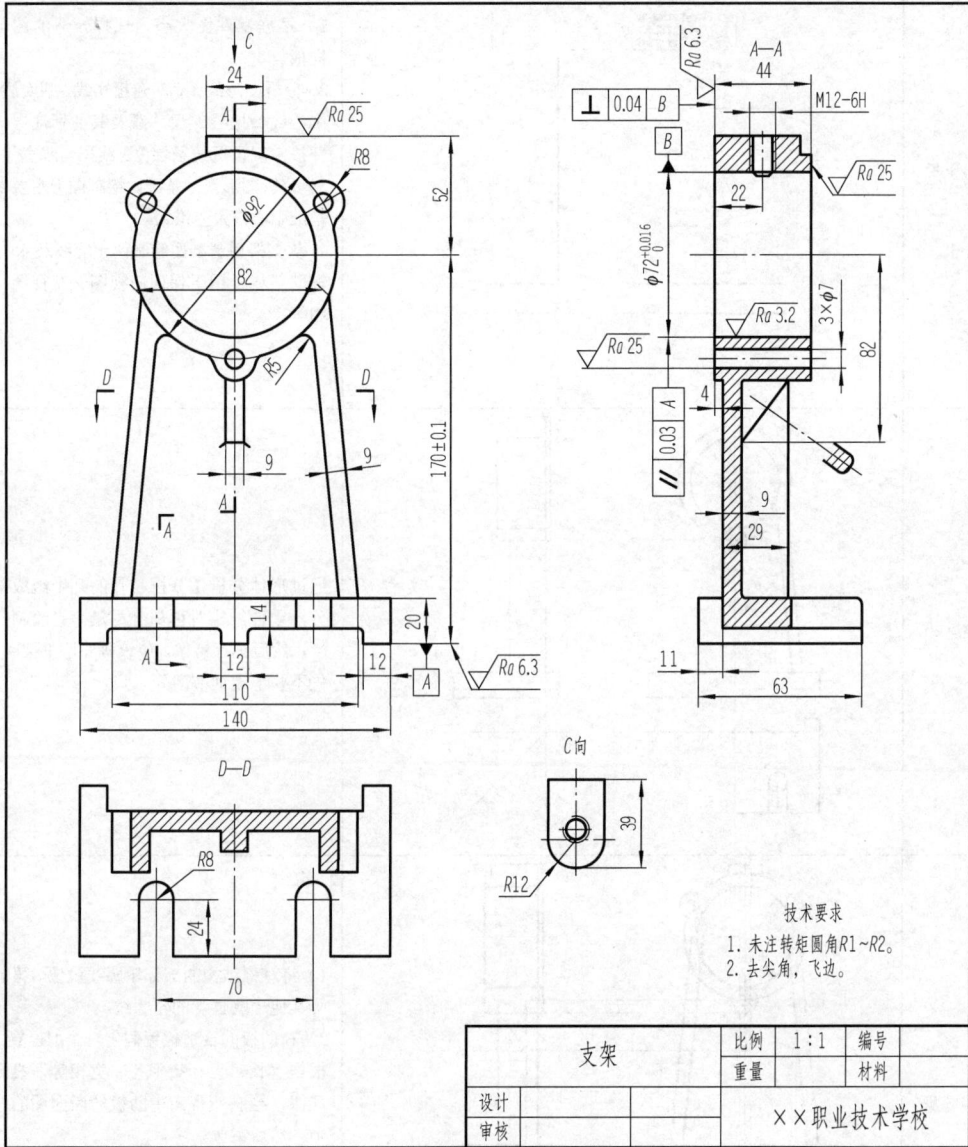

图 6-18 支架零件图

表 6-4　绘制支架类零件图的参考步骤

步骤	分步任务图	步骤说明
第1步	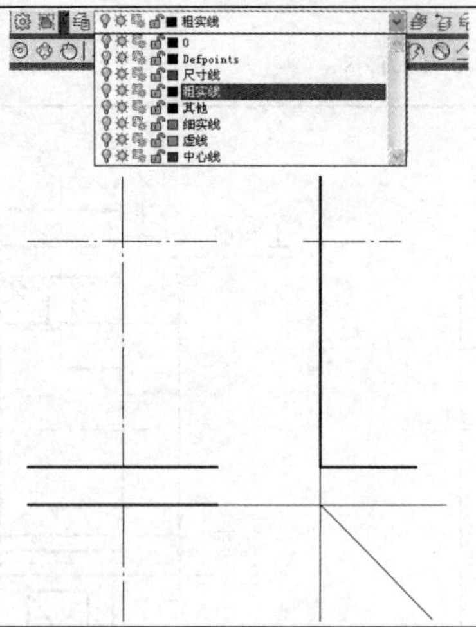	1）根据零件图大小，选择合适的图形样板。 2）分析图形线条，新建粗实线、细实线、中心线、虚线、尺寸线及其他标注层，并按常规设置线条颜色、线型与线宽等。 3）分析图形尺寸基准，绘制图形主要的基准中心线及基准线。 4）从支架后基准面绘制两正交线及45°辅助斜线，用于保证俯视图、左视图宽相等
第2步	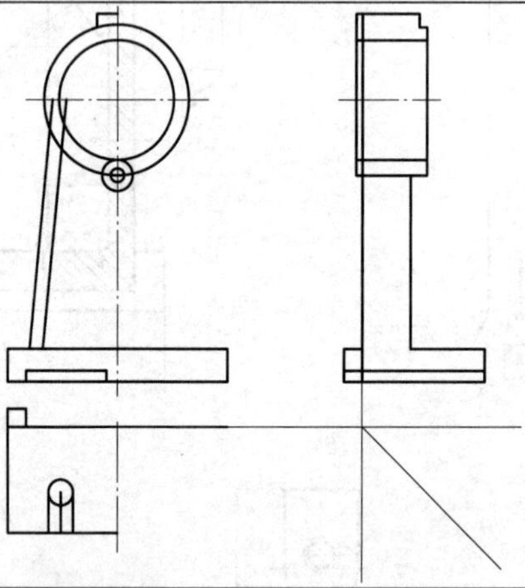	通过形体分析法分析零件的几个组成部分，零件结构对称部分尽量考虑绘制一半，然后进行镜像。建议画轮廓框架时，先不要考虑细节部分
第3步	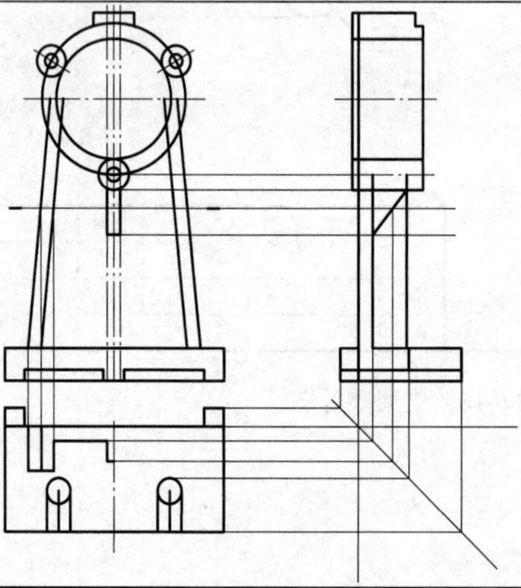	1）将对称结构的部分轮廓线镜像，再补画其他一些直观的轮廓线。 2）在肋板的合适位置假定一个剖位置，根据"长对正、高平齐、宽相等"投影规律，绘制俯视图中肋板的断面图的一半，然后镜像。 提示：图中的辅助线是用来表达投影关系的，能用对象捕捉追踪及尺寸来保证投影规律的，尽量少画甚至不画辅助线

续表

步骤	分步任务图	步骤说明
第4步	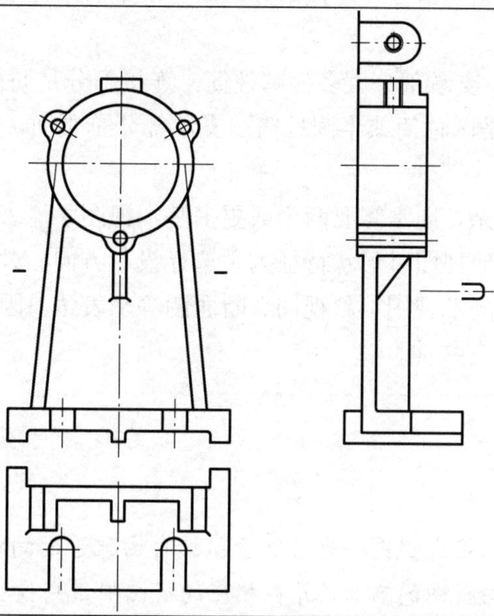	1）修剪多余轮廓线条，绘制各处圆角。 2）在左视图上方，按投影规律绘制凸台的局部视图，再移动到左视图下方合适位置，补画波浪线，再旋转-90°。 3）在三角肋板附近，按水平方向绘制移出断面图，再旋转到与肋板斜边垂直（或直接画出斜边垂线偏移）
第5步	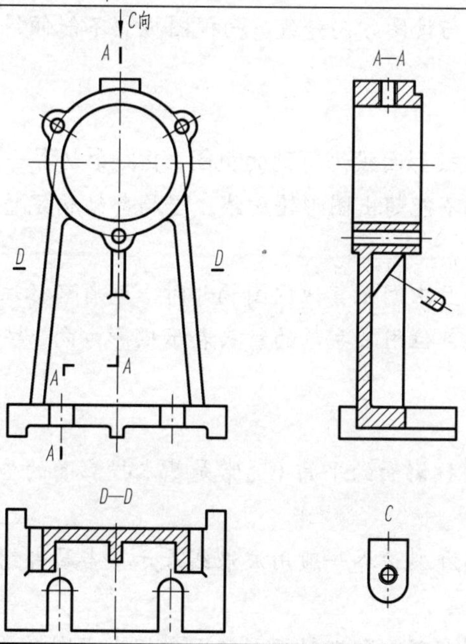	1）填充图形各处剖面线（移出断面可选不封闭的轮廓线对象进行填充，也可以补画线条封闭后填充，再删除辅助线条）。 2）将尺寸层置为当前层，创建尺寸样式，标注尺寸及公差。 3）将标注层置为当前层，标注形位公差及表面粗糙度。标注剖切符号及剖视图，再标注局部视图。 4）仔细检查整个图形及所有标注，填写标题栏，完成零件图绘制

相关知识

　　叉架类零件主要用于操纵、调节、连接、支承等，常见的有拨叉、摇臂、杠杆、连杆、支架、拉杆、支座等。这类零件的毛坯形状较为复杂，多为铸件或锻件，因而有圆角、凸台、沉孔等常见结构，且需要经过多种机械加工。

叉架类零件一般由工作部分、支承部分和连接部分组成。根据其结构形状不同，通常可分为两大类。

1）拨叉类：工作部分是叉状，支承部分大多为圆柱筒，连接部分是肋板。

2）支架（座）类：工作部分是圆柱筒或半圆柱筒；支承部分是平面，连接部分为肋板。

叉架类零件主体形状结构较复杂，通常需要两个或更多基本视图才能表达清楚。主视图的表达遵循工作位置原则，其他视图以形状特征为主选择投影方向。对于零件上的弯曲、倾斜结构及肋板等，还需用局部视图、斜视图、断面图等来表达。因此，在绘图时，不像轴套类或轮盘类零件那样有共性。

📖 **知识链接**

1. 向视图

向视图是未按规定位置配置的基本视图。为了便于识读自由配置的向视图，应在其上方用大写的拉丁字母标出该向视图的名称，并在相应的视图附近用箭头指明投射方向，注上相同的字母，字头方向与读图方向一致。向视图投影不能倾斜，不能旋转配置，不能只画出部分。

2. 局部视图

局部视图是将零件局部向基本投影面投影得到的视图。其断裂边界一般用波浪线表示，画出的波浪线不能走空，也不能超出图形轮廓线。当局部结构完整，且外形轮廓封闭时，波浪线省略不画。

当局部视图按投影关系配置，且中间无其他视图隔开时，可省略标注。否则要在局部视图的上方标注字母，在表达部位用带字母的箭头表示投影方向，字头方向与读图方向一致。

3. 斜视图

斜视图是形体向不平行于基本投影面的平面（通常是基本投影面的垂直面）投射所得到的视图。

斜视图的画法同局部视图，其断裂边界一般用波浪线表示，当局部结构完整，且外形轮廓封闭时，波浪线省略不画。

斜视图通常按局部视图配置与标注，即在斜视图的上方标出视图名称，在相应的视图附近用带字母的箭头指明投射方向。斜视图按旋转后画出时，就标注"X向旋转"，字头方向与读图方向一致。

任务 5 绘制箱体类零件图

任务描述

选择合适的图形样板,绘制图 6-19 所示的箱体类零件图,并标注完整。

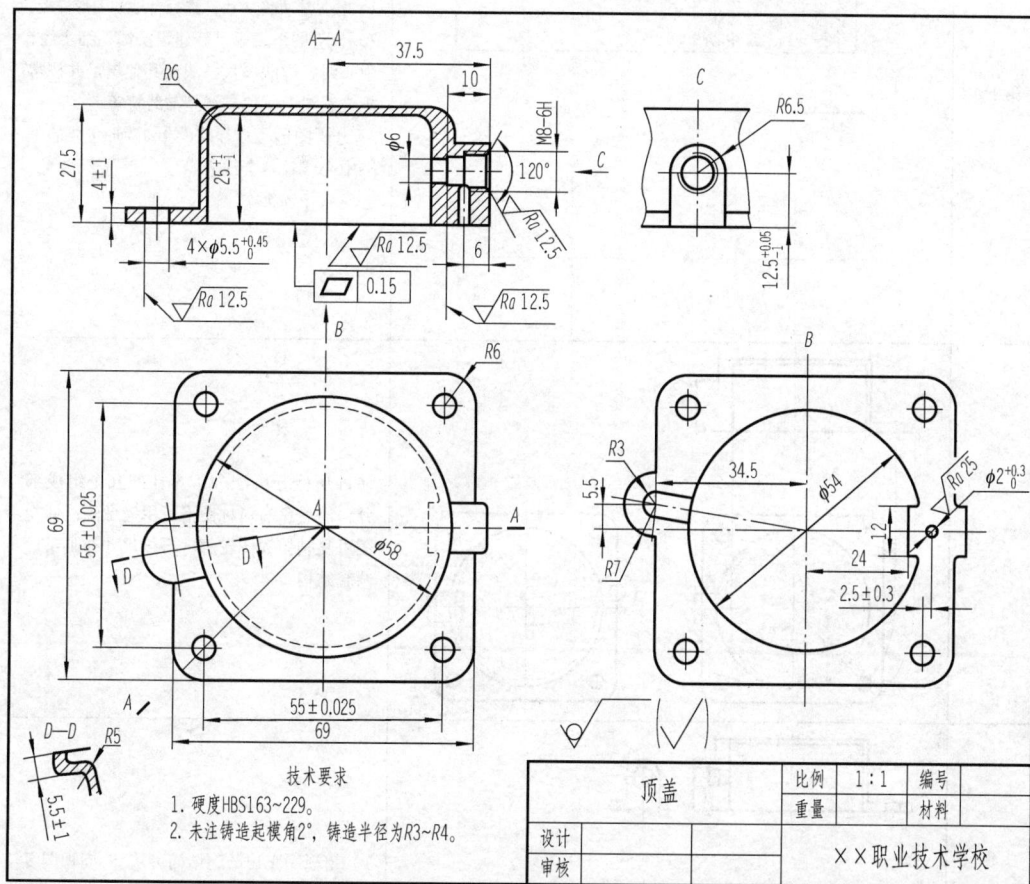

图 6-19 顶盖零件图

任务操作

绘制箱体零件图的参考步骤如表 6-5 所示。

表 6-5　绘制箱体零件图的参考步骤

步骤	分步任务图	步骤说明
第1步	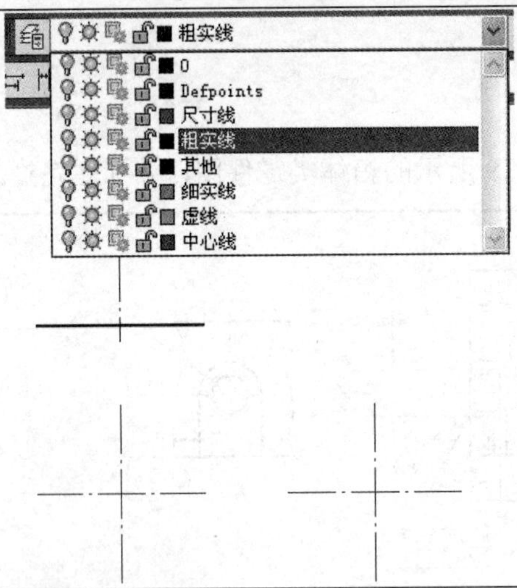	1）根据零件图大小，选择合适的图形样板。 2）分析图形线条，新建粗实线、细实线、中心线、虚线、尺寸线及其他层，并按常规设置线条颜色、线型与线宽等。 3）分析图形尺寸基准，绘制图形主要的基准中心线及基准线
第2步	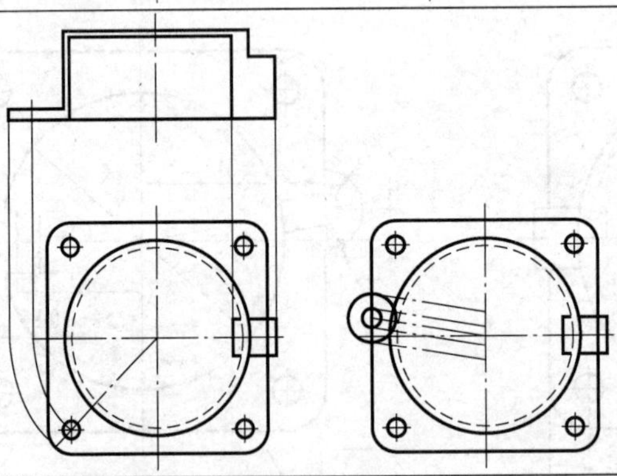	通过形体分析法分析零件的几个组成部分。前后左右对称图形可用镜像法；仰视图可复制俯视图轮廓，再按尺寸补画左边凸起结构
第3步	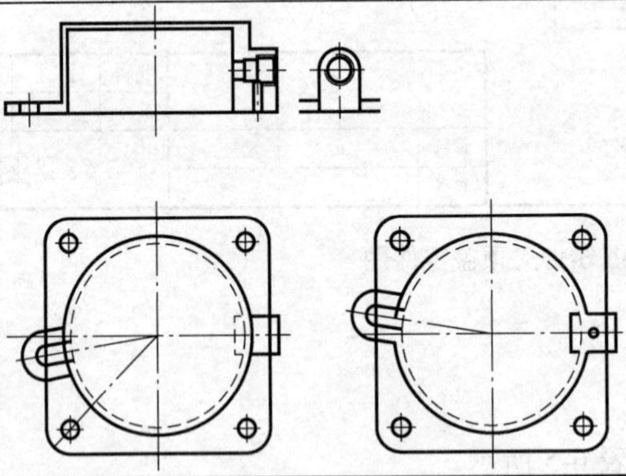	1）俯视图左边凸起结构可从 *B* 向视图复制后，镜像（删源对象）到下方。 2）在主视图右侧就近根据"高平齐"投影规律，绘制 *C* 向局部视图

续表

步骤	分步任务图	步骤说明
第4步		1）绘制 C 向局部视图及 D—D 局部剖视图，补画主视图螺孔等细节。 2）新建标注样式，在尺寸线层标注全部尺寸。 3）在其他层标注形位公差及基准、表面粗糙度及其他符号，注写技术要求。 4）仔细检查整个图形及所有标注，填写标题栏，完成零件图绘制

相关知识

箱体类零件一般为部件外壳，是由均匀的薄壁围成不同形状的空腔，结构形状比较复杂，主要用来支承、包容、保护其他零件。减速器箱体、阀体、泵体等都属于箱体类零件。

1. 箱体类零件的特点

箱体类零件大多为铸件、焊接件、冲压件，通常由支承、润滑、安装、加强 4 个部分组成，因此常见的结构有轴孔、凸台、销孔、油孔、螺纹孔、沉孔、肋板、铸造圆角、拔模斜度等结构。

2. 箱体类零件的表达方法

箱体类零件结构较复杂，通常采用三个以上基本视图，并广泛运用各种方法表达。由于加工工序多，加工位置多变，所以主视图一般按工作位置绘制。其他视图是用来配合主视图表达箱体内外形状的，采用多少视图要根据零件结构的复杂程度确定。为表达箱体的内部形状，可根据其具体结构选择足够数量的全剖或半剖。为减少视图数量，也经常在同一图形中，既用视图表达外形，又用局部剖视图表达内部结构。

思考与练习

选择 CAD 国家标准图形样板或自制的样板，绘制图 6-20～图 6-34 所示的零件图，在图框中合理布局并标注完整，填写标题栏内容。

1. 轴套类零件图（图 6-20～图 6-23）。

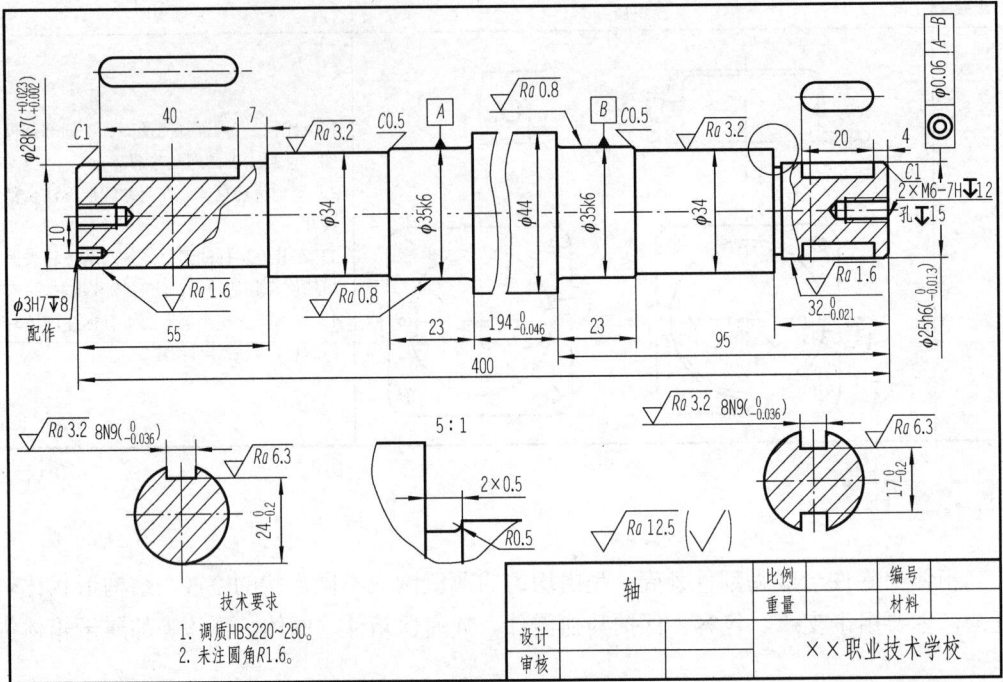

图 6-20 主轴零件图

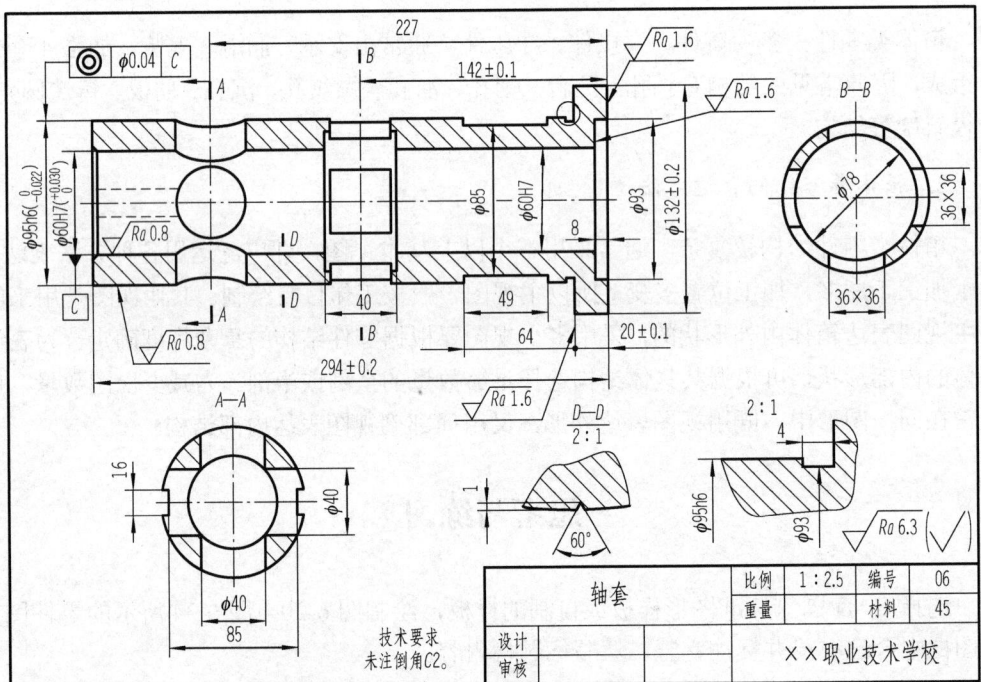

图 6-21 轴套零件图

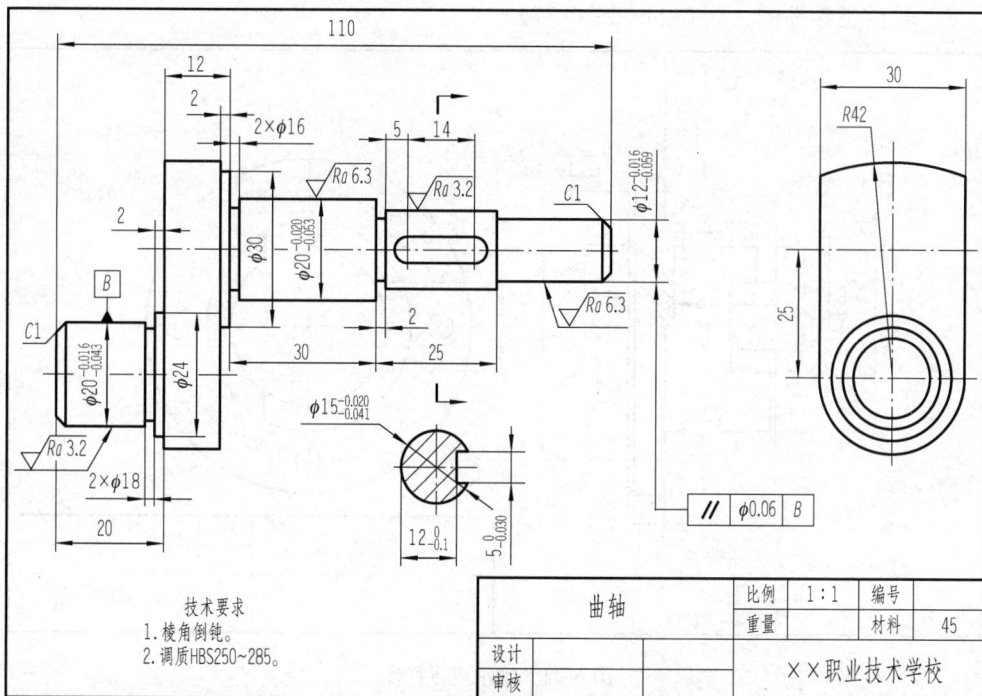

图 6-22　曲轴零件图

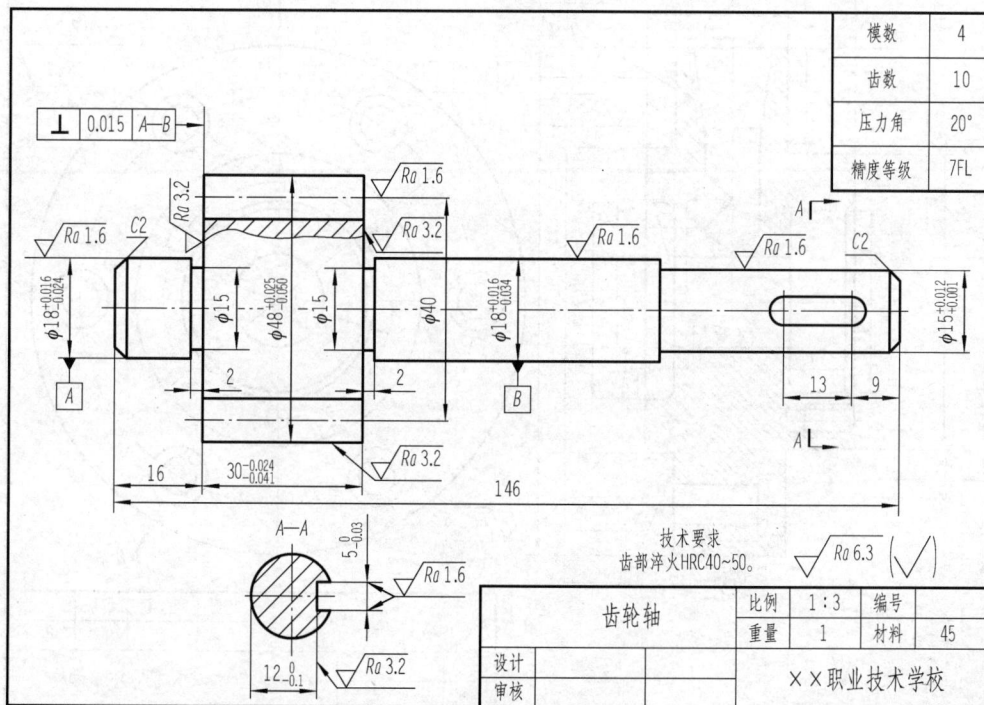

图 6-23　齿轮轴零件图

2. 轮盘类零件图（图 6-24～图 6-27）。

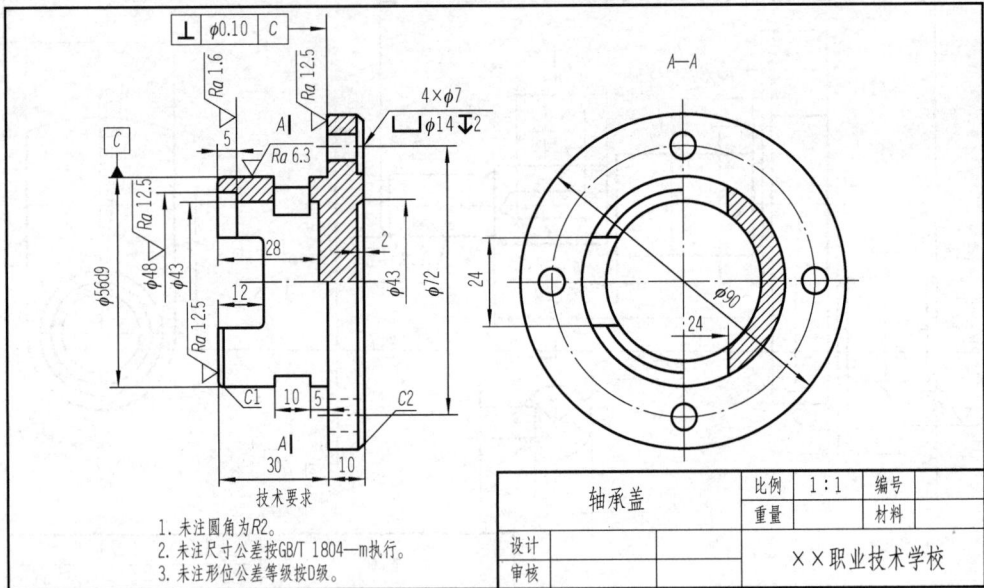

图 6-24　轴承盖零件图

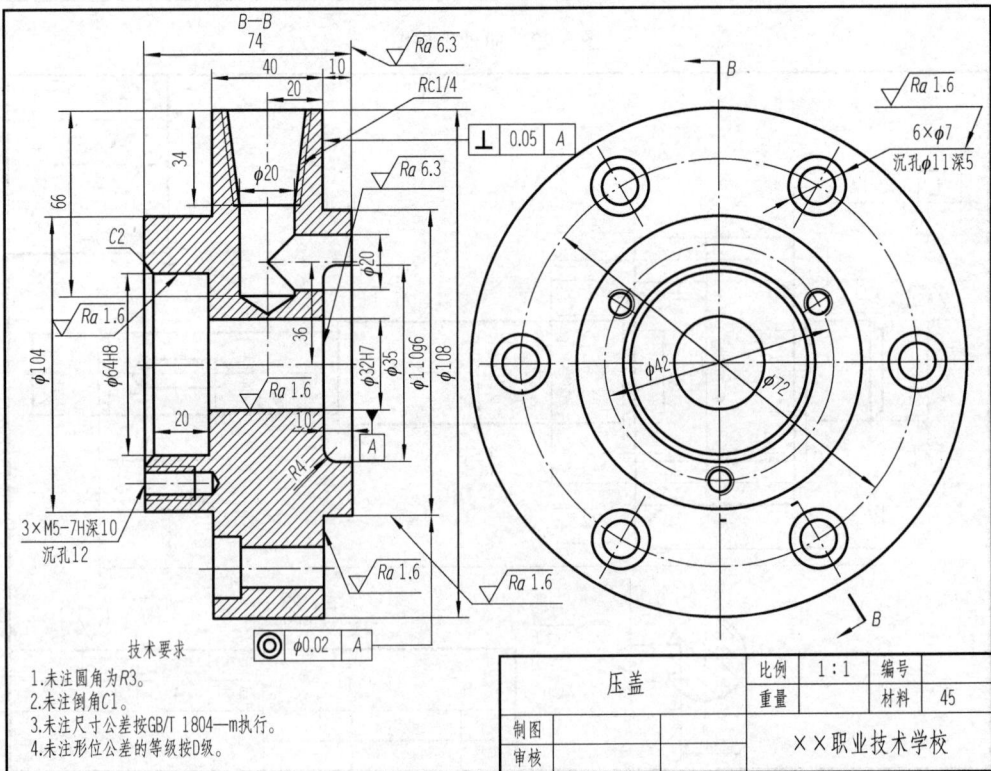

图 6-25　压盖零件图

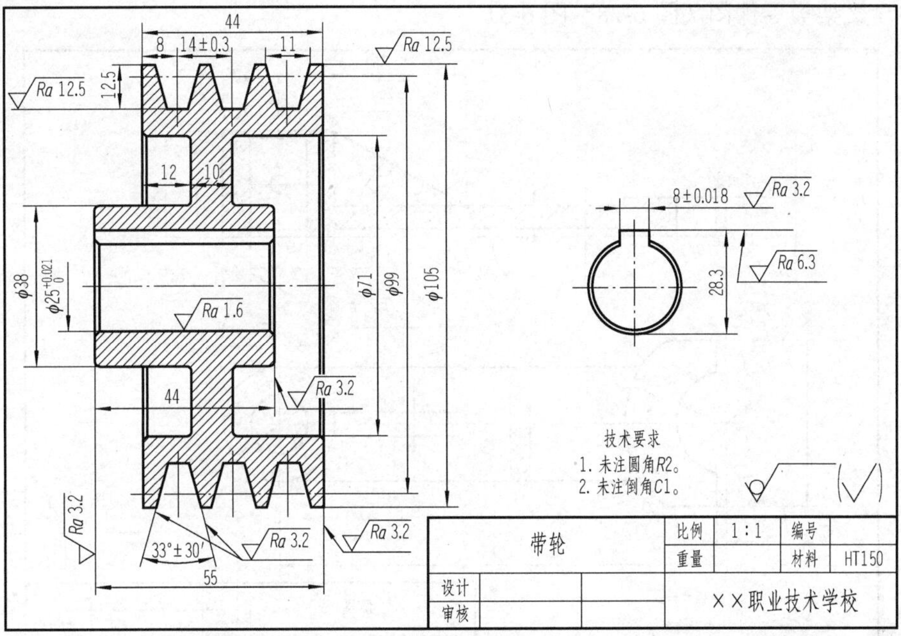

图 6-26 带轮零件图

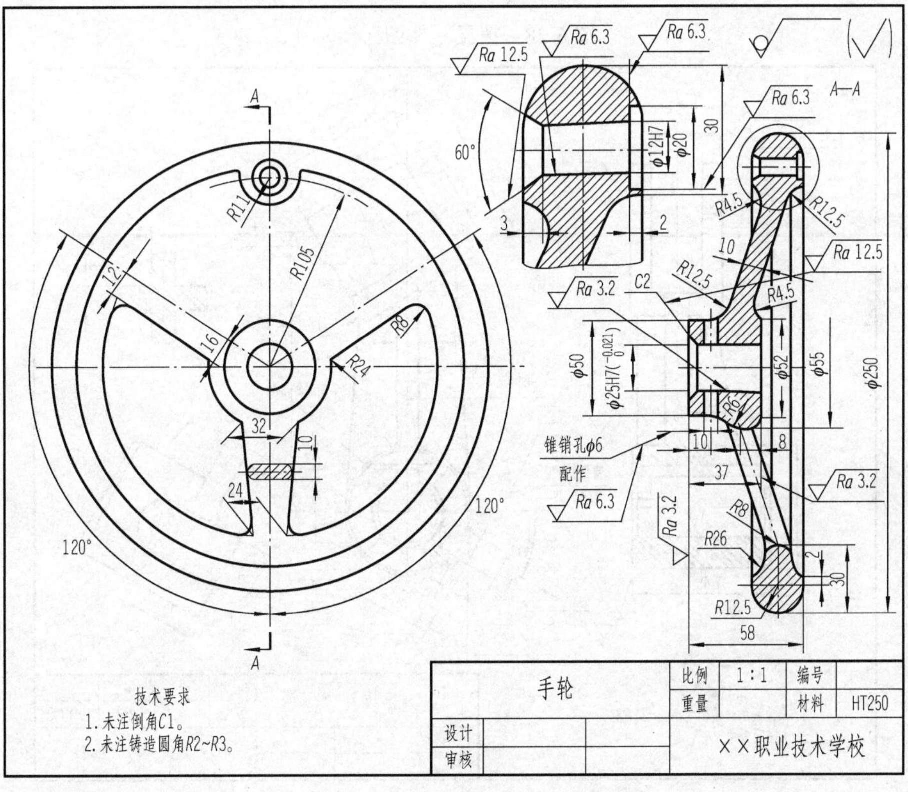

图 6-27 手轮零件图

3. 叉架类零件图（图 6-28～图 6-31）。

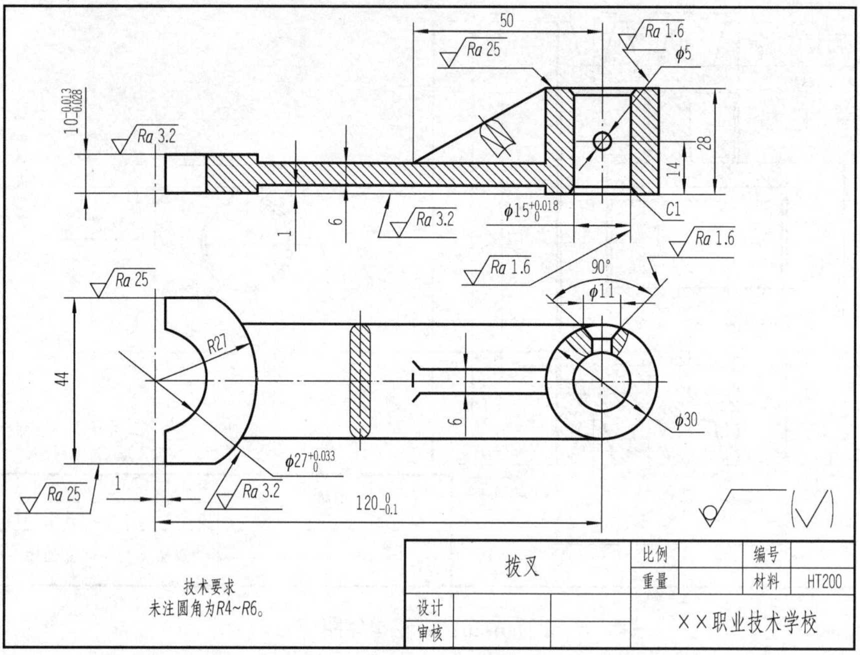

图 6-28　拨叉零件图（一）

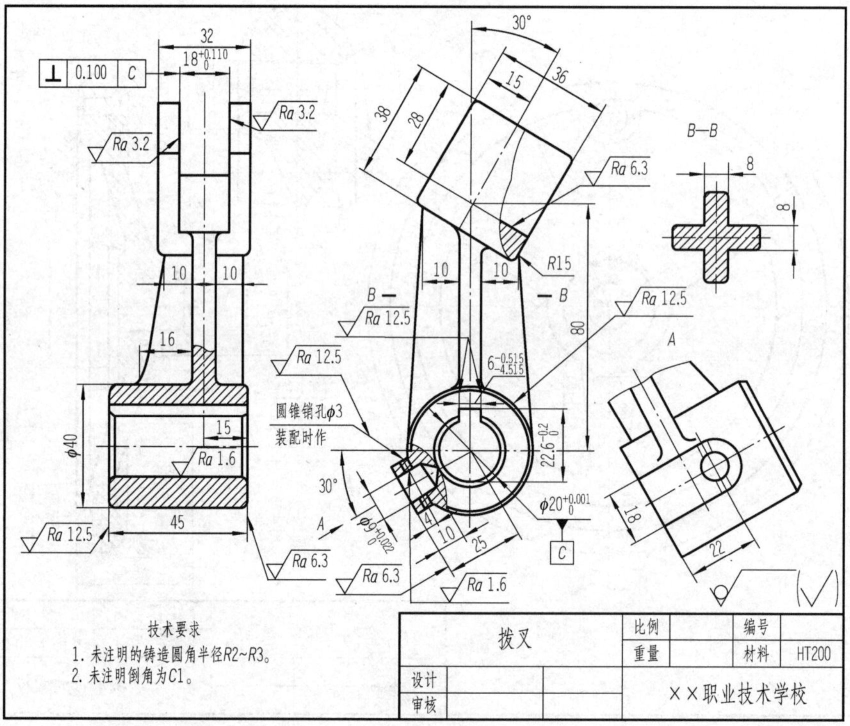

图 6-29　拨叉零件图（二）

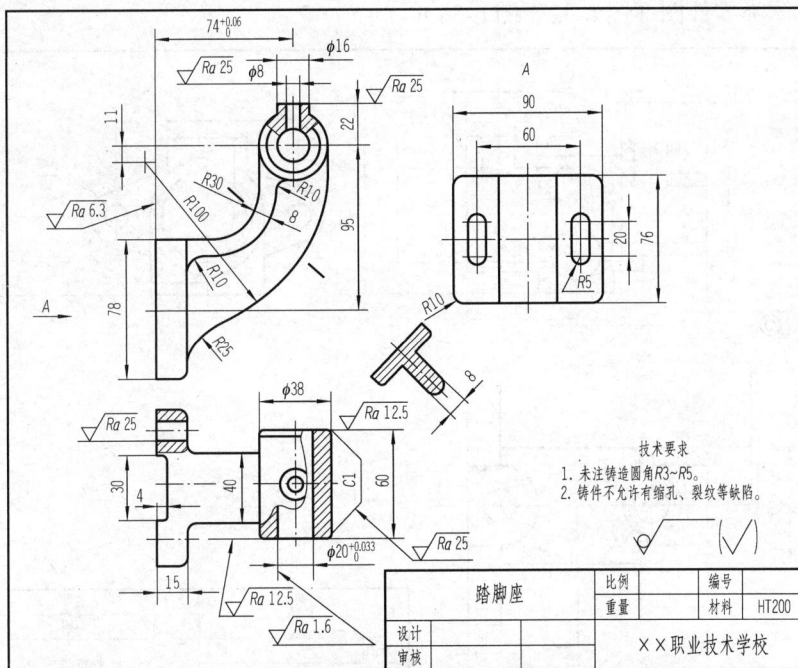

图 6-30　踏脚座零件图

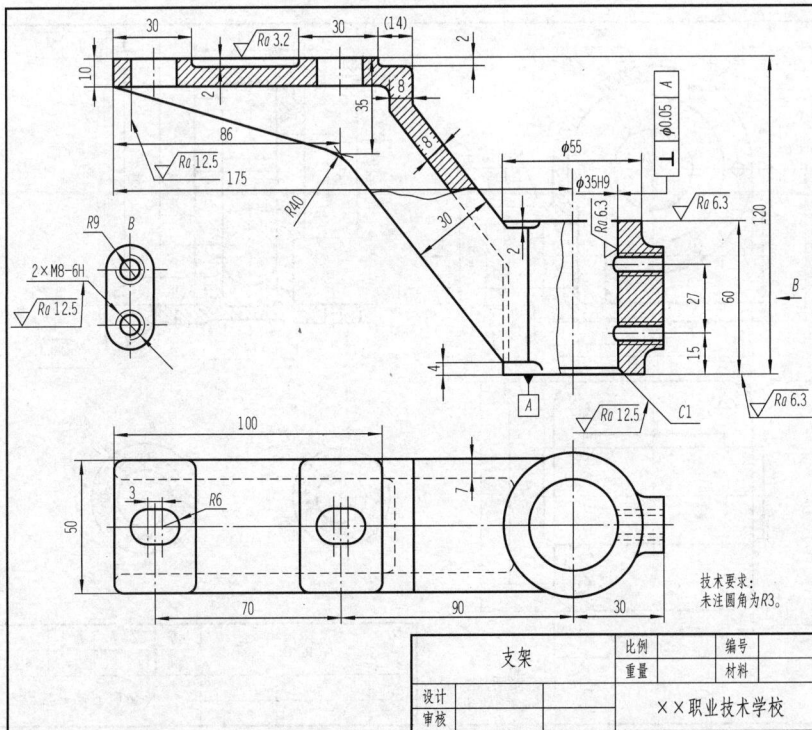

图 6-31　支架零件图

4. 箱体类零件图（图 6-32～图 6-34）。

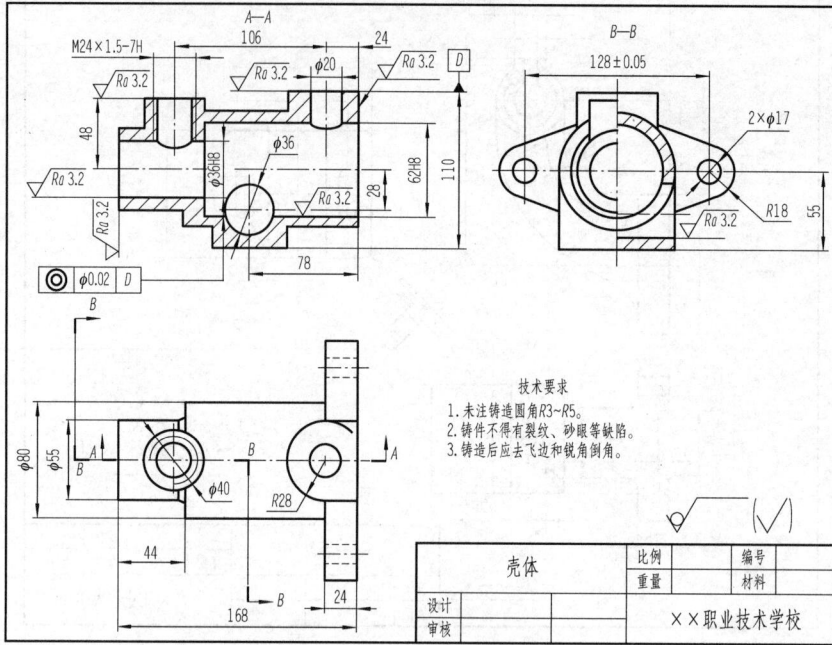

图 6-32　壳体零件图

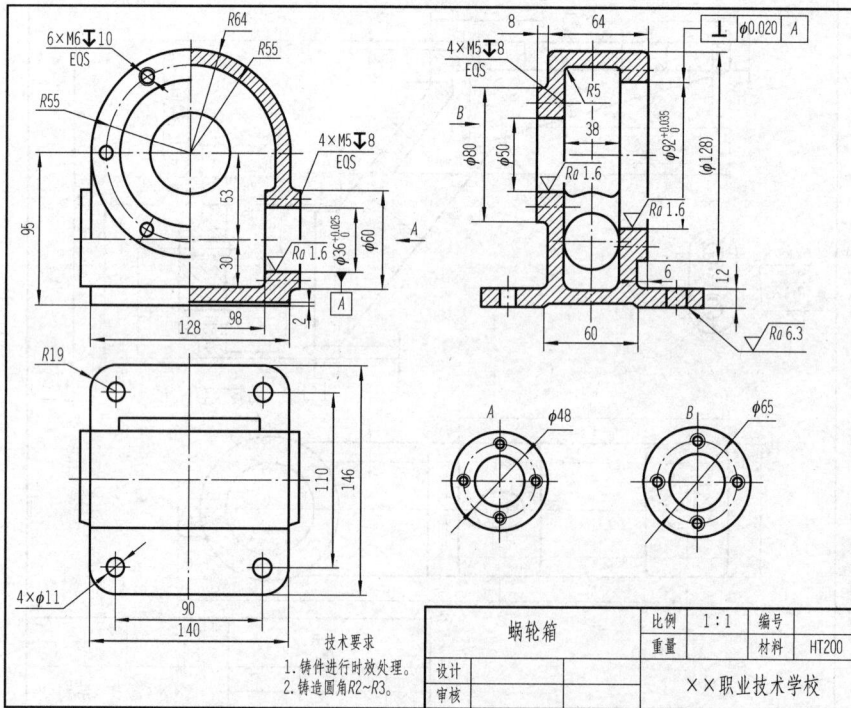

图 6-33　蜗轮箱体零件图

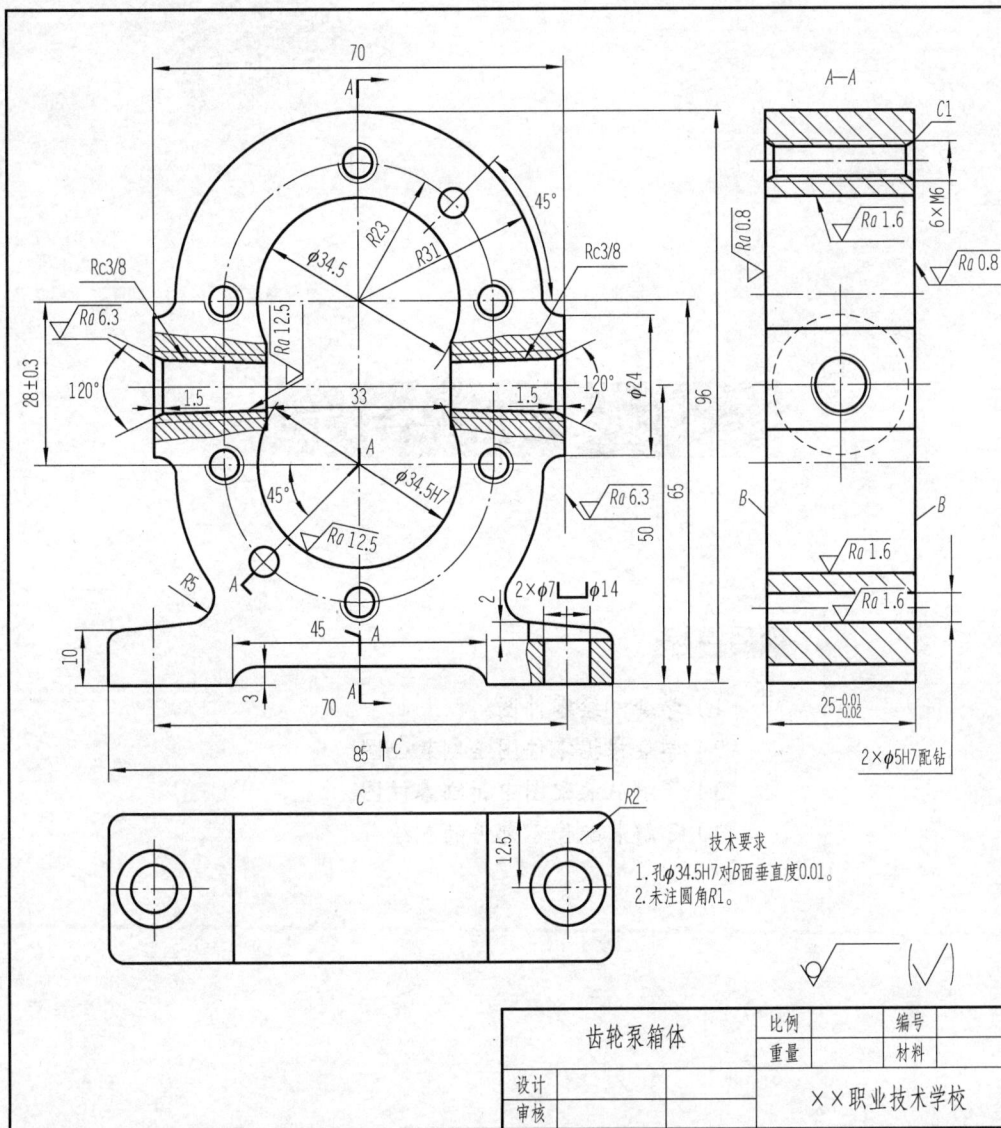

图 6-34 齿轮泵箱体零件图

项目 7 运用综合技能

项目目标

1）学会测绘零件图。
2）学会根据零件图绘制装配图。
3）了解从装配图中拆画零件图。
4）了解装配体零部件的测绘。

任务 1 测绘零件图

任务描述

从学校实训产品中选择合适的零件，分组完成零件的测绘。通过零件测绘，加深对零件工艺结构的感性认识；理解零件的测绘步骤，熟悉常用测量工具，掌握几种常见的测量方法，并学会徒手画草图及 CAD 绘图。

任务操作

零件的测绘是对零件进行徒手画草图、尺寸测量、标注尺寸、CAD 绘制零件图，并分析确定各方面加工要求的过程。

1. 熟悉零件测绘过程

（1）测绘准备

阅读相关理论知识，明确测绘任务；组建测绘小组，准备测绘零件、工量具，绘图仪器及其他用品。

（2）了解和分析零件

首先应了解零件的名称、用途和材料，以及它在机器或部件中的位置、作用及与相邻零件的关系。然后对零件的内外部结构形状、制造工艺过程、技术要求等进行全面的了解和分析。

（3）确定表达方案

根据零件的结构形状特征、工作位置或加工位置选择主视图，再根据需要确定其他视图，并选择完整、清晰、简洁的表达方式（如剖视图、断面图或简化画法等）。

（4）徒手绘制草图

根据已选定的零件表达方案，选择尺寸基准，画出基准线，目测比例，徒手绘制零件草图。

（5）标注尺寸和技术要求

根据尺寸标注的原则和要求，仔细地测量并标出全部尺寸。然后根据零件的功能和使用场合，查阅相关手册，注写必要的尺寸公差、形位公差、表面粗糙度及文字技术要求等。

（6）检查校对

结合零件实物，采用形体分析法对零件草图的视图表达、尺寸标注、技术要求等进行全面的检查、校对。

（7）绘制零件图

根据零件草图，在 CAD 软件中绘制正式的零件图，同时注意查漏补缺。

2. 绘制草图

一般应在测绘现场绘制草图，以目测的比例徒手将草图绘制在坐标纸（方格纸）或白纸上。具体绘图的参考步骤如下。

1）先根据零件的总体大小确定图幅，绘制图框、标题栏。再确定表达方案，画好各视图的基准线。布局图面时，应考虑各视图间留有标注尺寸的余地，如图 7-1 所示。

2）运用形体分析法，绘制视图的基本轮廓，并加深粗实线，如图 7-2 所示。

3）绘制其他视图、剖视图、断面图等。

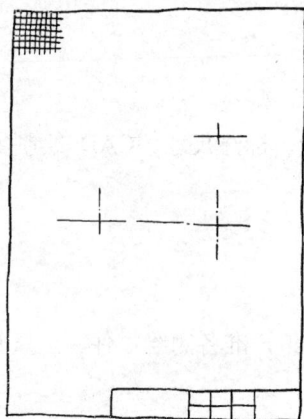

图 7-1　绘制基准线　　　　　　　　　　图 7-2　绘制轮廓线

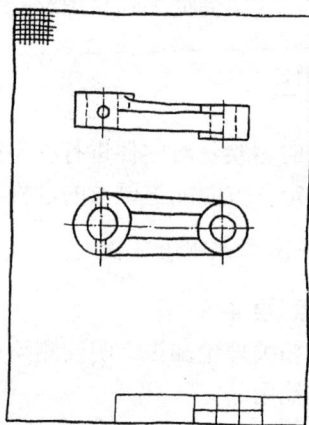

4）选择长、宽、高各方向的尺寸基准，绘制尺寸界线、尺寸线，如图 7-3 所示。

5）测量尺寸，标注必要的尺寸及公差；标注形位公差、表面粗糙度和技术要求等。

6）填写标题栏；仔细检查全图有无错误和遗漏，如图 7-4 所示。

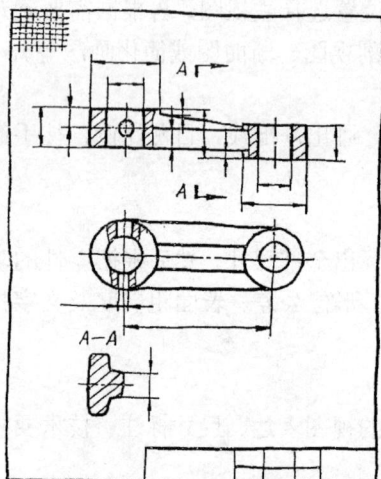

图 7-3　绘制尺寸界线、尺寸线　　　　　图 7-4　检查全图

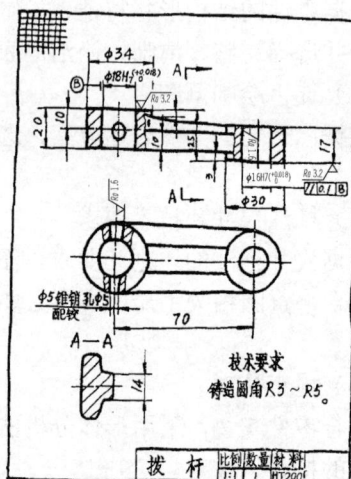

> **说 明**
>
> 　　零件草图也是零件真实情况的记录，又是绘制正式零件图的依据。因此，绘制零件草图要求做到表达正确、内容完整、尺寸齐全、布局合理、比例匀称、线条分明、干净整洁，并基本符合零件图的各项要求，绝对不能将草图错误地理解为潦草图。

3. 绘制零件图

由于测绘是在现场进行的，所以可能因绘制草图的时间匆忙，导致所画的草图不完整。因此，在利用 CAD 绘制零件图前，对所测得的尺寸要参照相关标准进行取整；对于标准件的规格等要查阅标准系列值再选取；对方案的选择、技术要求的标注等都可能需要重新考虑。只有对草图进行全面审查、校核、修正后，才能在 CAD 软件中绘制零件图。

绘制零件图的方法和参考步骤已在前面介绍，此处不再重复。

相关知识

1. 测绘注意事项

1）零件上的制造缺陷（如砂眼、气孔等），以及长期使用造成的磨损、碰伤等，均不绘制。

2）零件上标准工艺结构的尺寸（如键槽、销孔、中心孔、螺纹、退刀槽、砂轮、越程槽、铸造圆角、倒角、倒圆、凸台和沉孔等），必须查阅相应的国家标准，予以标准化。

3）先分析并绘制所有的尺寸界线、尺寸线，再依次测量，逐个标上尺寸数字。

4）相邻零件的相关尺寸（如定位尺寸、配合尺寸等）一定要一致。

5）注写技术要求（如尺寸公差、形位公差、表面粗糙度等），通常采用类比法，根据用途及重要程度分别标出。

2. 零件尺寸的测量

测量尺寸是零件测绘过程中一个很重要的环节，尺寸测量准确与否，将直接影响机器的装配和工作性能，因此，测量尺寸要谨慎、细致，做到测量基准合理、量具选用适当、测量方法正确、测量结果准确。

测量基准选择是否合理直接影响测量的精确程度，一般选择零件上磨损较轻的、较大的加工表面作为基准。

各种量具的精度不同，因此在测量时，应根据零件尺寸的精度要求、加工和使用情况，适当地选用测量工具。下面介绍常见的量具及测量方法。

1）如图 7-5 所示，长度尺寸一般可用直尺 [图 7-5（a）] 或游标卡尺 [图 7-5（b）] 直接测量读数。

2）如图 7-6 所示，一般直径用内、外卡钳和直尺配合测量 [图 7-6（a）]，或用游标卡尺 [图 7-6（b）]、千分尺 [图 7-6（c）] 精确测量。

（a）直尺   （b）游标卡尺

图 7-5　测量长度尺寸

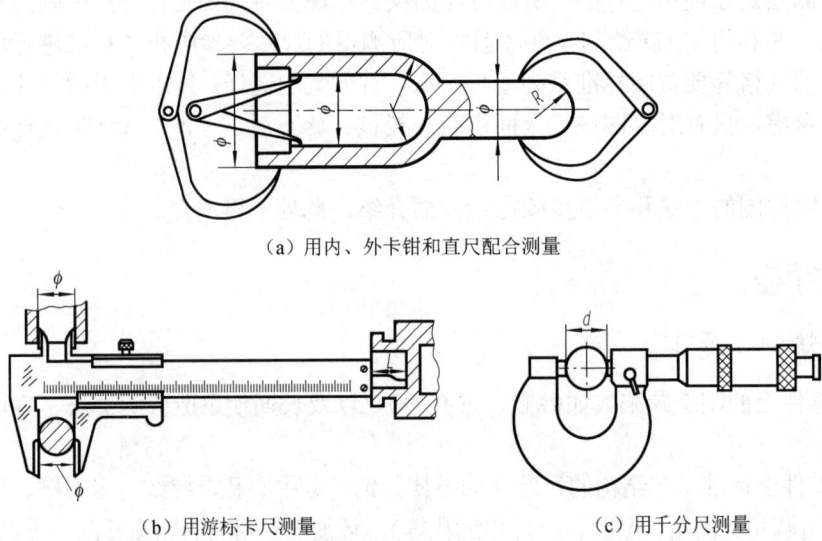

（a）用内、外卡钳和直尺配合测量

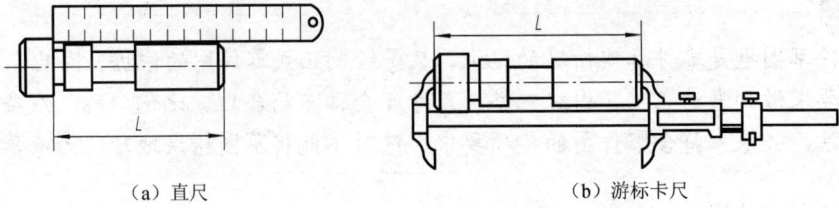

（b）用游标卡尺测量   （c）用千分尺测量

图 7-6　测量内外径

3）壁厚可用内、外卡钳与直尺配合测量，如图 7-7 所示。

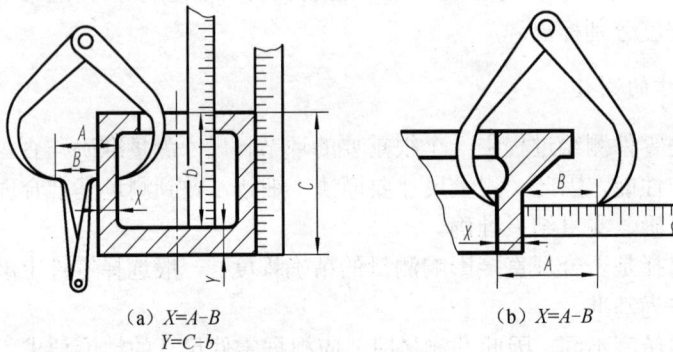

（a）$X=A-B$ （b）$X=A-B$
  $Y=C-b$

图 7-7　壁厚的测量

4）中心高用高度游标卡尺测量，如图 7-8 所示；角度用游标万能角度尺测量，如图 7-9 所示。

5）螺纹螺距用专用量具螺纹规测量，如图 7-10（a）所示；圆弧半径用专用量具圆角规测量，如图 7-10（b）所示。

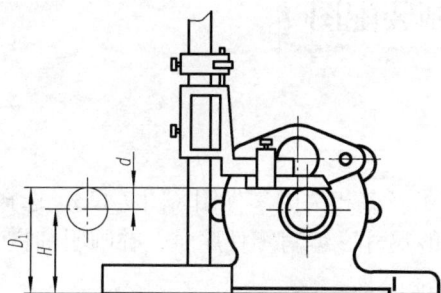

图 7-8 中心高的测量

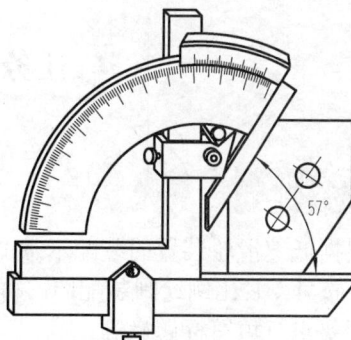

图 7-9 角度的测量

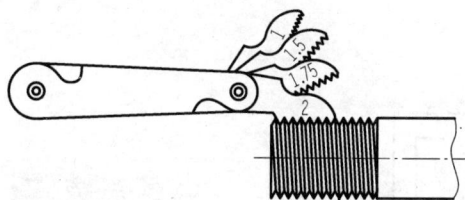

（a）用螺纹规测螺纹

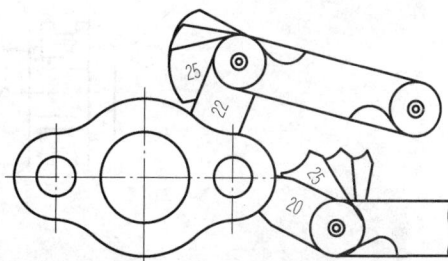

（b）用圆角规测圆弧

图 7-10 专用量具测量

6）曲面、曲线的测量方法通常有铅丝法、拓印法和坐标法 3 种。

① 铅丝法：可用铅丝弯成与曲面相贴的实形，描出平面曲线，再测出其形状尺寸，如图 7-11（a）所示。

② 拓印法：可用纸拓印出轮廓，再测量其形状尺寸，如图 7-11（b）所示。

③ 坐标法：可用直尺和三角板测出曲线或曲面上各点的坐标，作出曲线再测出其形状尺寸，如图 7-11（c）所示。

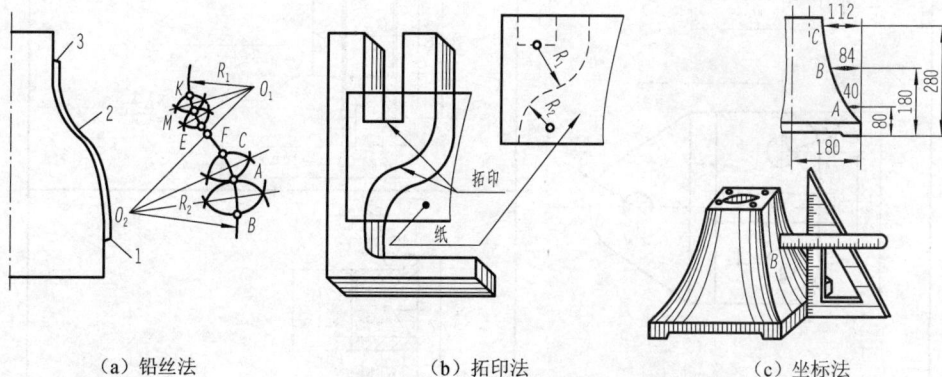

（a）铅丝法

（b）拓印法

（c）坐标法

图 7-11 曲线、曲面的测量方法

1,3—铅丝端点；2—铅丝凹凸转折点

任务 2　绘制装配图

任务描述

根据低速滑轮装置的装配示意图（图 7-12）及其相关的零件图（图 7-13），选择 A3 图幅，按 1∶1 比例绘制装配图。再标注必要的尺寸、编写零件序号、补画明细栏、注写装配要求、填写标题栏等。

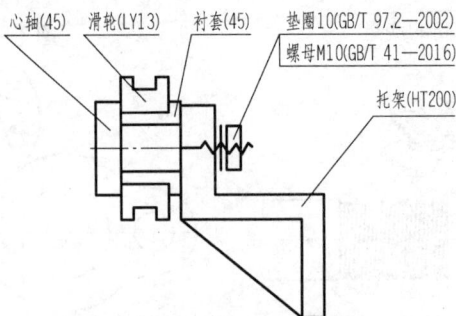

图 7-12　低速滑轮装置的装配示意图

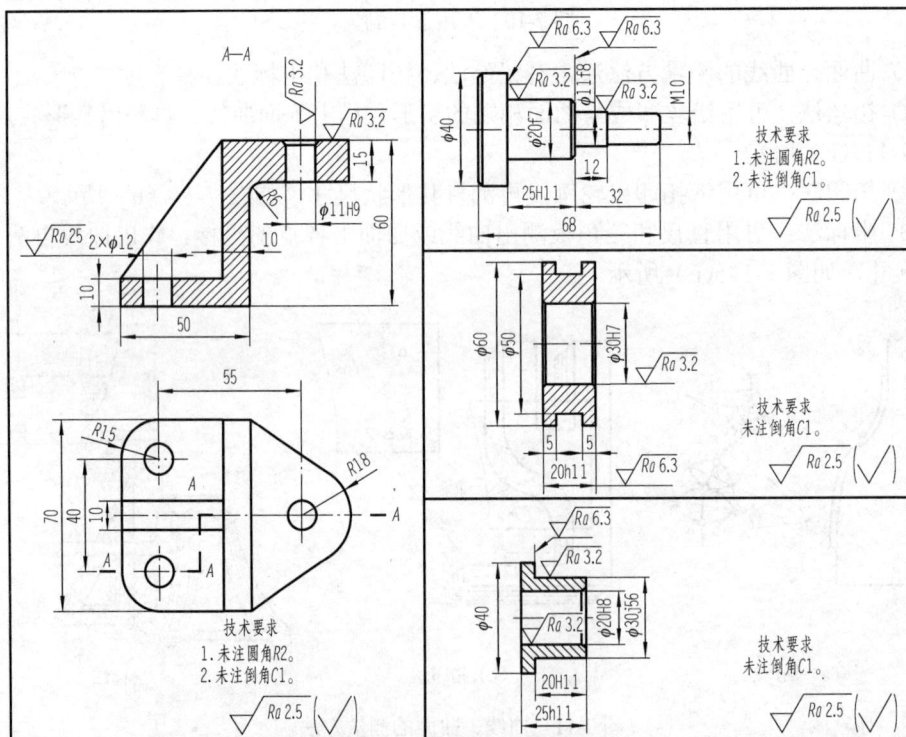

图 7-13　低速滑轮装置零件图

任务操作

1. 根据零件图绘制装配图

绘制装配图方法有 3 种：直接绘制法、复制粘贴法和插入图块法。不管采用哪种方法，每个零件的图形通常都绘制在独自的图层上，最好图层的颜色有所区别。

（1）直接绘制法绘制装配图的大致步骤

1）使用图形样板新建装配图，根据零件数量创建图层，图层以零件名命名。

2）在每个图层上绘制对应的零件图形，在对象特性工具栏中设置图线特性。

3）根据零件间的相对位置和装配关系，修改连接处图线。

（2）复制粘贴法组合装配图的大致步骤

1）分别打开零件图的每个图层，在对象特性工具栏中修改图线线型和线宽（颜色随层），然后全部移入以零件名命名的新建图层。

2）选中新建图层上的所有图线复制粘贴到装配图中。

3）用同样的方法，将其他零件图粘贴到装配图中。

4）根据零件间的相对位置和装配关系，修改装配连接处图线。

> **说　明**
>
> 复制图形时，建议选择右键快捷菜单中的"带基点复制"命令，便于粘贴时定位。插入零件的顺序尽量参照装配顺序，每插入一个零件，都要及时修改有关图线；否则越到后面，图线越多，难度越大。菜单"工具"→"绘图次序"中的选项可改变图线的显示层次。

（3）插入图块法组合装配图的大致步骤

1）分别打开零件图的每个图层，在对象特性工具栏中修改图线线型和线宽，然后全部移入以零件名命名的新建图层。删除其他图层，并将零件图另存。

2）用 W 命令将每个零件图分别定义成外部块，块名为零件名称，选择该零件装配连接处的关键点为插入基点。

3）在装配图中直接插入各零件的图块。

4）将图块分解，根据零件间的相对位置和装配关系，修改装配连接处图线。

对于装配图中的标准件，应根据代号查表，可以新建图层直接绘制；也可以单独绘制图形后，通过复制粘贴法或插入图块法添加到装配图中。

2. 标注装配图尺寸

一般装配图应标注的尺寸有规格（性能）尺寸、装配尺寸（配合及相对位置尺寸）、总体（外形）尺寸、安装尺寸及其他重要尺寸（运动极限位置尺寸、主要定位尺寸、重要结构尺寸等）。以上 5 类尺寸并不需要全部标出，按需要进行标注即可。

3. 编写零件序号

根据装配图要求，按顺序给零件标注序号，可通过设置快速引线命令来完成标注。

编排零件序号的规定和方法如下。

1）所有零部件都必须编排序号，同一零件或组件只编写一个序号，只标一次。

2）序号应注写在视图周围，按水平或垂直方向整齐排列，按顺时针或逆时针方向绕视图顺序排列。序号字高比图中尺寸数字大一号或两号。

3）序号用指引线与零部件连接，指引线从零件的可见轮廓内引出，末端画一圆点。若所指零件很薄或涂黑，则不画圆点，可画箭头指向零件轮廓。指引线不得交叉，避免与尺寸线平行，必要时允许转折，但最多一次。

4）对于一组紧固件或装配关系明显的零件组，允许采用公共指引线。

4. 填写标题栏和明细栏

标题栏和明细栏的尺寸应符合国家标准，若已有标题栏和明细栏图块，可直接插入。根据国家标准规定，装配图的标题栏位于图框右下角，明细栏配置在标题栏上方，其中的序号应与图中的编号一致，按自下而上的顺序填写，便于填写增添零件。当位置不够时，可紧靠在标题栏的左侧自下而上延续。

5. 注写装配图技术要求

装配图的技术要求主要包括装配、调试、检验以及使用时应达到的技术性能及质量要求等内容。一般用多行文字注写在明细栏上方或图样的空白处。

6. 装配图样例

低速滑轮装置的装配图如图 7-14 所示，供大家绘制时参考。

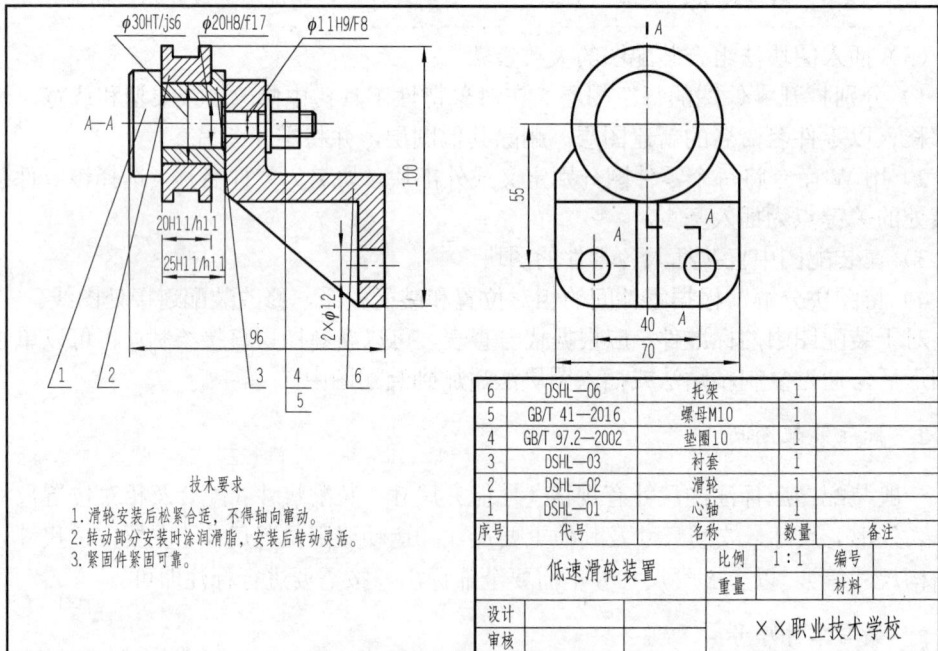

图 7-14 低速滑轮装置的装配图

📖 **知识链接**

1. 装配图的规定画法

1）两个零件的接触面和配合面只画一条线，而不接触的表面或非配合表面即使间隙很小也要画两条线。

2）相邻两金属零件的剖面线或倾斜方向相反，或方向一致而间隔不同。各个视图中，同一零件的剖面线方向和间隔应一致。断面厚度在 2mm 以下的图形，允许填充黑色来代替剖面符号。

3）对螺纹紧固件及轴、手柄、连杆、球、钩、键、销等实心零件，若剖切平面通过其对称平面或轴线，则按不剖绘制。

4）在剖视图中，内外螺纹的旋合部分按外螺纹画，未旋合部分按各自的规定画。当剖切平面通过实心螺杆时，螺杆按不剖切画。

2. 装配图的特殊画法

1）沿结合面剖切：为清楚地表达装配体内部结构或被遮挡部分，可以假想沿两零件的结合面剖切，此时结合面不画剖面线，其他被剖切部位要画剖面线。

2）拆卸画法：为表达其他结构，假想将已表达清楚的零件拆去不画，但要在所画视图上方加注"拆去××"。

3）假想画法：对与装配体相关联但不属于该装配体的零部件，以及运动零件的极限位置，可以用细双点画线画出其轮廓。

4）夸大画法：对于某些直径或厚度小于 2mm 的孔、薄片，以及较小的间隙、斜度、锥度，允许不按比例，将尺寸适当加大后绘制。

5）简化画法：装配图中若干相同的零部件组，允许仅详细地绘制一个（组），其余用细点画线表示中心位置即可。装配图中倒角、圆角、沉孔、凸台、沟槽、滚花、刻度线等细节结构可省略不画。

6）示意画法：对于标准件（如滚动轴承、螺栓、螺母等）可采用示意画法或简化画法。

3. 常见轴上零件的装配图画法

常见轴上零件的装配图画法如图 7-15 所示。

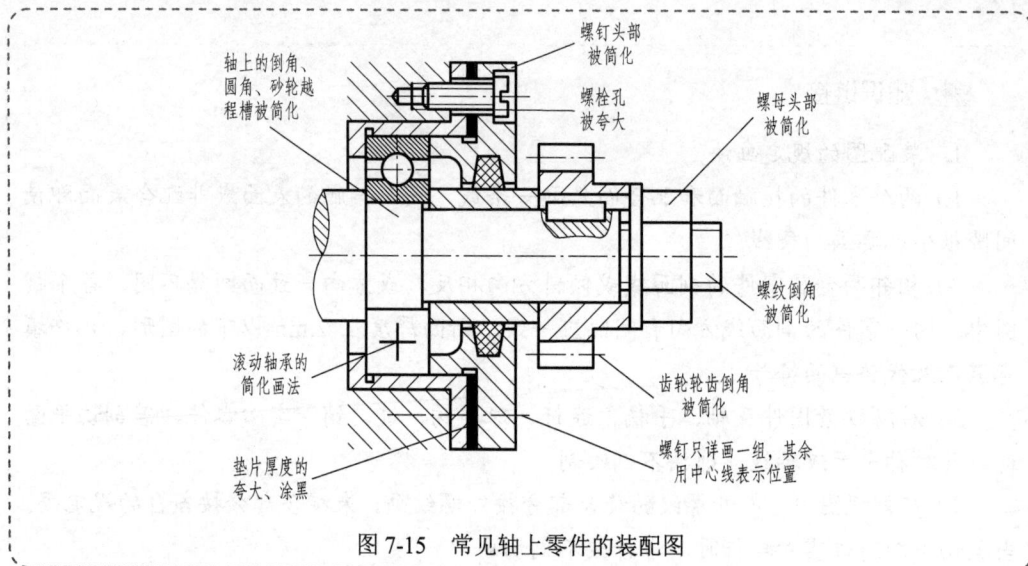

图 7-15 常见轴上零件的装配图

任务 3 拆画零件图

任务描述

从夹线体装配图（图 7-16）中拆画出序号 4 盘座的零件图。先根据投影规律从装配图各视图中找出盘座零件，选择图形样板；然后绘制或复制出零件图并标注已有尺寸，综合考虑零件的功能、用途、加工、装配等，并确定其他尺寸；最后参照国家标准，结合经验，标注尺寸精度、形位公差、表面粗糙度及技术要求等。

任务操作

拆画零件图应在读懂装配图的基础上进行，先运用形体分析法弄清该零件的结构与形状，将其从装配图中分离出来，然后绘制零件图或从已有的 CAD 装配图中复制出图形。画出图形后，再考虑尺寸及其他要求的标注。

1. 识读装配图

（1）概括了解

1）从标题栏了解装配体的名称、比例、重量和大致用途。

2）看清明细栏并对照视图中的序号，了解各组成零件的名称、数量、材料及位置。

3）分析视图表达方法和各视图间的关系，弄清各视图的表达重点。

（2）深入分析

1）分析图形：进一步分析各视图所采用的表达方法及表达重点和意图。

2）分析装配关系和工作原理：看懂零件间的配合、定位、联接关系，进而分析零件间的密封及相对运动关系，弄清装配体的工作原理。

夹线体工作原理：
夹线体是将线头穿入衬套 3 中，然后旋转手动压套 1，通过螺纹 M36×2 使手动压套 1 向右移动，沿着锥面挤制使衬套 3 向中心收缩（固在衬套上开有槽），从而夹紧线体。当衬套 3 夹住线后，亦可以与手动压套 1、衬套 2 一起在盘座 4 的 φ48 孔中旋转。

4			盘座	1	45	
3			衬套	1	Q235	
2			夹套	1	Q235	
1			手动压套	1	Q235	
序号			名称	数量	材料	备注
			夹线体		比例	1:1	编号	09-00
制图					重量		材料	
审核							××职业技术学校	

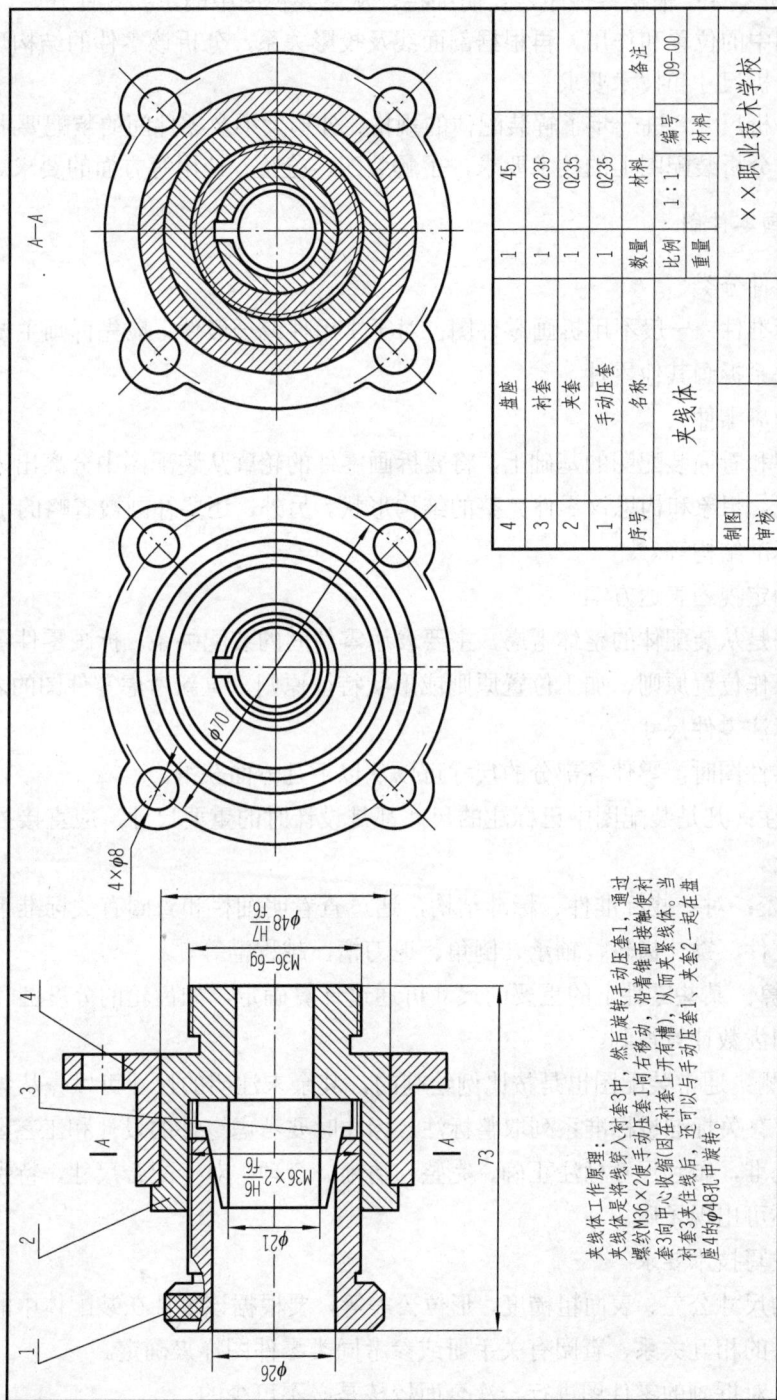

图 7-16 夹线体装配图

3）分析零件：根据零件序号及明细栏，从主要视图中的主要零件开始，先分析零件在装配图中的位置和作用，再根据剖面线及投影关系，分析该零件的结构形状。

（3）分析尺寸和技术要求

通过分析尺寸，进一步了解装配体的规格、外形大小及零件间的装配要求和安装方法等内容。分析装配图上的技术要求，了解装配、检验、使用等方面的要求。

2. 拆画零件图

（1）零件分类

对于标准件，一般不用拆画零件图；对于常用件或一般件，应先拆画主要零件，再根据装配关系拆画其他零件。

（2）分离零件

在理解和看懂装配图的基础上，将要拆画零件的轮廓从装配图中分离出来，补全被遮挡的图线，想象和构思该零件完整的结构形状。另外，还要补画被省略的工艺结构及被简化的标准结构等。

（3）确定视图表达方案

装配图是从装配体的整体考虑，主要表达零件间的装配关系。拆画零件图时，要根据零件的工作位置原则、加工位置原则或形状特征原则，重新考虑零件图的表达方案。

（4）标注零件尺寸

拆画零件图时，零件各部分的尺寸可以从以下几方面获得。

1）抄注：凡是装配图中已标注的尺寸都是设计时的重要尺寸，应直接抄注到相应的零件图上。

2）查表：对一些标准件、标准结构，通过查看明细栏和查阅有关标准手册予以确定，如螺纹件、键、齿轮、轴承、倒角、退刀槽、越程槽等。

3）计算：某些零件上的重要的尺寸可通过计算确定，如齿轮的分度圆、齿顶圆可通过模数和齿数计算得到。

4）实测：通常装配图也是按比例绘制的，其余未注明的尺寸可以先从装配图上量取，再参考有关标准按标准系列取整标注。标注时要考虑零件的设计和工艺要求，合理选择尺寸基准，做到尺寸标注正确、完整、清晰、合理。对于配合尺寸，特别要注意相互对应，不可出现矛盾。

（5）注写技术要求

零件的尺寸公差、表面粗糙度、形位公差等，要根据该零件在装配体中的功用以及与其他零件的相互关系，查阅有关手册或参考同类零件图样来确定。

最后，对拆画的零件图进行一次全面校核是必不可少的。

夹线体盘座的零件参考图如图 7-17 所示。

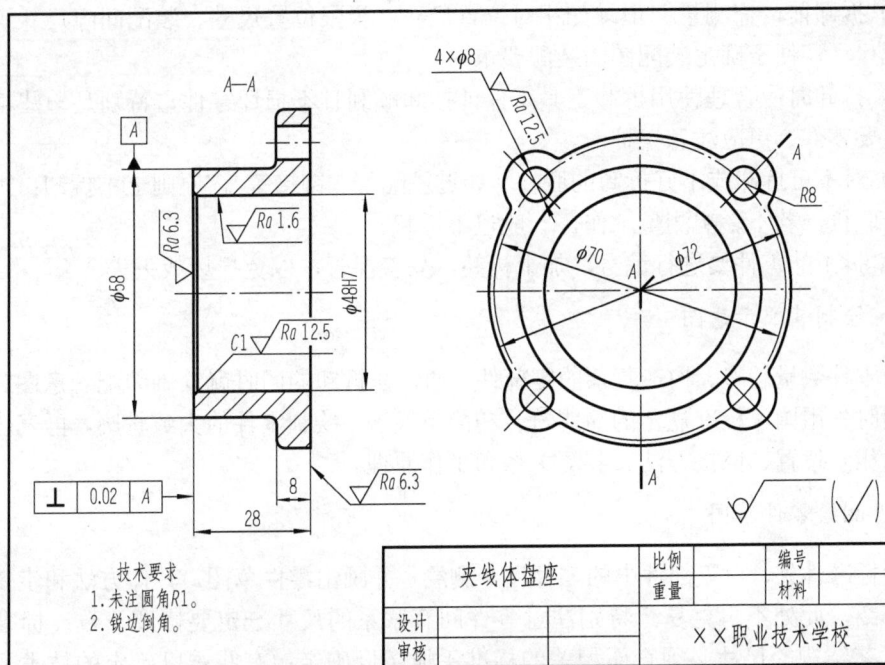

图 7-17　夹线体盘座的零件参考图

任务 4　测绘零部件

任务描述

在机械产品设计、技术改造、设备维修等工作中，往往需要对机器或部件进行全面测绘。零部件测绘就是拆卸实际的机器或部件，进行测量并绘制出装配图和零件图的过程。在机械工场选择一个简单的机构或部件进行测绘。

任务操作

1. 研究测绘对象

在测绘之前，首先要了解零部件的大致情况，对其用途、工作原理、性能、结构特点、各零件间的装配关系、相对位置及加工方法等进行必要的研究。为此，需要进行实地观察，查阅有关技术资料。

2. 拆卸零部件

为进一步了解零部件的构造及各零件的结构，首先要对零部件进行拆卸。拆卸要在充分了解装拆顺序的前提下进行，并注意以下几个问题。

1）拆卸前，需测量并记录如相对位置尺寸、极限位置尺寸、装配间隙尺寸等重要的装配尺寸，便于确定装配图的装配要求。

2）拆卸时应合理使用拆卸工具，保证拆卸顺利且不损坏零件，特别是一些精密零件或重要零件，更应注意保护。

3）对不可拆卸或不好拆卸的联接（如过盈配合、铆接等），原则上不拆卸；对于过渡配合联接，若不影响测量工作，一般也不拆卸。

4）拆下的零件要进行编号，加上标签，妥善保管，以免损坏或丢失。

3. 绘制装配示意图

对零件数量较多、构造复杂的零部件，通常在拆卸的同时就绘制装配示意图。装配示意图时先用国家标准规定的简明符号和简单线条，绘制零件的大致轮廓，再表达各零件间的相互位置、联接方法、装配关系和工作原理。

4. 测绘零件草图

除标准件外，对零部件中的零件逐一测绘，并画出零件草图，具体方法和步骤前面已经介绍，此处不再重复。特别注意零件间有联系的尺寸一定要协调一致；标准件及常规工艺结构的尺寸必须查阅相关的标准手册予以确定；有些难以确定的技术要求则参考同类产品。

5. 绘制装配图

根据零件草图和装配示意图在 CAD 中绘制装配图，装配图的绘制方法和步骤前面已经介绍，此处不再重复。绘制装配图时，要注意及时发现零件草图中的错误或相互矛盾之处，并予以纠正。

6. 绘制零件图

根据装配图和零件草图在 CAD 中绘制零件图，零件图的视图表达、尺寸标注和技术要求等内容，应在零件草图的基础上更加完善、准确。

7. 审核图样

绘制完毕后，必须对所有图样进行一次全面的校核，认真审查，确保无遗漏、无差错、符合国家标准后，打印出图，装订成册。至此，零部件的测绘完成。

思考与练习

1. 根据零件图（图 7-18～图 7-21）绘制相应的装配图。

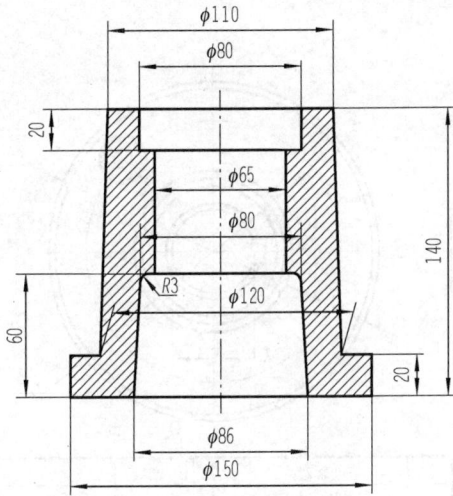

图 7-18   底座

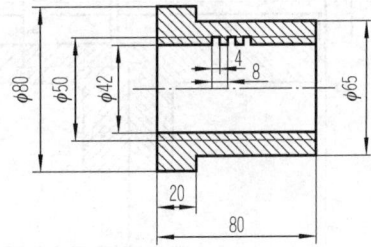

图 7-19   螺套

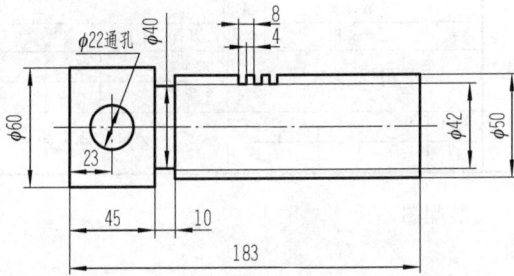

图 7-20   螺旋杆

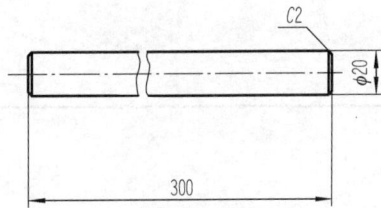

图 7-21   绞杠

提示：装配示意图可参考图 7-22 所示。

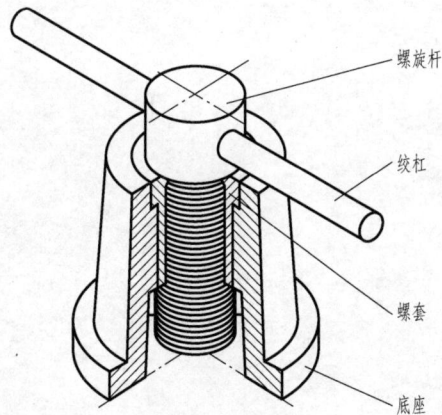

图 7-22   装配示意图

2. 拆画装配图（图 7-23）中 1 号左联轴器的零件图。

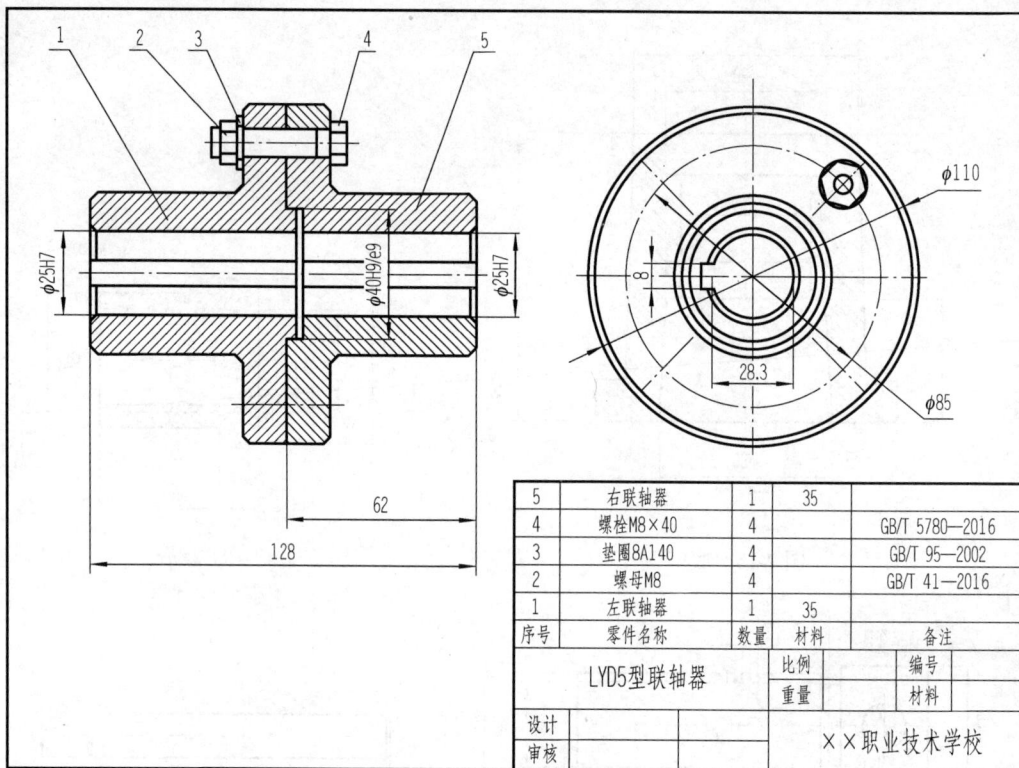

5	右联轴器	1	35	
4	螺栓M8×40	4		GB/T 5780—2016
3	垫圈8A140	4		GB/T 95—2002
2	螺母M8	4		GB/T 41—2016
1	左联轴器	1	35	
序号	零件名称	数量	材料	备注

LYD5型联轴器

	比例		编号	
	重量		材料	
设计			××职业技术学校	
审核				

图 7-23 装配图

项目 8　拓展绘图技能

项目目标

1）了解轴测图的绘制。
2）了解三维实体造型。

任务1 绘制轴测图

任务描述

根据图 8-1 三视图尺寸，参照样图绘制其正等轴测图。

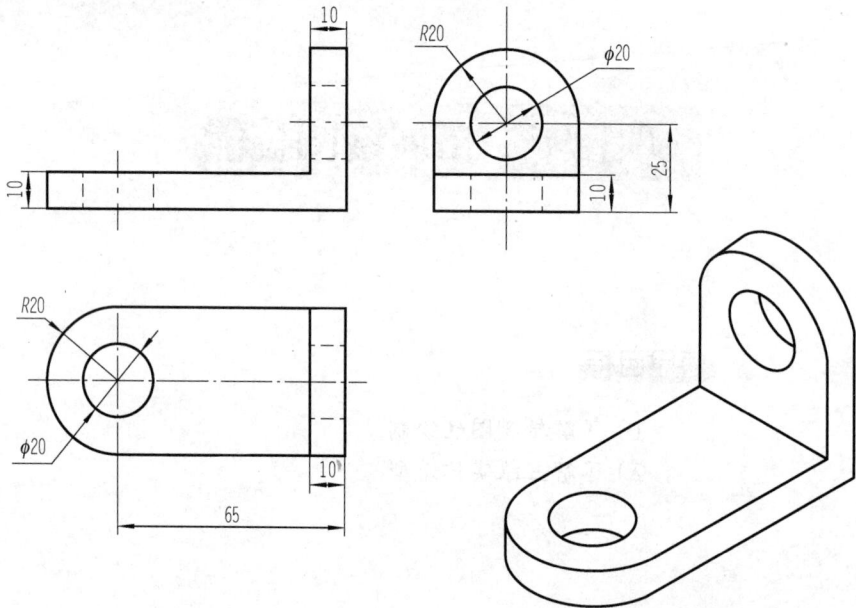

图 8-1　零件三视图及轴测图

任务操作

1. 画正等轴测图的准备工作

1）在"草图设置"对话框中，"捕捉与栅格"选项卡将捕捉类型设置为"等轴测捕捉"，并启用栅格。此时栅格的方向是沿 30°、90°、150°方向的，如图 8-2 所示。

2）在"对象捕捉"选项卡设置捕捉模式为端点、中点、交点、切点、延伸点等。

3）在"极轴追踪"选项卡设置增量角为 30°，对象捕捉追踪设置为"用所有极轴角设置追踪"。

2. 绘制等轴测圆及圆弧

在轴测图中，线段还是直的，仍用"直线"命令绘制；但圆已显示为椭圆，需要在轴测面内绘制椭圆。仅当捕捉类型设置为"等轴测捕捉"时，"椭圆"命令中才会出现

"等轴测圆（I）"选项。输入 I 选项后，用户按命令提示指定椭圆的圆心位置、半径或直径，此时按 F5 键可使等轴测圆在不同的轴测面内循环切换。

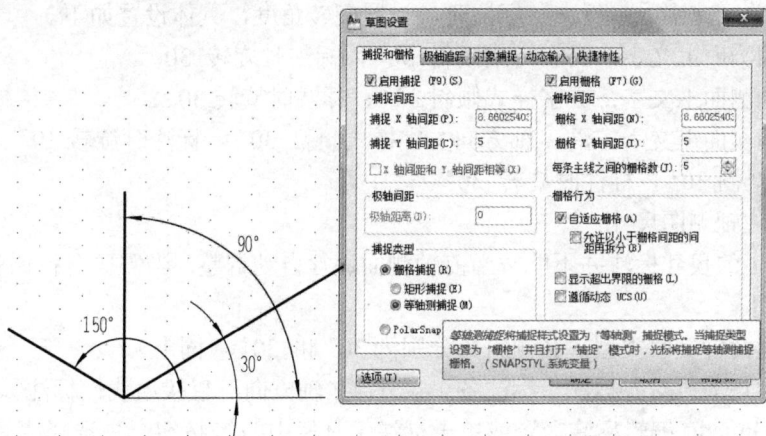

图 8-2　正等轴测图设置

圆弧在轴测图中显示为椭圆弧，可以直接用"椭圆弧"命令中的"等轴测圆（I）"绘制，也可以先用"椭圆"命令中的"等轴测圆（I）"绘制椭圆，再进行修剪。

当不能确定轴测图中孔的另一面轮廓是否可见时，应先全部绘出，再根据实际修剪或删除。对轴测图的圆角，一般也要先绘出两面上的等轴测圆，再连接公切线后修剪。

3. 轴测图的标注

正等轴测图上的文字与尺寸标注，如图 8-3 所示。

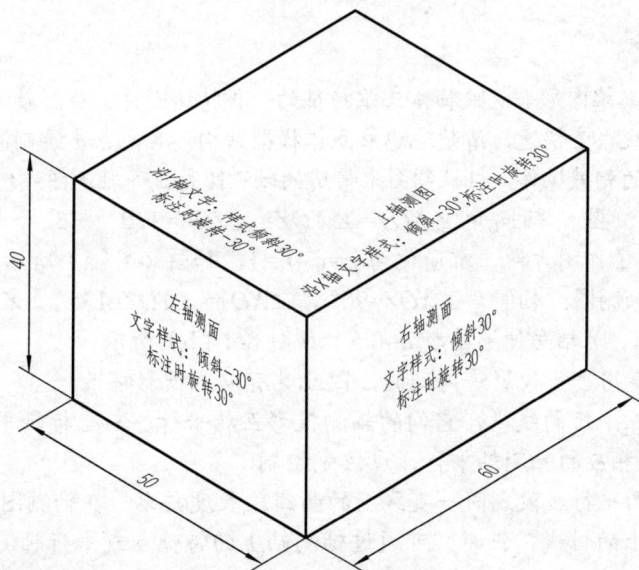

图 8-3　正等轴测图的标注

（1）标注轴测面文字

为了使轴测图上标注的文字看起来像在轴测面上，应该设置两种倾斜角的文字样式，并在用单行文字或多行文字标注时，设置旋转角度，具体设置如下。

1）左轴测面上文字：文字样式倾斜-30°，标注时旋转-30°。

2）右轴测面上文字：文字样式倾斜30°，标注时旋转30°。

3）上轴测面上文字：沿 X 轴方向文字样式倾斜-30°，标注时旋转30°；沿 Y 轴方向文字样式倾斜30°，标注时旋转-30°。

（2）标注轴测图尺寸

轴测图上的尺寸标注并不能按当前轴测面进行自动调整，当需要自行调整时，调整设置步骤如下。

1）创建两种文字类型，其倾斜角分别为30°和-30°（同上）。

2）用常规的"对齐标注"标注各个尺寸（Z 轴方向可直接用线性标注）。

3）用 Dimedit 编辑标注命令或单击标注工具栏中的⬛按钮，先选择"倾斜（O）"选项设置尺寸界线的倾斜角度；再在"特性"面板中，设置该尺寸的文字样式。

图 8-3 中 3 个尺寸的具体设置如表 8-1 所示。

表 8-1　图 8-3 中 3 个尺寸的具体设置

坐标轴上的尺寸	尺寸界线倾斜角度	尺寸样式文字倾斜角度
Y 轴上的尺寸 50	30°	30°
X 轴上的尺寸 60	-30°	-30°
Z 轴上的尺寸 40	-30°	30°

📖 **知识链接**

轴测图是用二维图形来反映物体三维特征的一种特殊图样。虽然轴测图也是二维图形，但它能帮助观察者快速、清楚地想象立体模型结构。其优点是绘制简单，缺点是无法进行三维模型的相关操作。机械制图中常用的轴测图是正等轴测图或斜二等轴测图。

1）正等轴测图：轴间角 $\angle XOY= \angle YOZ= \angle ZOX=120°$，3 个轴向伸缩系数 $p=q=r=0.82$。为了作图方便，常简化为 $p=q=r=1$，如图 8-4（a）所示。

2）斜二等轴测图：轴间角 $\angle XOZ=90°$，$\angle XOY= \angle YOZ=135°$，$X$ 轴向及 Z 轴向伸缩系数 $p=r=1$，Y 轴向伸缩系数 $q=0.5$，如图 8-4（b）所示。

3）轴测图是用平行投影法得到的，因此具有以下投影特性。

① 空间相互平行的线段，它们的轴测投影互相平行。与坐标轴平行的线段，在轴测图中也必与相应的轴测轴平行，应该先绘制。

② 立体上两平行线段或同一直线上的两线段长度之比，在轴测图上保持不变。

③ 轴测图上的斜线、斜面，可通过轴测轴上的特殊点或平行轴测轴的特殊线段连接得到。

（a）正等轴测图　　　　　　　　　（b）斜二等轴测图

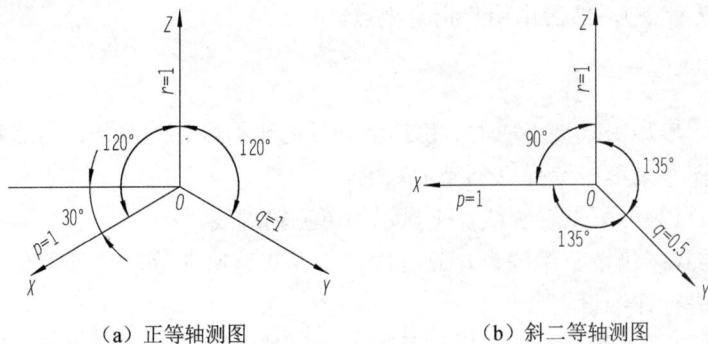

图 8-4　轴测轴与轴间角

任务 2　三维实体造型

任务描述

参照图 8-5 所示的平面图形尺寸，参照"任务步骤"进行三维实体造型。

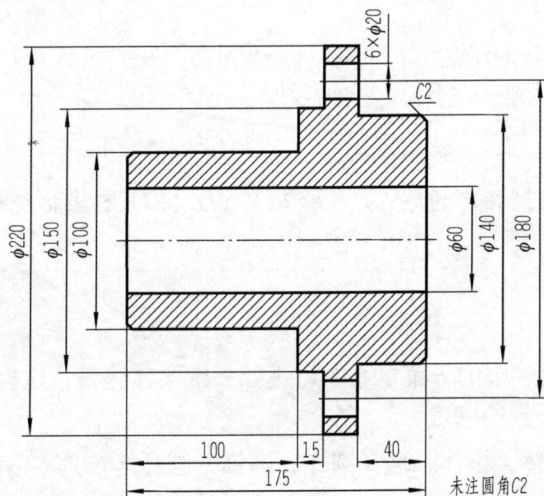

图 8-5　三维造型零件

任务操作

1. 指定三维视图方向

确定视图方向是为了方便观察三维造型。可在菜单栏中选择"视图"→"三维视图"命令，然后在其子菜单中直接选择"西南等轴测"/"东南等轴测"/"东北等轴测"/"西北等轴测"命令；也可以在菜单栏中选择"视图"→"三维视图"→"视点"命令（或命令行输入 VP 命令），然后由用户指定视点。

2. 选择三维显示效果

通常三维图形是由线框组成的，包括全部可见和不可见的线条，为达到更真实的效果，可在"视图"菜单中选择以下显示效果。

1）消隐：只显示可见轮廓线，不显示不可见轮廓线。

2）视觉样式：包括三维线框、三维隐藏、真实、概念等，也可以在"视觉样式管理器"面板中进行详细设置。

3）渲染：包括光源、材质、贴图及渲染环境等设置，也可以在"高级渲染设置"面板中进行更多设置。

3. 确定用户坐标

（1）命令方式

1）在菜单栏中选择"工具"→"新建 UCS"中的子菜单命令。

2）在 UCS 工具栏中单击各命令按钮。

3）在命令行输入：UCS。

（2）命令提示

输入 UCS 命令后，命令行提示如下：

> 指定 UCS 的原点或 [面(F)/命名(NA)/对象(OB)/上一个(P)/视图(V)/世界(W)/X/Y/Z/Z
> 轴(ZA)] <世界>：　　//输入选项字母进行 UCS 坐标操作

> **说 明**
>
> 比较常用的操作是直接平移 UCS 到指定的原点，或输入 X/Y/Z 将 UCS 坐标绕对应轴旋转指定的角度。

4. 学会建模方法

在菜单栏中选择"绘图"→"建模"中的子菜单命令可进行三维实体建模，建模的方法主要有两大类。

1）直接创建基本几何体：如长方体、楔体、球、圆柱、圆锥、圆环等。

2）利用特征造型：将二维线框进行拉伸、旋转、扫掠和放样等特征造型。

5. 了解三维编辑

在菜单栏中选择"修改"→"实体编辑"的子菜单命令可进行实体并集（求和）、差集（相减）、交集（求公共）的布尔运算，以及对三维边、面的编辑操作。

在菜单栏中选择"修改"→"三维操作"的子菜单命令可进行三维移动、三维旋转、三维对齐、三维镜像、三维阵列等操作。

任务步骤

1）建立图形文件，在绘图区按二维图形尺寸绘制轮廓线框及中心线，如图 8-6 所示。

2）使用绘图工具栏的"面域"命令，选择轮廓线框创建一个面域（低版本 AutoCAD 必须创建）。

3）在菜单栏中选择"视图"→"三维视图"→"东南等轴测"命令切换选择视图方向，如图 8-7 所示。

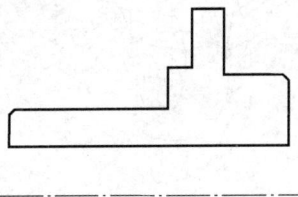

图 8-6 绘制二维线框

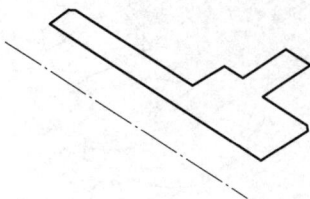

图 8-7 切换三维视向

4）在菜单栏中选择"绘图"→"建模"→"旋转"命令，选择轮廓线框面域为旋转对象，以中心线为轴旋转 360° 生成实体，如图 8-8 所示。

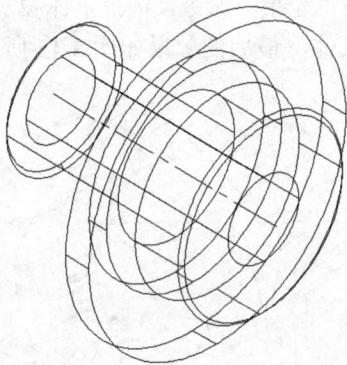

5）在菜单栏中选择"视图"→"消隐"命令，使图形消隐显示，效果如图 8-9 所示。

图 8-8 旋转建模

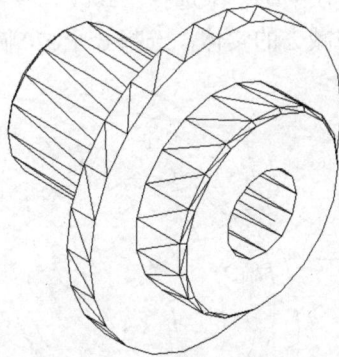

图 8-9 消隐

6）显示 UCS 工具栏，单击工具栏中的"原点"按钮，捕捉 $\phi220$ 圆盘的左面中心为新原点；再单击工具栏中的"Y"按钮，指定坐标轴绕 Y 轴旋转 90°，如图 8-10 所示。

> **说明**
> 此时，一定要检查 UCS 坐标是否按要求移动并旋转，否则将影响下一步的造型。

7）单击绘图工具栏中的"圆"按钮，以坐标原点为圆心，绘制ϕ180 定位圆；重复单击"圆"按钮，以定位圆上象限点为圆心，绘制ϕ20 圆。此时坐标及圆如图 8-11 所示。

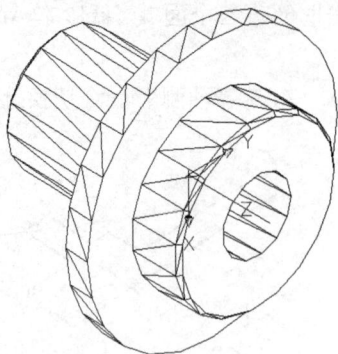

图 8-10　移动并旋转坐标系

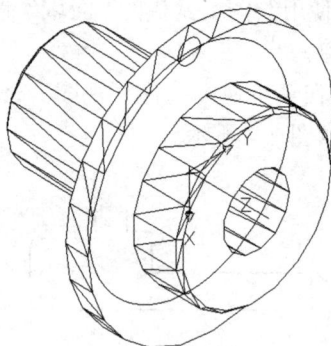

图 8-11　绘制圆形

8）在菜单栏中选择"绘图"→"建模"→"拉伸"命令，选择ϕ20 圆为拉伸对象，在命令行输入拉伸距离为 20，拉伸出一个圆柱。

9）在菜单栏中选择"修改"→"三维操作"→"三维阵列"命令，将ϕ20 圆柱环形阵列，阵列数量为 6 个，阵列后的图形如图 8-12 所示。

10）在菜单栏中选择"修改"→"实体编辑"→"差集"命令，选择主体ϕ220 大圆盘为从中减去的实体，选择 6 个ϕ20 圆柱为减去的实体，最后的效果如图 8-13 所示。

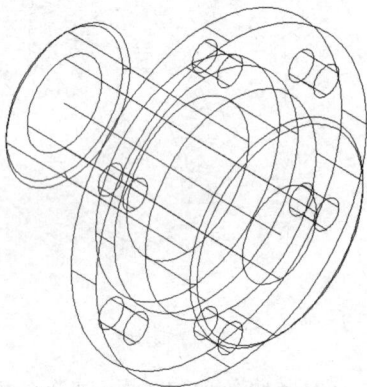

图 8-12　三维阵列

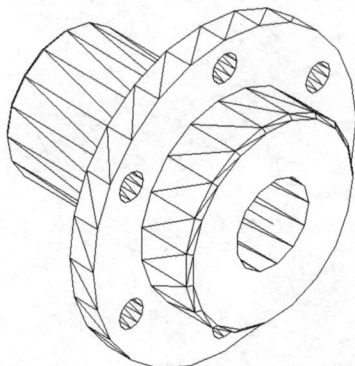

图 8-13　实体求差后的效果

11）在菜单栏中选择"视图"→"消隐"命令只显示可见轮廓，在菜单栏中选择"视图"→"渲染"→"渲染"命令，按默认设置也能获得逼真的三维实体，最终效果如图 8-5 所示。

思考与练习

1. 绘制图 8-14 所示的正等轴测图。

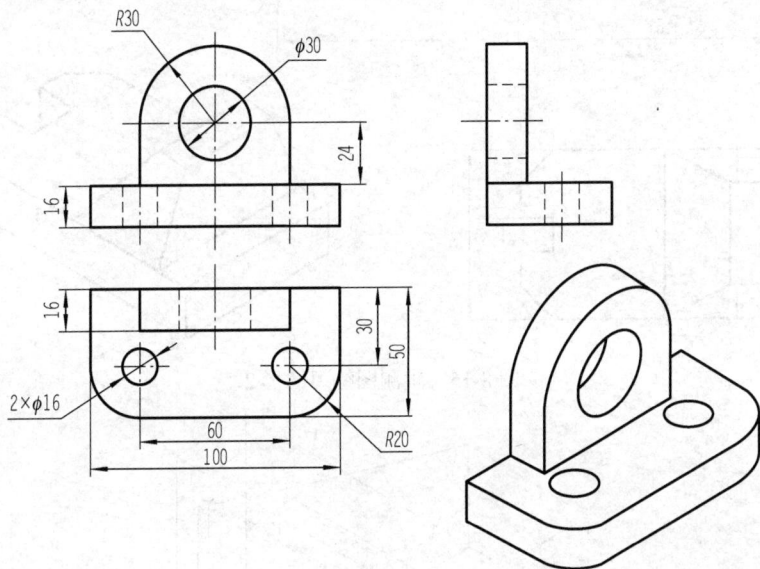

图 8-14　正等轴测图练习图形 1

提示：绘制步骤建议如下。

1）绘制两个长方体主体，再进行圆头、圆角及取孔。

2）绘制可见面上的等轴测圆或圆角后，再向后或向下复制，然后作出切线，修剪不可见轮廓线。

2. 绘制图 8-15 所示的正等轴测图。

提示：先绘制轴测轴平行方向的所有线段，找出轴测轴方向的一些特殊点，再连接线条得到倾斜面。

3. 如图 8-16 所示，显示器主要是由底盘、前盖、后盖和屏幕几部分组成的，先思考其三维造型的思路及步骤，再参照下面的简要提示进行造型，并检查预先设想的造型思路是否正确、合理。

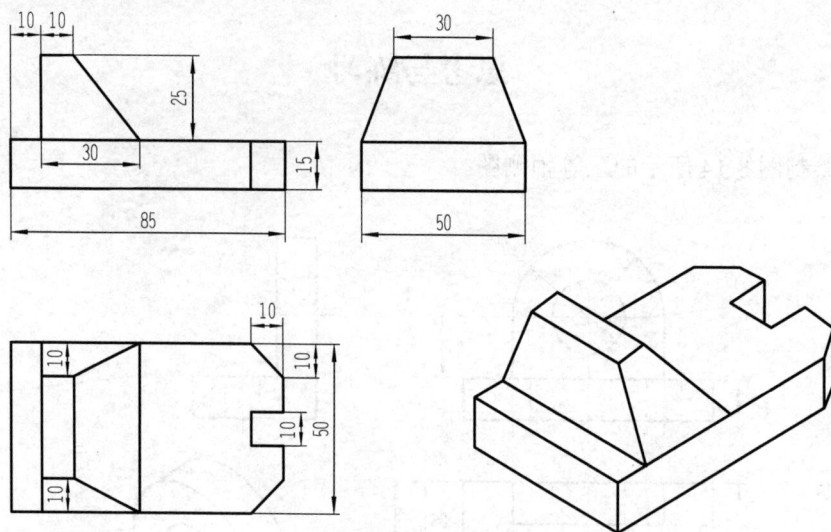

图 8-15 轴测图练习图形 2

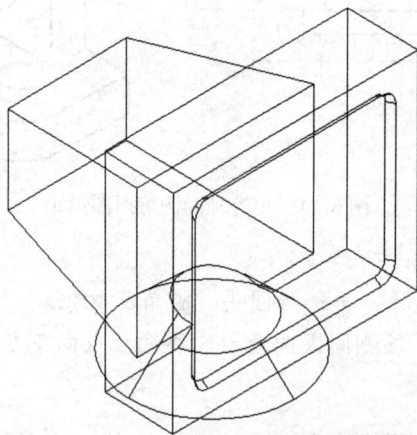

图 8-16 显示器

简要提示：

1）设置绘图环境：在菜单栏中选择"视图"→"三维视图"→"东北等轴测"命令（或单击视图工具栏中的对应按钮）。

2）使用"圆锥（Cone）"命令指定圆锥体底面的中心点（0，0，0），底面半径120，高度110。

3）使用"长方体（Box）"命令，输入 CE 指定中心点为（0，70，190），输入 L 指定长度350、宽度100、高度290。

4）使用"缩放（Z）"命令，输入 A 显示全部（或在菜单栏中选择"视图"→"缩放"→"全部"命令，或双击滚轮）。

5）使用"坐标系（UCS）"命令输入 M，移动坐标系，通过捕捉拾取底边中点作为新原点。

6）"重复坐标系"命令输入 X，将坐标系绕 X 轴旋转 90°。

7）使用"矩形（REC）"命令指定第一个角点（-145，0），另一个角点（145，240）。

8）使用"拉伸（Extrude）"命令，选择矩形为拉伸对象，按 Enter 键，输入 T，指定倾斜角度为 10，再指定拉伸高度为 330。

9）使用"消隐（Hide）"命令消隐（或在菜单栏中选择"视图"→"消隐"命令）。

10）使用"并运算（Union）"命令，当提示"选择对象"时输入 All 合并全部，再选择"消隐"命令重生成模型。

11）使用"矩形"命令，指定第一个角点（-145，30），另一个角点（145，260）。

12）使用"圆角（Fillet）"命令，输入 R，指定半径为 20，重复"圆角"命令，输入 P，选择矩形多段线时再输入 L，将矩形倒圆角。

13）使用"拉伸"命令，当提示"选择对象"时输入 L，选择多段线；输入 T，指定倾斜角度为 10，再指定拉伸高度为 330。

14）使用"差运算（Subtract）"命令，选择要从中减去的实体是显示器主体，选择要减去的实体后按 Enter 键再输入 L，然后用"消隐"命令重生成模型。

15）使用"关闭坐标系（Ucsicon）"命令，输入选项为关。

说明

在整个造型过程中，务必理解命令行提示及教材的简要提示，确保人机交互正常进行，并随时检查造型是否正确。

附录　CAD快捷键及常用命令简化

1. CAD功能键及快捷组合键（附表1和附表2）

附表1　功能键及功能说明

功能键	功能说明
F1	获取帮助
F2	打开命令行文本窗口
F3	对象自动捕捉开关
F4	数字化仪开关
F5	等轴测平面切换
F6	动态UCS开关
F7	栅格显示模式开关
F8	正交模式开关
F9	栅格捕捉模式开关
F10	极轴模式开关
F11	对象追踪模式开关
F12	动态输入状态开关

附表2　快捷组合键及功能说明

快捷组合键	功能说明
Ctrl+1	打开"对象特性"面板
Ctrl+3	打开"工具选项"面板
Ctrl+A	全选对象
Ctrl+Z	取消前一步的操作
Ctrl+Y	重做操作
Ctrl+C	复制对象到剪切板
Ctrl+X	剪切对象到剪贴板
Ctrl+V	粘贴剪贴板上内容
Ctrl+N	新建图形文件
Ctrl+O	打开图像文件
Ctrl+S	保存文件
Ctrl+P	打开"打印"对话框

2. CAD常用命令及其简化（附表3~附表6）

附表3　绘图命令及其简化

绘图命令	具体命令	简化
直线	LINE	L
构造线	XLINE	XL
多线	MLINE	ML
多段线	PLINE	PL
多边形	POLYGON	POL
矩形	RECTANG	REC
圆弧	ARC	A
圆	CIRCLE	C
圆环	DONUT	DO
样条曲线	SPLINE	SPL
椭圆	ELLIPSE	EL
插入图块	INSERT	I
定义内部块	BLOCK	B
创建外部块	WBLOCK	W

续表

绘图命令	具体命令	简化
点	POINT	PO
定距等分	MEASURE	ME
定数等分	DIVIDE	DIV
填充图案	HATCH	H
面域	REGION	REG
表格	TABLE	
多行文本	MTEXT	T，MT
单行文本	TEXE	DT

附表4　修改编辑命令及其简化

修改编辑命令	具体命令	简化
删除对象	ERASE	E
复制对象	COPY	CO，CP
镜像对象	MIRROR	MI
偏移对象	OFFSET	O
阵列对象	ARRAY	AR
移动对象	MOVE	M
旋转对象	ROTATE	RO
比例缩放	SCALE	SC
拉伸对象	STRETCH	S
拉长线段	LENGTHEN	LEN
修剪	TRIM	TR
延伸对象	EXTEND	EX
打断线段	BREACK	BR
倒角	CHAMFER	CHA
倒圆	FILLET	F
分解	EXPLODE	X
编辑文字	DDEDIT	ED
编辑多段线	PEDIT	PE
编辑曲线	SPLINEDIT	SPE
编辑引线	MLEDIT	MLE
编辑特性	PROPERTIES	PR
取消修改	UNDO	U

附表5　对象特性命令及其简化

对象特性命令	具体命令	简化
图形界限	LIMITS	
图层管理	LAYER	LA
设置线型	LINETYPE	LT
线型比例	LTSCALE	LTS
线宽	LWEIGHT	LW

续表

对象特性命令	具体命令	简化
文字样式	STYLE	ST
选项设置	OPTIONS	OP
对象捕捉设置	OSNAP	OS
打印预览	PREVIEW	PRE
实时平移	PAN	P
缩放	ZOOM	Z
图形单位	UNITS	UN
用户坐标	UCS	UCS
块属性定义	ATTDEF	ATT
块编辑属性	ATTEDIT	ATE
属性格式刷	MATCHPROP	MA

附表 6 标注命令及其简化

标注命令	具体命令	简化
线性标注	DIMLINEAR	DLI
对齐标注	DIMALIGNED	DAL
半径标注	DIMRADIUS	DRA
直径标注	DIMDIAMETER	DDI
角度标注	DIMANGULAR	DAN
快速标注	QDIM	
基线标注	DIMBASELINE	DBA
连续标注	DIMCONTINUE	DCO
公差标注	TOLERANCE	TOL
圆心标注	DIMCENTER	DCE
引线标注	QLEADER	LE
标注编辑	DIMEDIT	DED
标注文字编辑	DIMTEDIT	
标注样式	DIMSTYLE	D
点标注	DIMORDINATE	DOR
替换标注	DIMOVERRIDE	DOV

参考答案（部分）

项目1　AutoCAD 基本操作

一、填空题

1. startup　2. Enter 或 Space　3. 颜色、线型、线宽
4. 固定目标捕捉方式、临时目标捕捉方式　5. 英文半角

二、选择题

1. C　2. C　3. C　4. D　5. B

三、判断题

1. ×　2. √　3. ×　4. ×　5. √

项目2　二维绘图命令的应用

一、填空题

1. 圆心半径法、圆心直径法、两点法、三点法、相切相切半径法、三切点法
2. 多段线、宽度
3. 波浪线
4. %%p、%%d、%%c
5. 内部、属性

二、选择题

1. B　2. D　3. C　4. A　5. B

三、判断题

1. √　2. ×　3. √　4. ×　5. √

项目3　图形编辑命令的应用

一、填空题

1. 环形阵列，矩形阵列　2. 镜像　3. 撤销　4. 相同　5. 0

二、选择题

1．C　2．B　3．D　4．D　5．A

三、判断题

1．×　2．√　3．√　4．√　5．√

项目4　绘图环境的配置

一、填空题

1．LIMITS　栅格　2．A0、A1、A2、A3、A4　3．留装订边　不留装订边
4．"格式"→"线型"　5．长对正、宽相等、高平齐

二、选择题

1．C　2．B　3．A　4．D　5．B

三、判断题

1．√　2．×　3．√　4．√　5．×

项目5　图形的标注

一、填空题

1．尺寸界线、尺寸线、尺寸箭头、尺寸数字　2．^
3．标注样式法　多行文字法　4．TOL　LE　5．1.4

二、选择题

1．A　2．B　3．A　4．D　5．C

三、判断题

1．√　2．×　3．√　4．√　5．×

参 考 文 献

柴中惠, 2011. 机械 AutoCAD 2010[M]. 长春: 吉林大学出版社.

陈丽, 任国兴, 2010. 机械制图与 CAD 技术[M]. 北京: 机械工业出版社.

程俊峰, 姜勇, 董彩霞, 2008. AutoCAD 2008 中文版机械制图[M]. 北京: 人民邮电出版社.

崔洪斌, 常玮, 肖新华, 2007. AutoCAD 机械制图习题集锦 2008 版[M]. 北京: 清华大学出版社.

方晨, 2009. AutoCAD 2008 习题精解[M]. 上海: 上海科学普及出版社.

方意琦, 2009. AutoCAD 2008 中文版机械制图[M]. 北京: 科学出版社.

郭朝勇, 2000. AutoCAD 2000 中文版应用基础[M]. 北京: 电子工业出版社.

黄素兰, 2010. AutoCAD 2008 中文版二维造型案例教程[M]. 北京: 科学出版社.

李志尊, 2000. AutoCAD 2000 短期培训教程[M]. 北京: 北京希望电子出版社.

林枫英, 2012. AutoCAD 2012 中文版机械制图基础教程[M]. 北京: 清华大学出版社.

刘培锋, 王文娟, 韦晓航, 2011. 机械 CAD[M]. 武汉: 武汉大学出版社.

柳燕君, 应龙泉, 潘陆桃, 2010. 机械制图[M]. 北京: 高等教育出版社.

吕润, 2012. AutoCAD 2010 机械绘图实训上机指导[M]. 上海: 华东师范大学出版社.

潘武生, 2001. AutoCAD 2000 上机实验指导及实训[M]. 北京: 中国水利水电出版社.

叶曙光, 2008. 机械制图[M]. 北京: 机械工业出版社.

袁锋, 2006. 计算机辅助设计与制造实训图库[M]. 北京: 机械工业出版社.

张权, 2001. 中文版 AutoCAD 2000 辅助绘图教室[M]. 成都: 四川大学出版社.

张忠蓉, 2007. AutoCAD 2006 机械图绘制实用教程[M]. 北京: 机械工业出版社.

赵国增, 2010. 计算机绘图: AutoCAD 2008[M]. 2 版. 北京: 高等教育出版社.

赵国增, 岳进, 2010. 机械制图与计算机绘图[M]. 北京: 高等教育出版社.

庄竞, 2012. AutoCAD 机械制图职业技能实例教程[M]. 2 版. 北京: 化学工业出版社.